机器视觉之 TensorFlow 2

入门、原理与应用实战 李金洪◎著

人民邮电出版社

北 京

图书在版编目（CIP）数据

机器视觉之TensorFlow 2：入门、原理与应用实战 /
李金洪著. -- 北京：人民邮电出版社，2020.8（2022.8重印）
ISBN 978-7-115-53909-0

Ⅰ. ①机… Ⅱ. ①李… Ⅲ. ①计算机视觉－人工智能
－算法 Ⅳ. ①TP302.7②TP18

中国版本图书馆CIP数据核字(2020)第105372号

内 容 提 要

本书主要介绍了TensorFlow 2在机器视觉中的应用。本书共8章，主要内容包括神经网络的原理，如何搭建开发环境，如何在网络侧搭建图片分类器，如何识别图片中不同肤色的人数，如何用迁移学习诊断医疗影像，如何使用Anchor-Free模型检测文字，如何实现OCR模型，如何优化OCR模型。

本书适合机器视觉、深度学习方面的专业人士阅读。

◆ 著　　　　李金洪
　　责任编辑　张　涛
　　责任印制　王　郁　焦志炜

◆ 人民邮电出版社出版发行　　北京市丰台区成寿寺路 11 号
　　邮编　100164　　电子邮件　315@ptpress.com.cn
　　网址　https://www.ptpress.com.cn
　　固安县铭成印刷有限公司印刷

◆ 开本：787×1092　1/16
　　印张：21.75　　　　　　　　2020 年 8 月第 1 版
　　字数：551 千字　　　　　　2022 年 8 月河北第 3 次印刷

定价：129.80 元

读者服务热线：(010)81055410　印装质量热线：(010)81055316
反盗版热线：(010)81055315
广告经营许可证：京东市监广登字 20170147 号

前 言
PREFACE

　　本书以实例为导向，在实例中穿插神经网络的知识，以及 TensorFlow 2 的使用技巧。

学习本书所需的基础知识

　　本书主要介绍深度学习在机器视觉方面的应用，使用 TensorFlow 2 框架来演示具体项目。书中并不是从零基础开始介绍的，要求读者应具有一定的 Python 基础。如果读者同时还了解神经网络并且熟悉 TensorFlow 2 框架，则学习本书会更加容易。

- **需要具备 Python 编程基础。**

　　本书不会讲解基础的 Python 语法，需要读者掌握如何使用 Python 语言执行基本的绘图操作，以及调用函数、定义类等。对于没有相关知识储备的读者，推荐阅读作者编写的《Python 带我起飞——入门、进阶、商业实战》，进行系统学习。

- **掌握神经网络基础知识（可选）。**

　　本书会讲解部分与机器视觉相关的神经网络基础知识。当然，如果读者已经掌握了卷积、池化等技术，那么学习起来会更加容易。要更系统地了解神经网络的原理及实现，推荐阅读作者编写的《深度学习之 TensorFlow：入门、原理与进阶实战》。

- **熟悉 TensorFlow 2 框架（可选）。**

　　TensorFlow 2 框架相对于 TensorFlow 1.x 版本有很大调整，并且二者互不兼容。本书的例子都是基于 TensorFlow 2 框架实现的。对于熟悉 TensorFlow 1.x 版本的读者，还需要额外的学习过程。这方面知识可以参见《深度学习之 TensorFlow 工程化项目实战》，该书介绍了由 TensorFlow 1.x 向 TensorFlow 2.x 过渡的许多知识。

如何学习本书

　　本书讲述了 TensorFlow 2 框架及其在机器视觉方面的应用。本书配有大量的实例，从样本的收集、制作到模型的导出与部署，覆盖了日常开发中的所有环节。对于每个实例，都有对应的知识点讲解。

　　书中的实例代码均为作者精心挑选的。读者需要按照章节顺序逐步完成具体的实例。建议读者参考书中的实例代码依次手动编写一遍，以确保能够了解每行代码的作用。本书的配套代码可供参考，或者基于本书的代码进行优化、更新。在工作中也可以直接使用部分独立模块，以便加快项目开发的进度。

作者

致　谢

黄万继、江枭宇也参与了本书部分章节的编写、审稿和代码调试工作，在此表示感谢。

感谢黄万继。他是高级机器学习算法工程师，有多年的一线编写代码经历，精通机器学习与计算机视觉，目前主要从事大数据与人工智能的研发工作。

感谢江枭宇。他在人工智能方面具有丰富的实践经验，曾参加过 DeeCamp 人工智能夏令营、Google 校企合作的 AI 创新项目、省级创新训练 AI 项目，精通图像处理、特征工程及语义压缩等技术。

资源与支持

配套资源

扫描以下二维码，关注公众号"xiangyuejiqiren"，并在公众号中回复"视 1"可以得到本书中源代码（见下图）的下载链接。

本书由大蛇智能网站提供有关内容的技术支持。在阅读过程中，如有不理解的技术点，可以到论坛 https://bbs.aianaconda.com 发帖并提问。

提交勘误

作者和编辑尽最大努力来确保书中内容的准确性，但难免会存在疏漏。欢迎您将发现的问题反馈给我们，帮助我们提升图书的质量。

当您发现错误时，请登录异步社区，按书名搜索，进入本书页面，单击"提交勘误"，输入勘误信息，单击"提交"按钮即可，如下图所示。本书的作者和编辑会对您提交的勘误进行审核，确认并接受后，您将获赠异步社区的 100 积分。积分可用于在异步社区兑换优惠券、样书或奖品。

扫码关注本书

扫描下方二维码，您将会在异步社区微信服务号中看到本书信息及相关的服务提示。

与我们联系

我们的联系邮箱是 contact@epubit.com.cn。

如果您对本书有任何疑问或建议，请您发邮件给我们，并请在邮件标题中注明书名，以便我们更高效地做出反馈。

如果您有兴趣出版图书、录制教学视频，或者参与图书翻译、技术审校等工作，可以发邮件给我们；有意出版图书的作者也可以到异步社区在线投稿（直接访问 www.epubit.com/selfpublish/submission 即可）。

如果您所在的学校、培训机构或企业想批量购买本书或异步社区出版的其他图书，也可以发邮件给我们。

如果您在网上发现有针对异步社区出品图书的各种形式的盗版行为，包括对图书全部或部分内容的非授权传播，请您将怀疑有侵权行为的链接通过邮件发送给我们。您的这一举动是对作者权益的保护，也是我们持续为您提供有价值的内容的动力之源。

关于异步社区和异步图书

“异步社区”是人民邮电出版社旗下 IT 专业图书社区，致力于出版精品 IT 技术图书和相关学习产品，为作译者提供优质出版服务。异步社区创办于 2015 年 8 月，提供大量精品 IT 技术图书和电子书，以及高品质技术文章和视频课程。更多详情请访问异步社区官网 https://www.epubit.com。

“异步图书”是由异步社区编辑团队策划出版的精品 IT 专业图书的品牌，依托于人民邮电出版社近 30 年的计算机图书出版积累和专业编辑团队，相关图书在封面上印有异步图书的LOGO。异步图书的出版领域包括软件开发、大数据、AI、测试、前端、网络技术等。

异步社区　　　　　　　微信服务号

目 录
CONTENTS

第一篇 基础知识

第二篇　中级应用

第三篇　高级应用

第一篇 基础知识

本篇内容比较基础，主要介绍深度学习与机器视觉中的一些概念以及 TensorFlow 2 开发环境的搭建，并通过一个在网络侧搭建图片分类器的例子，使读者对机器视觉技术的应用有直观的印象。

第 **1** 章

神经网络的原理

科技源于生活又应用于生活，为了推导和计算，人们将生活中的规律总结出来并形成了数学。为了方便学习和理解，又要将数学中的原理对应到具体的生活场景。

学习神经网络的原理也应如此，本章将抛开繁杂的数学公式，结合生活场景介绍神经网络内部的工作机制。

1.1 神经网络

神经网络（Neural Network，NN）又叫人工神经网络（Artificial Neural Network，ANN），是一种模仿生物神经网络（动物的中枢神经系统，特别是大脑）结构和功能的数学模型或计算模型，用于对函数进行估计或近似。

1.1.1 神经元的结构

生物界的神经网络是由无数个神经元组成的。计算机界的神经网络模型也效仿了这种结构，将生物神经元抽象成数学模型。

1. 生物界的神经元结构

在生物界中，神经元的结构如图 1-1 所示。

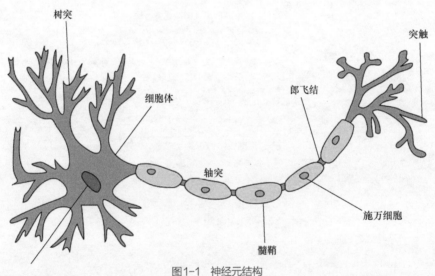

图 1-1　神经元结构

每个神经元具有多个树突，它们主要用来接收传入的信息；而轴突只有一条，轴突尾端有许多轴突末梢，可以给多个神经元传递信息。轴突末梢与其他神经元的树突进行连接，从而传递信号，这个连接位置在生物学上叫作"突触"。

2. 计算机界的神经元数学模型

计算机界的神经元数学模型如图 1-2 所示。

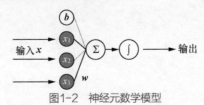

图 1-2　神经元数学模型

在图 1-2 中，有 3 个神经元，$x=[x_1\ x_2\ x_3]$；$w=[w_1\ w_2\ w_3]$，代表权重；$b=[b_1\ b_2\ b_3]$，

代表偏置值；∑代表求和；∫代表激活函数。

为了便于理解，假设激活函数的定义为 $y=x$（相当于没有），其计算方法如式（1-1）所示。

$$z = \text{activate}(\sum_{i=1}^{n} w_i x_i + b_i) = \text{activate}(\boldsymbol{w} \cdot \boldsymbol{x} + b_i) \tag{1-1}$$

其中，z 为输出的结果；activate 为激活函数；n 为输入节点的个数；$\sum_{i=1}^{n}$ 表示在某个序列中下标 i 从 1 开始，一直取值到 n，并对所取出的值进行求和计算；x_i 为输入节点；$\boldsymbol{x}$ 为由输入节点所组成的向量（当只有一个输入节点时，不构成向量）；w_i 为权重；$\boldsymbol{w}$ 为由权重所组成的向量（当只有一个输入节点时，不构成向量）；b 为偏置值；· 表示向量的点积。

可以将 $\boldsymbol{w}$ 和 $\boldsymbol{b}$ 理解为两个常量。$\boldsymbol{w}$ 和 $\boldsymbol{b}$ 的值是由神经网络模型通过训练得来的。

下面通过两个例子来更好地理解一下该模型的含义。

首先，以只有一个节点的神经元为例。假设 w 是 3，b 是 2，激活函数为 $y=x$（相当于没有），神经元的输出可以写成式（1-2）。

$$z=3x+2 \tag{1-2}$$

该神经元的几何意义是一条直线，如图 1-3 所示。

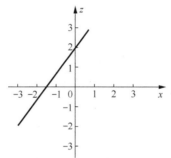

图1-3　有一个节点的神经元的几何意义

这样的神经元可以将输入 x 按照函数关系所对应的 z 值进行输出。

然后，以有两个输入节点的神经元为例。假设输入节点的名称为 x_1、x_2，分别对应的 $\boldsymbol{w}=$ [3，2]，$\boldsymbol{b}=$ [b_1　b_2] = [1　1]，激活函数 $y = \begin{cases} 1, & x < 0 \\ 0, & x \geqslant 0 \end{cases}$（相当于根据符号取值：如果 x 小于 0，则返回 1；否则，返回 0）。

神经元的输出可以写成式（1-3）。

$$z = \text{activate}\left(\begin{bmatrix} x_1 & x_2 \end{bmatrix} \cdot \begin{bmatrix} 3 \\ 2 \end{bmatrix} + 1 \right) \tag{1-3}$$

在式（1-3）中，该神经元的结构如图 1-4 所示。

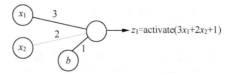

图1-4　有两个输入节点的神经元

图 1-4 所示神经元结构的几何意义如图 1-5 所示。

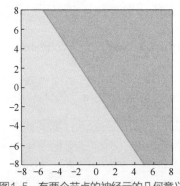

图1-5　有两个节点的神经元的几何意义

在图 1-5 中，横坐标代表 x_1，纵坐标代表 x_2，黄色线条和红色区域即为神经元所表达的含义。该神经元用一条直线将一个平面分开，表示将黄色区域内的任意坐标输入神经元所得到的值为 1，将红色区域内的任意坐标输入神经元所得到的值为 0。

1.1.2　生物神经元与计算机中神经元模型结构的相似性

计算机中的神经元模型是一个包含输入、输出与计算功能的模型。输入可以类比为神经元的树突，输出可以类比为神经元的轴突，计算则可以类比为细胞核。

图 1-4 所示为简单的计算机神经元模型，其中包含两个输入、1 个输出，输入与输出之间的连线称为"连接"。连接是神经元中最重要的内容之一，每一个连接都有一个权重。

神经网络的训练算法就是让权重值调整到最佳，以使整个网络的预测效果最好。

1.1.3　生物神经元与计算机神经元模型工作流程的相似性

生物神经元与计算机神经元模型的工作流程也非常相似，具体如下。

（1）大脑神经细胞是靠生物电来传递信号的，可以将其理解成模型里的具体数值。

（2）仔细观察会发现，神经细胞间的连接有粗有细。很显然，连接的粗细对生物电信号会有不同的影响。这就好比权重 w，因为每个输入节点 x_i 都会与连接的 w_i 相乘，从而实现对信号的放大或缩小。

（3）这里唯独看不见的就是中间的神经元。我们将所有输入信号 x_i 乘以 w_i 之后加在一起，再添加额外的偏置量 b，然后再选择模拟神经元的处理函数来实现整个过程的仿真。这个函数叫作激活函数。

当为 w 和 b 赋予合适的值后，配合合适的激活函数，计算机模型便会产生很好的拟合效果。而在实际应用中，权重值会通过训练模型的方式得到。

1.1.4　神经网络的形成

生物界中，神经元细胞之间相连的连接有粗有细，这代表了生物个体对外界不同信号的关注程度。这个连接也是生物个体在接受外界刺激后经过多代衍化而形成的。

计算机神经元也采用了相同的形成原理，只不过是通过数学模型并利用计算得来的。这一过程叫作训练模型。目前最常用的方式是使用反向传播（Back Propagation，BP）算法将模型误差作为刺激信号，沿着神经元处理信号的反方向逐层传播，并更新当前层中节点的权重（w）。

1.2　神经网络与深度学习的关系

在各个领域的人工智能研究中，人们设计出了很多不同结构的神经网络模型，其中最常用的基础模型有 3 个。

- 全连接神经网络：最基本的神经网络之一，常用来处理与数值相关的任务。
- 卷积神经网络：常用来处理与计算机视觉相关的任务。
- 循环神经网络：常用来处理与序列相关的任务。

这些基础模型可以作为网络层来使用，而一个具体模型是由多个网络层所组成的。

随着人工智能的发展，产生了越来越多的高精度模型，这些模型的共同特点是层数越来越多。这种由很多层组成的模型叫作深度神经网络。

深度学习是指用深度神经网络搭建模型，从而进行机器学习。

1.3　全连接神经网络

全连接神经网络是指将神经元按照层进行组合，相邻层之间的节点互相连接。它是最基础的神经网络，如图 1-6 所示。

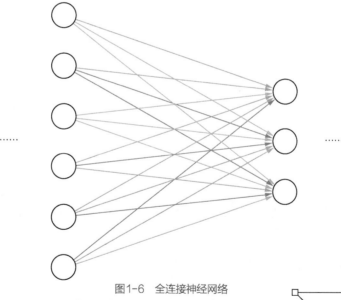

图1-6　全连接神经网络

1.3.1　全连接神经网络的结构

使用 3 个结构如图 1-4 所示的神经元，按照图 1-7 所示的结构组合起来，便构成了一个简单的全连接神经网络。其中神经元1、神经元2 所在的层叫作隐藏层，神经元3 所在的层叫作输出层。

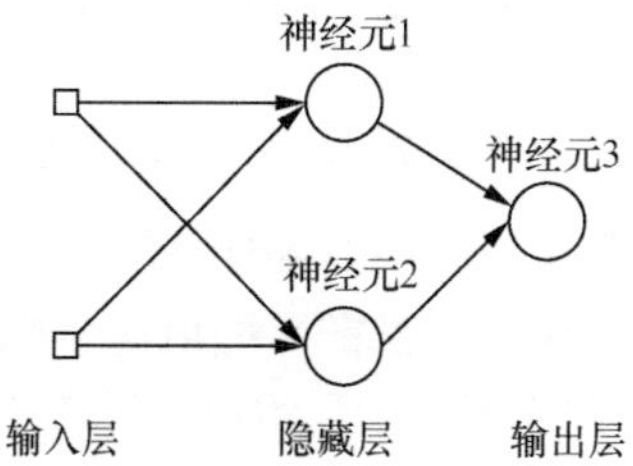

图1-7　全连接神经网络中的3个神经元结构

1.3.2　实例分析：全连接神经网络中每个神经元的作用

下面通过一个例子来分析全连接神经网络中每个神经元的作用。

实例描述　针对图1-7所示的结构为各个节点的权重赋值，以便观察每个节点在网络中的作用。

实现过程中的具体步骤如下。

1. 为神经网络中各个节点的权重赋值

为图 1-7 所示的 3 个神经元分别赋予指定的权重值，如图 1-8 所示。

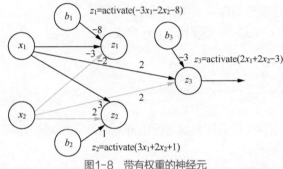

图1-8　带有权重的神经元

如图1-8所示，3 个神经元分别叫作 z_1、z_2、z_3，分别对应式（1-4）、式（1-5）、式（1-6）。

$$z_1 = \text{activate}\left(\begin{bmatrix} x_1 & x_2 \end{bmatrix} \cdot \begin{bmatrix} -3 \\ -2 \end{bmatrix} - 8\right) \tag{1-4}$$

$$z_2 = \text{activate}\left(\begin{bmatrix} x_1 & x_2 \end{bmatrix} \cdot \begin{bmatrix} 3 \\ 2 \end{bmatrix} + 1\right) \tag{1-5}$$

$$z_3 = \text{activate}\left(\begin{bmatrix} x_1 & x_2 \end{bmatrix} \cdot \begin{bmatrix} 2 \\ 2 \end{bmatrix} - 3\right) \tag{1-6}$$

其中，z_2 所对应的公式在 1.1.3 节中已介绍过，它所代表的几何意义是将平面直角坐标系分成大于或等于 0 和小于 0 两个部分，如图 1-5 所示。

2. 整个神经网络的几何意义

如果为节点 z_1、z_2 各设置一个根据符号取值的激活函数 $y = \begin{cases} 0, & x < 0 \\ 1, & x \geqslant 0 \end{cases}$，则 z_2 所代表的几何意义与图 1-5 所描述的一致，同理可以理解节点 z_1 的意义。如图 1-9（a）、（b）所示，z_1、z_2 两个节点都把平面直角坐标系上的点分成了两部分，而可以将 z_3 理解成对 z_1、z_2 两个节点的输出结果进行两次计算。

如果为节点 z_3 也设置一个根据符号进行取值的激活函数 $y = \begin{cases} 0, & x < 0 \\ 1, & x \geqslant 0 \end{cases}$，则节点 $z_1 + z_2 + z_3$ 表示的几何意义如图 1-9（c）所示。

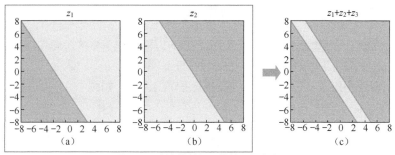

图1-9 全连接神经网络的几何意义

在图1-9中，最右侧是全连接神经网络的几何意义。它会将平面直角坐标系分成3个区域（即左、右两个区域和中间的直线），这3个区域内的点分成两类（中间区域是一类，其他区域是另一类）。

在复杂的全连接神经网络中，随着输入节点的增多，其几何意义便由二维平面空间上升至多维立体空间中对点进行分类的问题。而通过增加隐藏层节点和层数的方法，也可将模型在二维平面空间中划分区域并进行分类的能力升级到多维立体空间。

3. 隐藏层神经节点的意义

将 z_1、z_2 节点在直角坐标系的各个区域中所对应的输出输入 z_3 节点中，可以看到 z_3 节点完成了逻辑门运算中的"与"（AND）运算，如图1-10所示。

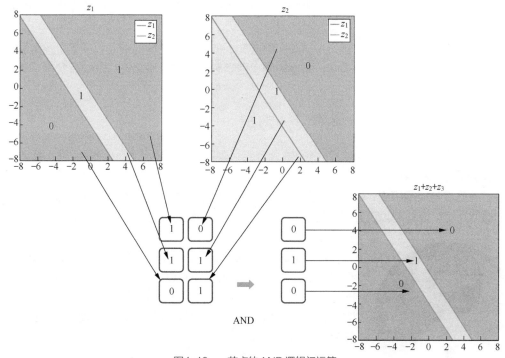

图1-10 z_3 节点的AND逻辑门运算

从图1-10中可以看出，第二层的 z_3 节点的作用是对前层网络的输出信号进行再计算，从而实现一定的逻辑推理功能。

1.3.3　全连接神经网络的拟合原理

如果手动对神经元模型结构进行权重设置，则可以搭建出更多的逻辑门运算。图1-11（a）展示了由神经元和逻辑门实现的 AND、OR、NOT 运算。

通过组合基础逻辑门，还可以实现更复杂的逻辑门运算，如图1-11（b）所示。

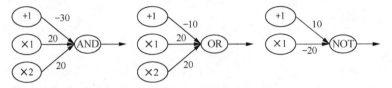

（a）逻辑门的AND、OR、NOT运算

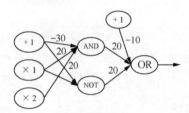

（b）更复杂的逻辑门运算

图1-11　逻辑门

了解计算机工作原理的读者都会知道，CPU 的基础运算都是在逻辑门基础之上完成的。比如，用逻辑门执行最基本的加减乘除四则运算，再用四则运算执行更复杂的操作，最终可以实现现在的操作系统并在上面开展各种应用。

神经网络的结构和功能使其天生具有编程与实现各种高级功能的能力。只不过这种编程不需要人脑通过学习算法来拟合现实，而是使用模型学习的方式，直接通过现实表象来优化需要的结构。

1.3.4　全连接神经网络的设计思想

在实际应用中，全连接神经网络的输入节点、隐藏层的节点个数、隐藏层的层数都会比图1-7 所示的多很多。

在全连接神经网络中，输入节点是根据外部特征数据来确定的。隐藏层的节点个数、隐藏层的层数是可以设计的，二者对模型的影响更像是一个相生相克的阴阳体。隐藏层的节点个数和层数分别具有以下特点。

图1-12　隐藏层的节点个数与层数对模型的影响

隐藏层的节点个数决定了模型的拟合能力。从理论上讲，如果在单个隐藏层中设置了足够多的节点，那么可以对世界上各种维度的数据进行任意规则的分类。但过多的节点在带来强大的拟合能力的同时，又会使模型的泛化能力下降，从而使模型无法适应具有同样分布规则的其他数据。

隐藏层的层数决定了模型的泛化能力。层数越深，模型的推理能力越强，但是随着推理能力的提升，又会对拟合能力产生影响。

隐藏层的节点个数与层数对模型的影响如图1-12 所示。

Google 公司所设计的推荐算法模型—— 一个由深度和广度

组成的全连接网络模型[①]，就是根据节点个数与网络层数的特性而设计出来的。

在深度学习中，全连接神经网络常常放在整个深度网络结构的最后部分，以使网络有更好的表现。从编程的角度来看，全连接神经网络在整个深度网络的搭建过程中具有调节维度的作用。通过指定输入层和输出层节点的个数，可以很容易将特征从原有维度变换到任意维度。

在使用全连接神经网络进行维度变换时，一般会将前后层输入维度的比例控制在 5∶1 以内，这样的模型更容易训练。

> **注意**　这里介绍一个技巧。在搭建多层全连接神经网络时，为了对隐藏层的节点个数进行设计，应将维度先扩大再缩小，这会使模型的拟合效果更好。在多通道网络的代码中有关特征重建的部分[②]就是利用这个思路来实现的。

1.4　生物界的视觉处理系统

视觉是大脑高级认知功能的基础。大脑中的视觉处理是由无数个神经元所组成的神经网络完成的。这些处理视觉的神经元叫作视觉脑区。

从眼睛开始，由视网膜把外界的光信号转换成神经电信号并传递到大脑中，大脑通过不同等级的视觉脑区逐步完成对图像的解释。大脑的视觉处理如图 1-13 所示。

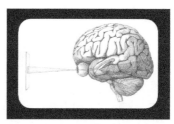

图1-13　大脑的视觉处理

1.4.1　大脑对视觉信号的处理流程

1958 年，出生于加拿大的美国神经生物学家 David Hubel 和 Torsten Wiesel 通过对猫的视觉系统进行试验，发现了大脑中视觉处理系统的工作方式，即视觉信号在大脑中会被分级处理。该系统的工作方式是不断迭代、不断抽象的过程，即从原始信号开始进行低级抽象，逐渐向高级抽象迭代。人类的逻辑思维经常使用高级抽象的概念。

后来人们又发现了 3 种视觉脑区。

* 初级视觉脑区：擅长处理局部细节信息，视觉分辨率极高。
* 高级视觉脑区：擅长整合大视野内的信息，但视觉分辨率低。
* 中级视觉脑区：在整体和局部视觉信息的编码上发挥了承上启下的"桥梁"作用。中级视觉脑区的一部分神经元集群具有超高的细节分辨能力，可以为高级视觉脑区提供精细的视觉输入，进而提升高级视觉脑区的视觉分辨率；另一部分神经元集群能以更快的速度处理整体信息。

大脑完整的处理过程如图 1-14 所示。

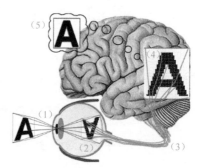

图 1-14　大脑的视觉处理过程

---

① 参见《深度学习之 TensorFlow 工程化项目实战》的 7.2 节。
② 参见《深度学习之 TensorFlow 工程化项目实战》的 8.2.6 节中第 101 ～ 103 行代码。

图 1-14 显示了大脑如何使用映射来处理眼睛的视觉信息。图中的数字对应以下步骤。

（1）图像反射的光线（蓝色）通过镜头聚焦到眼睛后部，在视网膜上形成倒置的图像。

（2）在视网膜上，由图像光照射的眼部细胞（视网膜附近的白色区域）被激活。没有接收任何反射光的眼部细胞未被激活。激活和未激活的眼部细胞在视网膜上形成了像素图。

（3）来自眼部细胞的神经（金色）连接到大脑视觉皮层的特定位置。激活的眼部细胞（白色）向大脑发送神经脉冲，而未激活的眼部细胞（黑色）不会向大脑发送任何信号。图中只显示了一小部分神经。

（4）大脑中的初级视觉脑区对第（3）步发来的信号进行解释，并重建像素图。

（5）该像素图经过中级视觉脑区和高级视觉脑区的处理，被解释成图像。

1.4.2　大脑对神经信号的分级处理

大脑可以轻易地识别出一幅图像中的某个具体物体，比如识别出一张面孔。这是大脑在感光细胞的基础上经过一系列较高层次的符号描述和推理运算所完成的。

大脑能够根据外界的视觉景象进行多维度解释，例如，大脑会按物体、事件及其含义等进行解释。在这个过程中，大脑还会整合以往的经验、其他感官的输入信号等信息从而得出最佳解释。

大脑中的分级处理机制会将图像从基础像素解释成局部信息和整体信息，如图 1-15 所示。

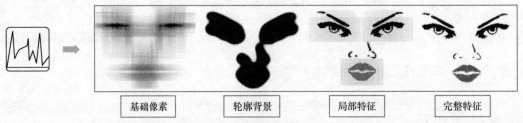

| 基础像素 | 轮廓背景 | 局部特征 | 完整特征 |

图1-15　大脑的分级处理

图 1-15 模拟了大脑在处理图像时所进行的分级处理过程。在进行分级处理时，大脑对图片从低级特征到高级特征进行逐级计算，逐级累积。其本质是对图像进行微积分。

1.5　离散微积分

微积分是微分和积分的总称，微分就是无限细分，积分就是无限求和。大脑在处理视觉信号时就是一个先微分再积分的过程。

1.5.1　离散微分与离散积分

在微积分中，无限细分的条件是细分对象必须是连续的。例如，一条直线可以被无限细分，而由若干个点组成的虚线就无法连续细分。

图 1-16（a）中可以连续细分的线段叫作连续对象，图 1-16（b）中不可以连续细分的对象叫离散对象。

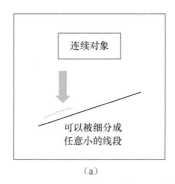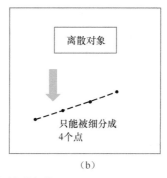

图1-16　连续和离散对象的细分

对离散对象进行细分的过程叫作离散微分，例如，将图 1-16（b）中的虚线细分成 4 个点的过程。

图 1-16（a）中的线段可以理解为对连续细分的线段进行积分的结果，即把所有任意小的线段整合起来；图 1-16（b）中的虚线也可以理解为对 4 个点积分的结果，即把 4 个点整合到一起。这种对离散微分结果进行积分的操作叫作离散积分。

1.5.2　计算机视觉中的离散积分

在计算机视觉中，会将图片数字化成矩阵数据以进行处理。该矩阵中每一个值是 0 ~ 255 的整数，代表图片中的一个像素点，如图 1-17 所示。

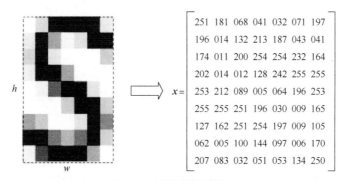

图1-17　图片的数字化形式

图 1-16（b）所示虚线与图 1-17 所示对象都是离散对象。在计算机中，图片的处理过程也可以理解成执行离散微积分的过程，其工作模式与人脑类似。具体步骤如下。

（1）利用卷积操作对图片的局部信息进行处理，生成低级特征，再扩展至多个低级特征。

（2）对低级特征执行多次卷积操作，生成中级特征、高级特征。

（3）将多个局部信息的高级特征组合到一起，生成最终的解释结果。

这种由卷积操作组成的神经网络叫作卷积神经网络。

1.6　卷积神经网络

卷积神经网络是计算机视觉领域中最常使用的神经网络之一。卷积神经网络使用了比全连接网络更小的权重，对数据进行基于区域的小规模运算。这种做法可以使用更少的权重完成对数据的分类任务，同时也改善了训练过程中较难收敛的状况，并提高了模型的泛化能力。

1.6.1　卷积的过程

实际上，卷积神经网络更像是多个全连接神经网络片段的组合。以图 1-6 为例，卷积的过程可以分为以下几步。

（1）从图 1-6 左边的 6 个节点中拿出前 3 个与右边的第一个神经元相连，即完成卷积的第一步。在图 1-18（a）中，右侧的神经元称为卷积核。该卷积核有 3 个输入节点，1 个输出节点。

（2）以图 1-6 左边的第 2~4 个节点作为输入，再次传入至卷积核进行计算，输出卷积结果中的第二个值，如图 1-18（b）所示。其中输入节点由第 1~3 个节点变成第 2~4 个节点，整体向下移动了 1 个节点，这个距离叫作步长。

（3）按照第（2）步循环操作，每次向下移动一个节点，并将新的输入传入至卷积核，计算出一个输出值。

（4）当第（3）步的循环操作移动到最后 3 个节点时，停止循环。在整个过程中所输出的结果便是卷积神经网络的输出，如图 1-18（c）所示。

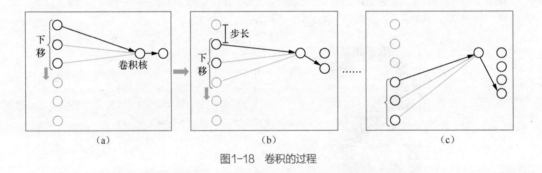

图1-18　卷积的过程

整个过程叫作卷积运算，而带有卷积运算的网络叫作卷积神经网络。

将图 1-18（c）中的结果与图 1-6 中全连接的输出结果进行比较，可以看出有如下不同。

- 卷积神经网络输出的每个节点都是原数据中局部区域的节点经过神经元计算后得到的结果。
- 全连接神经网络输出的每个节点都是原数据中全部节点经过神经元计算后得到的结果。

由此可见，在卷积神经网络所输出的结果中，共有的局部信息更明显。由于卷积的这一特性，使得卷积神经网络在计算机视觉领域被广泛应用。

1.6.2　1D卷积、2D卷积和3D卷积

1.6.1 节介绍的卷积过程是在一维数据上进行的，这种卷积叫作一维（1D）卷积，如图 1-19（a）所示。如果将图 1-18（a）中左侧的节点变为二维平面数据，并且沿着二维平面的两个方向改变节点的输入，则该卷积运算就变成了二维（2D）卷积，如图 1-19（b）所示。

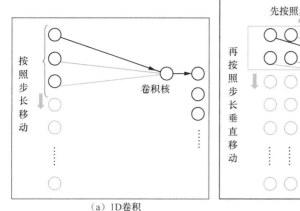
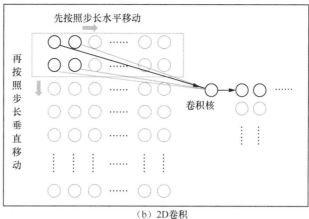

（a）1D 卷积　　　　　　　　　　　（b）2D 卷积

图1-19　1D卷积和2D卷积

在 2D 卷积的基础上再加一个维度，便是三维（3D）卷积。

在实际应用中，1D 卷积常用来处理文本或特征数值类数据；2D 卷积常用来处理平面图片类数据；3D 卷积常用来处理立体图像或视频类数据。

1.6.3　实例分析：Sobel算子的原理

Sobel 算子是卷积操作中的一个典型例子。该算子用手动配置好权重的卷积核对图片进行卷积操作，从而实现图片的边缘检测，生成一幅只有轮廓的图片。原始图像如图 1-20（a）所示，由 Sobel 算子检测出的轮廓如图 1-20 所示。

（a）　　　　　　　　　　　（b）

图1-20　原始图像和由Sobel算子检测出的轮廓

1.　Sobel算子的结构

Sobel 算子包含了两套权重方案，分别沿着图片的水平和垂直方向实现边缘检测。这两套权重方案的配置如图 1-21（a）、（b）所示。

$$\begin{bmatrix} -1 & 0 & 1 \\ -2 & 0 & 2 \\ -1 & 0 & 1 \end{bmatrix} \qquad \begin{bmatrix} 1 & 2 & 1 \\ 0 & 0 & 0 \\ -1 & -2 & -1 \end{bmatrix}$$

（a）水平方向　　　　　　　（b）垂直方向

图1-21　Sobel算子中权重的配置方案

2. Sobel算子的卷积过程

以 Sobel 算子在水平方向的权重为例，其卷积过程如图 1-22 所示。

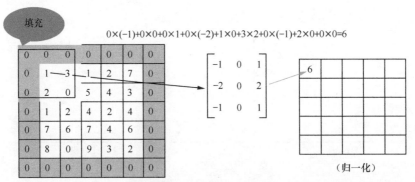

图1-22　Sobel算子的卷积过程

在图 1-22 中，左边的 5×5 矩阵可以视为图 1-20（a）中的原始图片，中间的 3×3 矩阵便是 Sobel 算子，右边的 5×5 矩阵可以视为图 1-20（b）中的轮廓。整个计算过程如下。

（1）在原始图片的外面补了一圈 0，这个过程叫作填充。目的是在变换后生成同样大小的矩阵。

（2）在补零后的矩阵中，将左上角 3×3 矩阵中的每个元素分别与 Sobel 算子矩阵中对应位置上的元素相乘，然后再相加，所得到的值为右边 5×5 矩阵的第一个元素。

（3）把左上角的 3×3 矩阵向右移动一格，这可以理解为步长是 1。

（4）将矩阵中的每个元素分别与中间 Sobel 算子对应位置上的元素相乘，然后相加，算出的值是右边 5×5 矩阵的第二个元素。

（5）一直重复这个操作，直至右边 5×5 矩阵的值都填满，完成整个计算过程。

注意　在新生成的图片里，并不能保证每个像素值的取值范围为 0～256。因为区间外的像素点会导致灰度图无法显示，所以还需要进行归一化，然后每个元素都乘以 256，将所有的值映射到 0～256 区间。

归一化算法的公式为 $x'=(x-\text{Min})/(\text{Max}-\text{Min})$。

其中，Max 与 Min 分别为整个数据中的最大值和最小值；x 是当前要转换的像素值；x' 是归一化后的像素值。归一化之后可以保证每个 x' 都在 $[0,1]$ 内。

---

3. Sobel算子的原理

为什么图片经过 Sobel 算子的卷积操作就能生成带轮廓的图片呢？其本质还是因为卷积的操作特性——卷积操作可以计算出更多的局部信息。

Sobel 算子根据卷积操作的特性通过巧妙的权重设计在图片的局部区域进行计算，并将像素值变化的特征进行强化，从而生成了带轮廓的图片。

在图 1-23 中，对 Sobel 算子中的第 1 行权重进行分析，可以看到在为值 [-1　0　1] 的卷积核进行 1D 卷积时，本质上是在计算最上面一行的像素值中相隔像素之间的差值。

图片经过 Sobel 算子卷积后，得到的像素值是该图片中相隔像素之间的差值，再将这个像素差值用图片的方式显示出来，就变成了带轮廓的图片。

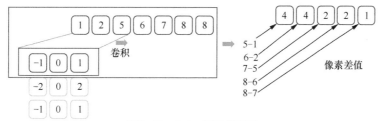

图1-23　Sobel算子的原理

Sobel 算子中的第 2 行权重值与第 1 行的原理相同，只不过将差值放大了 2 倍。这么做是为了增强效果。Sobel 算子的思想如下。

- 对卷积核的 3 行像素差值进行加权处理。
- 以中间的第 2 行像素差值为中心。
- 按照离中心点越近，对结果影响越大的思想，对第 2 行像素差值进行增强（值设置为 2），使其在生成最终的结果时产生主要影响。

> **提示**
>
> 其实将Sobel算子的第2行改成与第1行相同，也可以生成轮廓图片。感兴趣的读者可以自己尝试一下[①]。另外，在OpenCV中，还提供了比Sobel算子效果更好的函数scharr。在scharr函数中所实现的卷积核与Sobel算子类似，只不过改变了Sobel算子中各行的权重。由 [1 2 1] 变成 [3 10 3]，由 [1 −2 −1] 改为了 [−3 −10 −3]，如图1-24所示。
>
> $$\begin{bmatrix} -3 & 0 & 3 \\ -10 & 0 & 10 \\ -3 & 0 & 3 \end{bmatrix} \qquad \begin{bmatrix} 3 & 10 & 3 \\ 0 & 0 & 0 \\ -3 & -10 & -3 \end{bmatrix}$$
>
> 　　（a）水平方向　　　　　（b）垂直方向
> 图1-24　函数scharr中的卷积核

了解了水平方向上 Sobel 算子的原理之后，可以再看一下图 1-21，其中垂直方向上的 Sobel 算子将像素差值的方向由水平改成垂直，其原理与水平方向的 Sobel 算子相同。从图 1-21 中可以看出，垂直方向的 Sobel 算子结构其实就是水平方向上 Sobel 算子的转置。

1.6.4　深度神经网络中的卷积核

在深度神经网络中，有很多类似于 Sobel 算子的卷积核。与 Sobel 算子不同的是，它们的权重值是模型经过大量的样本训练之后算出来的。

在模型训练过程中，会根据最终的输出结果调节卷积核的权重，最终生成若干个有特定功能的卷积核。有的可以计算图片中的像素差值，从而提取出轮廓特征；有的可以计算图片中的平均值，从而提取背景纹理等。

卷积后所生成的特征数据还可以继续进行卷积处理。在深度神经网络中，这些卷积处理是通过多个卷积层来实现的。

深度卷积神经网络中的卷积核不再简单地处理轮廓、纹理等，而是对已有的轮廓、纹理等特征进行进一步的推理和叠加。

---

① 参见《深度学习之 TensorFlow：入门、原理与进阶实战》的 8.4.4 节，可以在对应代码的基础上进行修改验证。

执行多次卷积的特征数据会有更具体的局部表征，例如，可以识别出眼睛、耳朵、鼻子等。配合其他结构的神经网络对局部信息进行的推理和叠加，最终完成对整个图片的识别。

1.6.5　反卷积

在深层神经网络中，通过对卷积神经网络中各层输出的特征值进行反卷积，便可以理解各个卷积层对图片的识别情况。反卷积可以理解为卷积操作的逆操作（严格来讲，属于转置卷积操作）。将特征数据与卷积核进行反卷积后，可以还原出特征数据在卷积之前的样子。

图 1-25 所示为对卷积神经网络的各层进行反卷积后的结果[①]。可以看到随着网络层数变多，模型识别出的图像会更清晰。

图1-25　反卷积的结果

1.7　卷积分

卷积分是积分的一种计算方式。假设图 1-16（a）所示线段中的每个点都是由两条曲线（两个函数）经过微分得来的，则该线段便是这两条曲线积分的结果。

例如，如图 1-26（a）所示，对一条直线（见式（1-7））与一条曲线（见式（1-8））进行卷积分，所得的曲线如图 1-26（b）所示。

$$y = 3x + 2 \tag{1-7}$$

$$y = 2x^2 + 3x - 1 \tag{1-8}$$

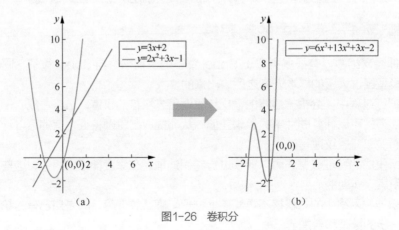

图1-26　卷积分

---

① 参见《深度学习之 TensorFlow：入门、原理与进阶实战》的 8.7 节。

图 1-26（b）中的曲线如式（1-9）所示。

$$y = 6x^3 + 13x^2 + 3x - 2 \qquad (1\text{-}9)$$

其卷积分过程如图 1-27 所示。

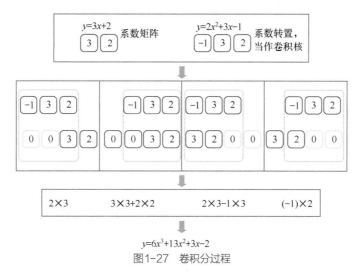

图 1-27　卷积分过程

如果从代数的角度理解，式（1-9）也可以由式（1-7）和式（1-8）相乘得到，这便是卷积的数学意义，如式（1-10）所示。

$$y = (3x + 2)(2x^2 + 3x - 1) = 6x^3 + 13x^2 + 3x - 2 \qquad (1\text{-}10)$$

1.8　卷积神经网络与全连接神经网络的关系

卷积神经网络的特点是根据卷积核的大小计算局部特征，其计算过程使用了计算机的神经元模型。

如图 1-28 所示，在一个 4×4 的图像上用 2×2 的卷积进行计算，在不填充 0 时执行卷积操作，可以得到 2×2 大小的矩阵。

如果将卷积核逐渐放大，一直放大到与全局尺寸相等，那么在不填充 0 时执行卷积操作，将会得到 1×1 大小的矩阵，如图 1-29 所示。

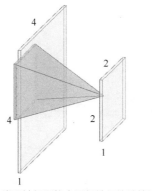

图1-28　卷积神经网络中局部特征的计算过程

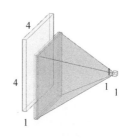

图1-29　全尺寸卷积

如果将图 1-29 所示的 4×4 图像展开，则它与单个神经元模型的结构完全一样，如图 1-30 所示。

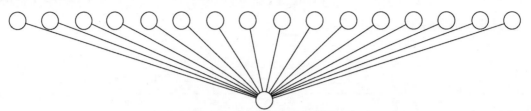

图1-30　全尺寸卷积的展开结构

如果将多个全尺寸的卷积核按照不同层次组合在一起，相当于多个神经元的组合，即该卷积神经网络就变成了全连接神经网络。

由这个现象可以看出，多种结构间的神经网络模型彼此是相通的。这个概念在搭建深度神经网络时尤其重要。通过输入、输出的维度匹配可以将指定网络层替换成任意的基础模型结构，而在替换过程中可以根据模型整体所要完成的任务选取与之匹配的基础模型。这便是搭建深度神经网络的核心思想。读者可以先了解这个概念，本书会在后面的实例中详细阐述这部分内容。

第 2 章

搭建开发环境

本章主要介绍如何搭建 TensorFlow 框架，讲解如何使用集成的 Python 开发工具 Anaconda 来完成 Python 开发环境的部署，以及如何选择硬件配置、切换 TensorFlow 版本等。

2.1　准备硬件环境

因为本书中讲的实例大多有相对较大的模型，所以建议读者准备一台具有 GPU 的机器，同时还要考虑使用与 GPU 对应的配套主板及电源。

> 提示　当在已有的主机上直接添加GPU（尤其是在原有服务器上添加GPU）时，还需要考虑如下问题。
> - 主板的插槽是否支持？例如，需要PCIE x16（16的倍数）的插槽。
> - 芯片组是否支持？例如，需要C610系列或者之后的芯片组。
> - 电源是否支持？GPU的功耗一般很大，必须要有配套的电源支持才可以。
> 如果驱动正常安装，却在系统中找不到GPU，则可以考虑是否由电源供电不足而导致的。

如果不准备硬件，还可以使用云服务方式来进行网络模型的训练。这种方式需要单独购买云服务，它是按使用时间收费的。在不需要频繁训练模型的场景下，推荐使用这种方式。

在学习本书的过程中，读者所需要的是频繁训练模型的场景。如果使用云服务，则会花费较高的成本。建议直接购买一台带 GPU 的机器。

2.2　下载及安装 Anaconda

在 Anaconda 环境的搭建中，重点是版本的选择。下面详细介绍一下 Anaconda 的下载及安装。

2.2.1　下载 Anaconda 开发工具

从 Anaconda 官网下载 Anaconda 开发工具，如图 2-1 所示。其中有 Linux、Windows、macOS 的各种版本可以选择。

以 64 位 Linux 操作系统下的 Python 3.7 版本为例，对应的安装包为 Anaconda3-2020.02-Linux-x86_64.sh（见图 2-1 中的标注）。

Anaconda installer archive

Filename	Size	Last Modified	MD5
Anaconda3-2020.02-Linux-ppc64le.sh	276.0M	2020-03-11 10:32:32	fef889d3939132d9caf7f56ac9174ff6
Anaconda3-2020.02-Linux-x86_64.sh	521.6M	2020-03-11 10:32:37	17600d1f12b2b047b62763221f29f2bc
Anaconda3-2020.02-MacOSX-x86_64.pkg	442.2M	2020-03-11 10:32:57	d1e7fe5d52e5b3ccb38d9af262688e89
Anaconda3-2020.02-MacOSX-x86_64.sh	430.1M	2020-03-11 10:32:34	f0229959e0bd45dee0c14b20e58ad916
Anaconda3-2020.02-Windows-x86.exe	423.2M	2020-03-11 10:32:58	64ae8d0e5095b9a878d4522db4ce751e
Anaconda3-2020.02-Windows-x86_64.exe	466.3M	2020-03-11 10:32:35	6b02c1c91049d29fc65be68f2443079a
Anaconda2-2019.10-Linux-ppc64le.sh	295.3M	2019-10-15 09:26:13	6b9809bf5d36782bfa1e35b791d983a0
Anaconda2-2019.10-Linux-x86_64.sh	477.4M	2019-10-15 09:26:03	69c64167b8cf3a8fc6b50d12d8476337
Anaconda2-2019.10-MacOSX-x86_64.pkg	635.7M	2019-10-15 09:27:30	67dba3993ee14938fc4acd57cef60e87

图2-1　下载列表（部分）

提示 本书中的内容均是使用 Python 3.7 版本来实现的。

虽然 Python 3 以上的版本具有统一的接口风格，但是不同版本（例如，Python 3.5 与 Python 3.6）间也略有区别，并且不能向下兼容。在与其他的 Python 软件包整合时，一定要按照整合软件包的说明文件来找到完全匹配的 Python 版本，否则会带来不可预料的麻烦。

另外，不同版本的 Anaconda 默认支持的 Python 版本是不一样的：支持 Python 2 版本的 Anaconda 安装包统一以“Anaconda 2”开头；支持 Python 3 版本的 Anaconda 安装包统一以“Anaconda 3”开头。在编写本书时，最新的版本为 Anaconda 2020.02，它可以支持 Python 3.7 版本。

2.2.2 安装 Anaconda 开发工具

本节以 Ubuntu 16.04 版本为例，介绍如何下载 Python 3.6 版本的 Anaconda 集成开发工具。下载 Anaconda3-2020.02-Linux-x86_64.sh 安装包后，在命令行终端通过 **chmod** 命令为其增加可执行权限，接着运行该安装包即可。命令如下。

```
chmod u+x Anaconda3-2020.02-Linux-x86_64.sh
./Anaconda3-2020.02-Linux-x86_64.sh
```

在安装过程中，会有各种交互性提示。有的需要按 Enter 键，有的需要输入 yes，按照提示操作即可。

提示 如果安装过程意外中止，导致本机有部分残留文件，影响再次重新安装。可以使用如下命令进行覆盖安装。

```
./Anaconda3-2020.02-Linux-x86_64.sh -u
```

在 Windows 系统下安装 Anaconda 软件的方法与一般软件的安装过程相似。右击安装包，在弹出的快捷菜单中选择“以管理员身份运行”即可，这里不再详述。

2.2.3 安装 Anaconda 开发工具时的注意事项

在安装 Anaconda 的过程中，会提示是否要集成环境变量。这里一定要将环境变量集成到系统中，否则系统将不会识别出 Anaconda 中自带的命令。例如，在 Linux 系统下安装 Anaconda 时会出现图 2-2 所示的界面。

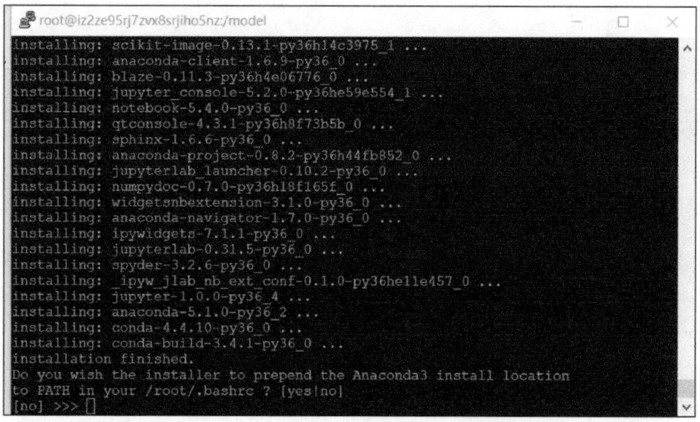

图 2-2 是否集成环境变量的提示界面

在图 2-2 所示的界面中，要输入 yes 并按 Enter 键，进行下一步的安装。安装完成后，需要重新打开一个终端，使 Anaconda 中的命令生效。

> **提示**　在 Windows 系统中安装 Anaconda 时，提示界面中有一个复选框，需要先将其勾选，然后进行下一步的安装。

2.3　使用 Anaconda 安装 TensorFlow

TensorFlow 的安装方式有多种[①]。这里只介绍最简单的一种方式——使用 Anaconda 进行安装。

2.3.1　查看 TensorFlow 的版本

在 Anaconda 软件中，集成的 TensorFlow 安装包版本可以通过如下命令进行查看。

```
anaconda search -t conda tensorflow
```

2.3.2　使用 Anaconda 安装 TensorFlow

在安装好 Anaconda 之后，就可以使用 **pip** 命令进行 TensorFlow 的安装了。这个步骤与系统无关。保持计算机联网即可。

（1）在命令行中输入如下命令，安装 TensorFLow 的 Release 版本。

```
conda install tensorflow-gpu
```

执行上述命令后，系统会将支持 GPU 的 TensorFLow Release 版本安装包下载到本机上，并进行安装。另外，系统还会自动把 TensorFlow 的 GPU 版本以及对应的 NVIDIA 工具包（CUDA 和 cuDNN）安装到本机上。

> **注意**　conda 只能管理操作系统的用户层开发包，并不能对内核层的 NVIDIA 驱动进行更新。在安装 TensorFlow 时，最好先使本机驱动更新到最新版本，以免底层的旧版本驱动无法支持上层的高级 API 调用。

（2）如果要安装 CPU 版本，可以输入下列命令。

```
conda install tensorflow
```

（3）若要安装指定版本的 TensorFLow，可以直接在命令后面加上版本号。

```
conda install tensorflow-gpu==2.0.0
```

该命令执行后，系统会将指定版本（2.0.0）的 TensorFlow 安装到本机上。

---

① TensorFlow 的多种安装方法请参见《深度学习之 TensorFlow 工程化项目实战》的第 2 章。

2.3.3　TensorFlow 的安装指南

由于 TensorFlow 的安装过程与 GPU 中的多版本关联，因此往往给初学者带来很大的麻烦，这里将安装过程中的注意事项总结出来，帮助读者更快上手。

（1）如果由于网络问题导致使用 conda 安装失败，则可以为 conda 添加国内镜像源。一般常用的是清华大学的镜像源，具体做法如下。

```
(tf2) C:\Users\ljh>conda config --show-sources          #查看源
==> C:\Users\ljh\.condarc <==                           #以下是输出内容
ssl_verify: True
channels:
- defaults          #显示当前有一个默认的源
(tf2) C:\Users\ljh>conda config --add channels          #添加清华大学的镜像源
https://mirrors.tuna.tsinghua.edu.cn/anaconda/pkgs/free/
(tf2) C:\Users\ljh>conda config --set show_channel_urls yes    #设置显示源
```

（2）如果按照 2.3.1 节和 2.3.2 节的操作一切进展顺利，则会成功完成安装。可以直接使用 2.4.5 节的方法进行测试。如果出现问题，则大多是版本间的不匹配或者由于本地机器上的多套环境互相干扰而造成的，可以从这个角度出发进行排查。

（3）使用 conda 命令安装的 TensorFlow 版本一般会比官网发布的滞后一些。如果要安装最新版本的 TensorFlow，那么在 conda 命令中是查不到最新版本的，只能使用以下 pip 命令进行安装。

```
pip install tensorflow-gpu==最新版本
```

同时需要从 NVIDIA 官网上下载对应的 CUDA 和 cuDNN 进行手动安装[①]。

（4）TensorFlow 版本间的兼容性极差，如果当前的工作环境需要同时使用多个版本，建议使用 2.5 节的方法建立虚环境，进行多版本的安装和使用。

（5）在安装 TensorFlow 的过程中，一定要遵循的原则是一个版本只安装在一套 Python 环境（也可以是虚环境）中。如果安装重复，应将整个 Python 删除并重装。千万不能使多个版本出现在一套 Python 环境中，这样会出现许多莫名其妙的错误。

2.4　测试显卡及开发环境的一些常用命令

本节介绍几个小命令，它们可以帮助定位在安装过程中产生的问题。

2.4.1　使用 nvidia-smi 命令查看显卡信息

nvidia-smi 指的是 NVIDIA system management Interface，该命令用于查看显卡的信息及运行情况。

---

① 手动安装 CUDA 和 cuDNN 的方法请参见《深度学习之 TensorFlow 工程化项目实战》的 2.4 节。

1. 在Windows系统下使用nvidia-smi

在安装完 NVIDIA 显卡驱动之后，对于 Windows 用户而言，命令行界面还无法识别 nvidia-smi 命令，需要将相关环境变量添加进去。如果将 NVIDIA 显卡驱动安装在默认位置，nvidia-smi 命令所在的完整路径应为 C:\Program Files\NVIDIA Corporation\NVSMI。

将上述路径添加进系统环境变量中，之后在命令行界面中运行 `nvidia-smi` 命令，可以看到图 2-3 所示的显卡信息。其中包括驱动、显卡名称、当前使用显卡的进程等。

图2-3　Windows系统下的显卡信息

若这些信息都已存在，表示当前的安装是正确的。

2. 在Linux系统下使用nvidia-smi

在 Linux 系统中也是通过在命令行窗口里输入 `nvidia-smi` 来显示显卡信息的，如图 2-4 所示。

图2-4　Linux系统下的显卡消息

> 提示　还可以使用 `nvidia-smi-l` 来实时查看显卡状态。

2.4.2　nvidia-smi命令失效的解决办法

在安装 CUDA 时，建议将本机 NVIDIA 的显卡驱动更新到最新版本。否则，在执行

nvidia-smi 命令时有可能出现错误，如图 2-5 所示。

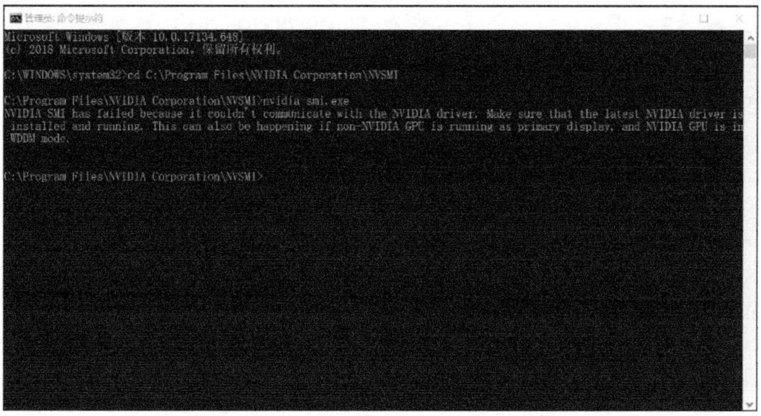

图2-5　执行nvidia-smi命令后的错误消息

该错误表明本机的 NVIDIA 显卡驱动版本过老，不支持当前的 CUDA 版本。将驱动更新之后再运行 nvidia-smi 命令便可恢复正常。

2.4.3　查看 CUDA 的版本

在安装完 CUDA 之后，可以通过如下命令查看具体的版本。

```
nvcc -V
```

Windows 系统与 Linux 系统下的操作一样，直接在命令行窗口里输入命令即可，如图 2-6 所示。

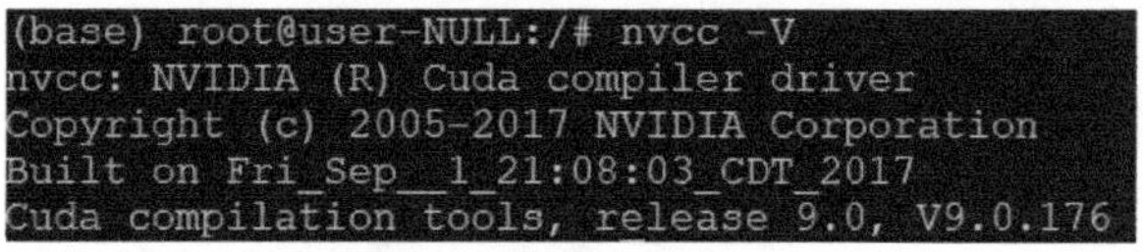

图2-6　查看CUDA版本

2.4.4　查看 cuDNN 的版本

如果使用 **conda** 命令来安装 TensorFlow，则不需要考虑 cuDNN 版本的问题，因为系统会自动匹配合适的版本进行安装。如果手动安装 cuDNN，则可以通过查看 **include** 文件夹内 **cudnn.h** 的代码来找到具体的版本，进行问题排查。

1. 在 Windows 系统下查看 cuDNN 版本

在 Windows 系统下找到 cuDAA 安装路径下的 **include** 文件夹，打开 **cudnn.h**，在里面可以找到如下代码。

```
#define CUDNN_MAJOR 7
```

这代表 cuDNN 当前版本是 7。

2. 在Linux系统下查看cuDNN的版本

在 Linux 系统下，cuDAA 默认的安装路径为 /usr/local/cuda/include/cudnn.h。

在该路径下打开文件查看即可查看 cuDAA 的版本。当然，也可以使用如下命令查看 cuDAA 的版本。

```
root@user-NULL:~# cat /usr/local/cuda/include/cudnn.h | grep CUDNN_MAJOR -A 2
```

执行结果如图 2-7 所示。

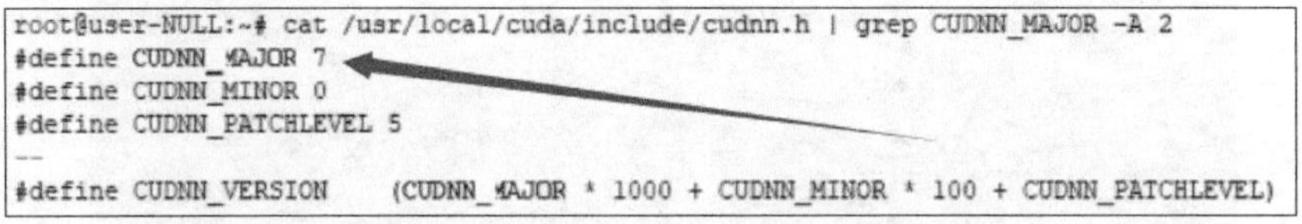

```
root@user-NULL:~# cat /usr/local/cuda/include/cudnn.h | grep CUDNN_MAJOR -A 2
#define CUDNN_MAJOR 7
#define CUDNN_MINOR 0
#define CUDNN_PATCHLEVEL 5
--
#define CUDNN_VERSION    (CUDNN_MAJOR * 1000 + CUDNN_MINOR * 100 + CUDNN_PATCHLEVEL)
```

图2-7　执行结果

在 Linux 系统和 macOS 上的安装过程还可以参考 tensorfly 网站。

2.4.5　用代码测试安装环境

在环境安装好之后，可以打开 Spyder 编辑器，输入如下代码进行测试。

```
import tensorflow as tf                          #导入TensorFlow库
gpu_device_name = tf.test.gpu_device_name()      #获取GPU设备名称
print(gpu_device_name)                           #输出GPU设备名称
tf.test.is_gpu_available()                       #测试GPU是否有效
```

代码运行后输出如下结果。

```
/device:GPU:0
True
```

输出结果中的第 1 行是 GPU 设备名称，第 2 行是 True，这表明 GPU 设备有效。

2.5　使用Python虚环境实现多个TensorFlow 版本共存

TensorFlow 框架的 1.x 版本与 2.x 版本差异较大，有些在 1.x 版本上实现的项目并不能直接运行在 2.x 版本上，而在新开发的项目中推荐使用 2.x 版本。这就需要解决 1.x 版本与 2.x 版本共存的问题。

可以使用 Anaconda 软件创建虚环境，在同一主机上安装不同版本的 TensorFlow 框架。

2.5.1　查看当前的Python虚环境及Python版本

在安装完 Anaconda 软件之后，默认会创建一个虚环境，该虚环境为当前运行的主环境，可以使用 `conda info--envs` 命令进行查看。

1.　在Linux系统下查看所有的Python虚环境

以 Linux 系统为例，要查看所有的 Python 虚环境，具体命令如下。

```
(base) root@user-NULL:~#conda info --envs
#conda environments:
#
base                    */root/anaconda3
```

在显示结果中可以看到，当前虚环境的名字是 base，这是 Anaconda 默认的 Python 环境。

2.　在Linux系统下查看当前Python的使用版本

可以通过 `python --version` 命令查看当前的 Python 版本。具体命令如下。

```
(base) root@user-NULL:~#python --version
Python 3.7.1 :: Anaconda, Inc.
```

在显示结果中可以看到，当前 Python 的版本是 3.7.1。

2.5.2　创建 Python 虚环境

创建 Python 虚环境的命令是 `conda create`。在使用时，指定虚环境的名字和所需使用的版本即可。

1.　在Linux系统下创建Python虚环境

在 Linux 系统下，要创建一个版本为 3.7.1 的 Python 虚环境（在 Windows 系统下，创建方法完全相同），具体步骤如下。

（1）执行以下命令会创建一个名为 tf20 的 Python 虚环境。

```
(base) root@user-NULL:~#conda create --name tf20 python=3.7.1
```

（2）在创建过程中，会提示是否要安装对应的软件包，如图 2-8 所示。

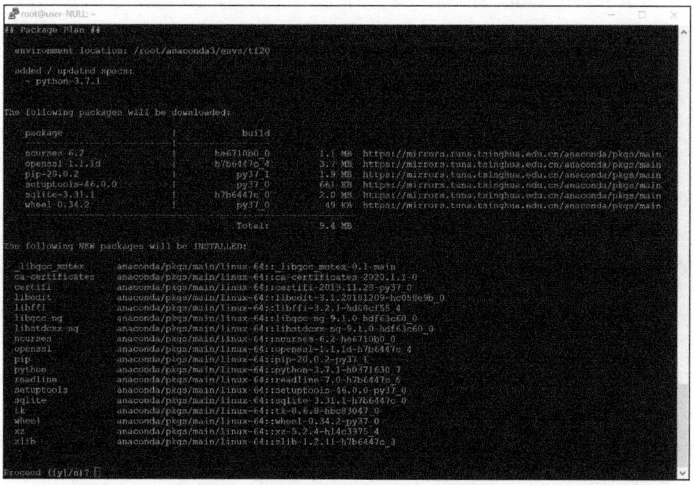

图2-8　创建Python虚环境的过程

（3）在图 2-8 所示的界面中，输入 Y，进行软件包的下载及安装。

（4）在软件包安装结束后，系统将自动执行其他配置。如果出现图 2-9 所示的界面，则表示 Python 虚环境创建成功。

图2-9　Python虚环境创建成功

在图 2-9 中，提示了在 Linux 系统下使用虚环境的命令。

```
conda activate tf20        #使用虚环境tf20作为当前的Python环境
conda deactivate           #使用默认的Python环境
```

> **提示**　在 Windows 系统下激活和取消激活虚环境的命令如下。
> activate tf20
> deactivate

2. 验证Python虚环境是否创建成功

再次输入 `conda info --envs` 命令查看所有的 Python 虚环境。具体命令如下。

```
(base) root@user-NULL:~#conda info --envs
#conda environments:
#
base                     */root/anaconda3
tf20                      /root/anaconda3/envs/tf20
```

可以看到相对于 2.5.1 节，在虚环境中多了一个 tf20，这表示虚环境创建成功。

3. 删除Python虚环境

如果要删除已经创建的虚环境，可以使用 `conda remove` 命令。具体命令如下。

```
(base) root@user-NULL:~#conda remove --name tf2 --all
```

该命令执行后没有任何显示，可以再次通过 `conda info --envs` 命令查看指定的 Python 虚环境是否被删除。

2.5.3　在 Python 虚环境中安装 TensorFlow 1.*x* 版本

由于 TensorFlow 2.*x* 版本与 TensorFlow 1.*x* 版本不互相兼容，因此对于使用 TensorFlow 1.*x* 版本的用户来说，有必要在虚环境中安装一个 TensorFlow 1.*x* 版本从而维护以前的程序。

按照 2.5.2 节提出的方法，创建并激活虚环境 tf20，并按照 2.3 节提到的方式安装 TensorFlow。具体命令如下。

```
(base) root@user-NULL:~#conda activate tf20                    #激活tf20虚环境
(tf20) root@user-NULL:~#pip install TensorFlow-gpu==2.0.0      #安装TensorFLow 2.0.0版
```

在虚环境中，建议使用 conda 自带的 CUDA 和 cuDNN 包进行安装。因为手动安装的 CUDA 和 cuDNN 包是对整个操作系统生效的，不同版本的 TensorFlow 对 CUDA 和 cuDNN 包的需求各不相同，所以为了不使多个版本间发生冲突，尽量不要手动安装 CUDA 和 cuDNN 包。

例如，对于 TensorFlow 2.0.0 版本，可以使用如下命令来安装对应的 cuDNN 版本。

```
conda install cudnn=7.6.0
```

该命令在安装 cuDNN 7.6.0 的同时，还会自动找到与其匹配的 CUDA 版本一并进行安装。

2.5.4　进行界面配置

创建虚环境后，可以通过 Anaconda Navigator 软件进行界面配置。假如已经构建了一个虚环境 tf13，进行界面配置的具体做法如下。

（1）在"开始"菜单中选择 Anaconda Navigator 并启动，如图 2-10 所示。

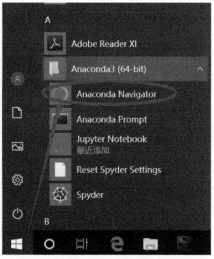

图2-10　启动 Anaconda Navigator

（2）在 Anaconda Navigator 的主界面中，选择新建的虚环境 tf13，如图 2-11 所示。

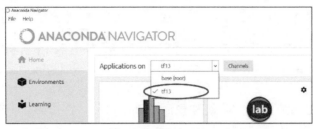

图 2-11　选择虚环境

（3）找到 Spyder 选项，单击下方的 Install 按钮，将 Spyder 安装到该虚环境中，如图 2-12 所示。

图 2-12　在虚环境中安装 Spyder

（4）等待一段时间，当 Spyder 下方的 Install 按钮变成 Launch 按钮后，表明 Spyder 已经成功安装到该虚环境中，如图 2-13 所示。

（5）单击图 2-12 中 Spyder 下方的 Launch 按钮，即可启动虚环境 tf13 下的 Spyder。也可以在"开始"菜单中找到 Spyder（tf13）选项，如图 2-14 所示。

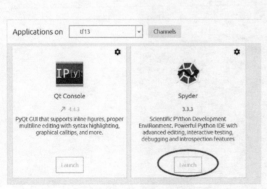

图 2-13　在虚环境中完成 Spyder 的安装

图 2-14　启动虚环境中的 Spyder

如果机器中装了很多虚环境，可以将常用的虚环境设置为自动加载，来提升工作效率。

在 Linux 系统下，设置方式比较简单，直接将激活虚环境的命令直接添加到登录配置的 profile 文件中即可。

在 Windows 系统下，可以按照如下方法进行设置。

（1）在"开始"菜单中，找到 Anaconda Prompt 并右击，选择"更多"→"打开文件所在位置"会看到 Anaconda Prompt 的快捷方式。

（2）右该快捷方式，选择"属性"，在图 2-15 所示界面的"目标"栏中将 Python 路径修改成常用的虚环境路径。

提示

图 2-15　设置默认虚环境

例如，如果本地常用的虚环境路径为"d:\ProgramData\Anaconda3\envs\tf20"，则直接填入该路径即可。

在使用时，直接选择"开始"菜单中的"Anaconda Prompt"菜单，便可进入默认的虚环境中。

2.5.5　使用 PyCharm 编辑器切换虚环境

可以使用 PyCharm 编辑器对多个虚环境进行切换，相对于 2.5.4 节介绍的 Spyder 编辑器，该工具的配置更简单。

1. 下载软件

从 JetBrains 网站下载 PyCharm 编辑器。单击图 2-16 右下角的 DOWNLOAD .EXE 按钮来下载 PyCharm 的免费版本。

下载 PyCharm 软件后，直接安装即可。

2. 选择虚环境

在安装 PyCharm 之后，直接双击该图标启动软件，并按照如下步骤选择指定的虚环境进行开发。

图 2-16　PyCharm 的下载界面

（1）新建项目。在启动 PyCharm 软件后，会弹出图 2-17 所示的界面，单击 Create New Project 选项来新建项目。

图2-17　PyCharm 启动界面

（2）选择虚环境。按照图2-18所示的箭头顺序，依次设置本地代码所在的工作路径和虚环境。

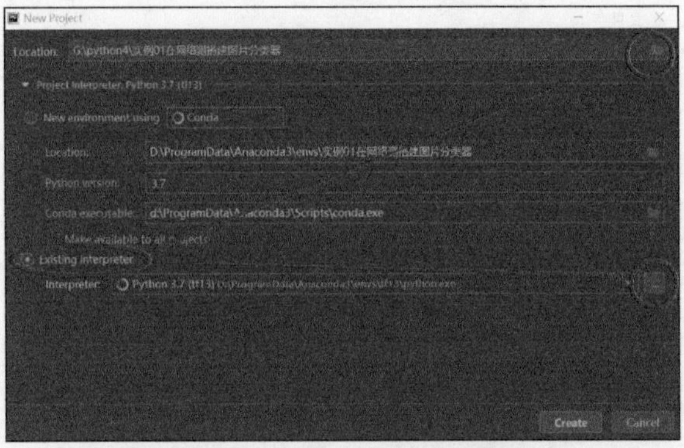

图2-18　设置本地代码所在路径

（3）单击图 2-18 右上角的 "…" 按钮，会弹出虚环境的设置界面，如图 2-19 所示。

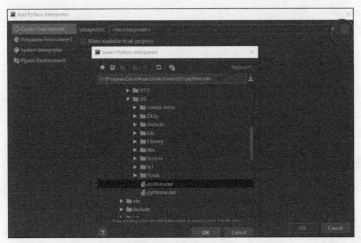

图2-19　设置虚环境

（4）选择 2.5.2 节中创建的虚环境所在路径，并选中该路径下的 Python 解释器。

3．进入代码编辑界面

单击图 2-19 中的 OK 按钮，可看到图 2-20 所示的界面。接着便可以在该界面中开发和运行指定虚环境的程序了。

图2-20 代码编辑界面

2.6 安装Docker

作为一个独立的跨平台工具，Docker 可以将应用环境与开发环境独立开。可以将所有的环境、配置、代码，甚至 Linux 底层都打包在一起，不需要考虑新的服务器环境是否兼容，这给项目部署带来了方便。

2.6.1 Docker简介

Docker 有 CE（免费版）和 EE（付费版）两个版本，它们可以安装在主流操作系统上。关于 Docker 的安装方法，可以参考其官方帮助文档。

在 Windows 10 中安装 Docker 时还需要对系统进行额外配置，使用其自带的 Hyper-V（虚拟机）功能，操作顺序为打开控制面板，选择"程序"，在弹出的界面中，选择"程序和功能"选项下的"启用或关闭 Windows 功能"，在弹出的"Windows 功能"窗口中，选中Hyper-V。但是这个功能只可以用在 Windows 10 的企业版中。

如果当前的 Windows 10 系统里没有 Hyper-V 选项，可以安装 DockerToolbox，下载地址参见 DaoCloud 网站。

2.6.2 在Dabian系列的Linux系统中安装Docker

在 Dabian 系列的 Linux 系统中主要使用 **apt-get** 命令安装 Docker。以 Ubuntu 16.04 LTS 64 为例，具体代码如下。

```
$ sudo apt-get install -y apt-transport-https ca-certificates curl software-proper-
ties-common
#安装以上包以使apt可以通过https使用存储库
$ curl -fsSL https://download.docker.com/linux/ubuntu/gpg | sudo apt-key add -
                              #添加Docker官方的GPG密钥
$ sudo add-apt-repository "deb [arch=amd64] https://download.docker.com/linux/
ubuntu $(lsb_release -cs) stable"    #设置stable存储库
$ sudo apt-get update            #更新apt包的索引
$ sudo apt-get install -y docker-ce  #安装最新版本的Docker CE
$ sudo systemctl start docker       #启动Docker服务
$ sudo docker run hello-world       #查看是否启动成功
```

执行上述命令之后，如果看到图 2-21 所示的输出信息，则表示 Docker 软件已安装成功。

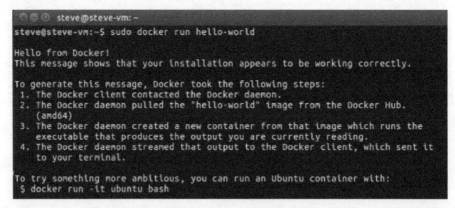

图2-21　Docker安装成功

2.6.3　在Red Had系列的Linux系统中安装Docker

在 Red Had 系列的 Linux 系统中没有 **apt-get** 命令，需要使用 **yum** 命令安装 Docker。以 64 位的 CentOS 7 为例，具体代码如下。

```
~] #yum update                                                      #更新yum
~] #yum install -y yum-utils device-mapper-persistent-data lvm2     #安装依赖包
~] #yum-config-manager --add-repo                                   #设置yum源
~] #yum list docker-ce --showduplicates | sort -r                  #查看Docker版本
```

执行以上命令之后，会看到 Docker 的版本列表，如图 2-22 所示。

在图 2-22 所示的列表中找到需要安装的版本，并使用命令"**yum install docker-ce- 版本号**"进行安装。

图2-22　Docker版本列表

以 18.03.1.ce 为例，具体命令如下。

```
~] #yum install docker-ce-18.03.1.ce     #安装指定版本的Docker
~] #systemctl start docker               #启动Docker
~] #systemctl enable docker              #设置开机启动
```

执行以上命令之后，屏幕上会输出安装成功的信息，如图 2-23 所示。

图2-23　Docker安装成功

可以通过如下命令，进一步验证 Docker 是否安装成功。

```
~] #docker version              #检查是否安装成功
```

执行以上命令之后，会看到 Client 和 Server 两部分信息（见图 2-24），这表明安装成功。

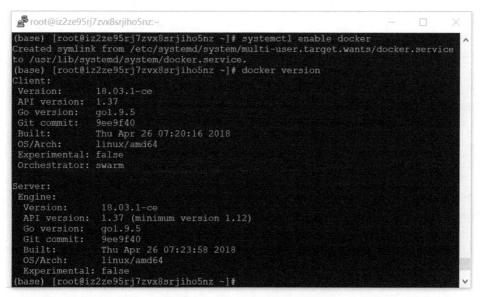

图2-24　查看Docker是否安装成功

2.6.4　安装 NVIDIA Docker

NVIDIA Docker 是专为 TensorFlow 部署而设置的 Docker 容器。该 Docker 容器可以直接调用 GPU 进行运算，可以与 TF_Serving 模块（见 2.7.1 节）配合使用。具体安装命令如下。

```
install nvidia-docker
```

NVIDIA Docker 与一般的 Docker 使用方法完全相同。例如，下面是在 Docker 中启动 TF_Serving 模块的命令。

```
nvidia-docker docker run -it -p 9000:9000 $USER/tensorflow-serving-devel-gpu /bin/bash
```

有关 Docker 的使用方法可以参考第 3 章的实例，更多操作说明请参考 GitHub 网站。

2.7　安装 TF_Serving 模块

TensorFlow 中提供了一个 TF_Serving 模块，它可以将模型部署在远端服务器上，并以服务方式对外提供接口。该模块一般用在生产环境中。

2.7.1　在 Linux 系统中使用 apt-get 命令安装 TF_Serving 模块

在 Linux 系统中在线安装 TF_Serving 时，因为要使用 **apt-get** 命令从相关网站下载对应的软件包，所以必须保证本机 IP 地址所在的网络可以访问 storage.googleapis.com 域名（可以使用 **ping** 命令进行测试）。具体操作可以分为如下几个步骤。

（1）以作者的本地机器为例，通过 proc/version 命令检测 Linux 版本。具体命令和执行结果如下。

```
root@user-NULL:~#cat /proc/version
Linux version 4.13.0-36-generic (buildd@lgw01-amd64-033) (gcc version 5.4.0
20160609 (Ubuntu 5.4.0-6ubuntu1~16.04.9)) #40~16.04.1-Ubuntu SMP Fri Feb 16
23:25:58 UTC 2018
```

（2）输入如下命令，向 **apt-get** 中添加 TF_Serving 安装包的下载地址。

```
echo "deb [arch=amd64] http://storage.googleapis.com/tensorflow-serving-apt sta-
ble tensorflow-model-server tensorflow-model-server-universal" | sudo tee /etc/apt/
sources.list.d/tensorflow-serving.list && \
curl https://storage.googleapis.com/tensorflow-serving-apt/tensorflow-serving.re-
lease.pub.gpg | sudo apt-key add -
```

（3）通过如下命令切换到 sudo 账户，并升级 apt-get。在运行过程中有可能会出现"没有数字签名"这个提示。可以忽略该提示，它不影响正常使用。

```
sudo su
sudo apt-get update
```

（4）使用如下命令安装 tensorflow-model-server 软件包。

```
apt-get install tensorflow-model-server
```

（5）在安装过程中，仍然会提示没有数字签名是否允许安装，直接输入"y"即可。

> **提示**
>
> 默认的 tensorflow-model-server 版本需要安装在支持 SSE4 和 AVX 指令集的服务器上。如果本地机器过于老旧，不支持该指令集，则需要安装 tensorflow-model-server-universal 版本。具体命令如下。
> `apt-get install tensorflow-model-server-universal`
> 如果已经安装 tensorflow-model-server，则需要将 tensorflow-model-server 卸载后才能安装 tensorflow-model-server-universal。卸载 tensorflow-model-server 的命令如下。
> `apt-get remove tensorflow-model-server`
> 如果在已有的 tensorflow-model-server 上进行更新，可以输入如下命令。
> `apt-get upgrade tensorflow-model-server`

2.7.2　在 Linux 系统中使用 Docker 安装 TF_Serving 模块

对于 Red Hat 系列的 Linux 系统，没有 **apt-get** 命令，最佳方式是使用 Docker 安装 TF_Serving 模块。

有关 Docker 的安装方式，可以参考 2.6 节。在安装 Docker 之后，可以使用如下命令下载一个带 TF_Serving 模块的镜像。

```
docker pull tensorflow/serving
```

另外，还可以在 Docker Hub 网站下载更多其他版本的镜像文件。

在获得镜像之后，便可以在 Docker 中进行 TF_Serving 的部署了。具体方法可以参考第 3 章的实例，更多操作说明还可以参考 TensorFlow 官方网站中的帮助文档。

第 3 章

在网络侧搭建图片分类器

本章将一步步指导读者动手实现一个能够在网络侧工作的图片分类器。

实例描述	实现一个网络侧的图片分类器，该分类器可以通过 URL 上传图片，并返回对该图片的识别结果。

本实例将使用在 ImgNet 数据集上训练的 ResNet50 模型进行网络侧的部署，并用该模型识别图片。

在项目部署中，使用 tf.keras 接口中集成的 ResNet50 模型文件进行加载，使用 TF_Serving 接口实现模型部署。

3.1 基础概念

3.1.1 ResNet50模型与残差网络

ResNet50 模型是 ResNet（残差网络）的第一个版本，该模型于 2015 年由何凯明等提出，模型有 50 层。

残差网络是 ResNet50 模型的核心特点，解决了当时深度神经网络难以训练的问题。该网络借鉴了高速网络（highway network）的思想，在网络的主处理层旁边增加一个额外的通道，使得输入可以直达输出。残差网络的结构如图 3-1 所示。

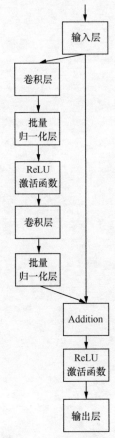

图3-1 残差网络的结构

假设 x 经过神经网络层处理之后，输出结果为 $H(x)$，则图 3-1 所示的结构中的残差网络输出结果 $Y(x)= H(x)+x$。

在 2015 年的 ImageNet 大规模视觉识别挑战赛（ImageNet Large Scale Visiual Recognition Challenge，ILSVRC）中，Top-1 准确率是 79.26%，Top-5 准确率是 94.75%。这个模型简单实用，经常被嵌入其他深度网络结构中，作为特征提取层来使用。

> **提示**
>
> Top-1 与 Top-5 是指在计算模型准确率时，对模型预测结果的两种采样方式。Top-1 是指从模型的预测结果中取出概率最高的那个类别作为模型的最终结果。Top-5 是指从模型的预测结果中取出概率最高的前 5 个类别作为模型的最终结果。
>
> 在对 Top-1 结果进行准确率计算时，模型只有 1 个预测结果。如果该结果与真实标签不同，则认为模型预测错误；否则，认为模型预测正确。
>
> 在对 Top-5 结果进行准确率计算时，模型会有 5 个预测结果。如果 5 个结果都与真实标签不同，则认为模型预测错误；否则，认为模型预测正确。
>
> 在计算准确率时，具体步骤如下。
>
> （1）按照指定的采样方式得到模型结果。
>
> （2）对模型结果和标签进行比较，来判定模型是否正确识别当前图片。
>
> （3）对测试样本集中的所有照片按照步骤（1）和步骤（2）进行判断，得到模型识别正确的样本数。
>
> （4）用模型正确识别的样本数除以测试集中的总样本数，得到模型的准确率。
>
> 例如，一个测试集有两个样本，里面的内容都是狗，模型对这 4 个样本的预测结果分别如下。
>
> - 80% 是狗，10% 是猫，3% 是鼠，3% 是鸡，2% 是鸭，2% 是象。
> - 41% 是猫，39% 是狗，13% 是鼠，3% 是鸡，2% 是鸭，2% 是象。
>
> 当该模型以 Top-1 和 Top-2 方式采样时，其准确率计算方式如下。
>
> - 当以 Top-1 方式采样时，模型对两个样本的预测结果为狗和猫，一个正确，一个错误，准确率为 50%。
> - 当以 Top-5 方式采样时，模型对两个样本的预测结果为"狗、猫、鼠、鸡、鸭"和"猫、狗、鼠、鸡、鸭"，全部正确，准确率为 100%。

在 ImgNet 数据集上训练后，该模型可以识别 1000 个类别的图片。

> **提示**
>
> ImgNet 数据集是目前计算机视觉领域中使用比较多的大规模图片数据集，创建该数据集的最初目的是促进计算机图像识别技术的发展。该数据集有 1400 多万张图片，有两万多个类别，其中超过百万张图片有类别标注和物体位置标注。图片分类、目标检测等研究工作大多基于这个数据集。该数据集是深度学习图像领域中检验算法性能的标准数据集之一。
>
> 与 ImgNet 数据集对应的是 ILSVRC，设立这个比赛的初衷是吸引更多的人关注并投身到计算机视觉领域。该比赛从 2012 年开始每年举办一次，每次从 ImgNet 数据集中抽取出 120 多万张（共 1000 个类别）的图片用来比赛。2017 年举办了最后一届，因为该比赛的初衷已经达到了。
>
> 从现在来看，ILSVRC 的目的确实已达到了，这个比赛吸引了世界上机器学习或神经网络算法领域内很多顶级的专家和组织，每年都有一大批更加优秀的深层神经网络算法出现。在 ImgNet 数据集上，图片分类错误率甚至低于人类水平，从而开创了深度学习的时代。

3.1.2　tf.keras 接口

tf.keras 接口是指在 TensorFlow 中封装的 Keras 接口。Keras 接口是一个用 Python 语

言编写的高层神经网络 API，能够运行在 TensorFlow、CNTK、Theano 上，即以这 3 个机器学习框架为后台。使用者可以根据自己的兴趣或项目需要自由选择使用哪一个框架作为后台。

Keras 能够进行快速原型设计、研究、开发，尽可能在短时间内把原始想法变成实验结果。Keras 的主要特点有以下 3 个方面。

（1）对用户友好，模块化，可扩展。

（2）能够支持卷积神经网络、循环神经网络。

（3）能够无缝支持 CPU、GPU。

TensorFlow 中的 Keras 接口实现 Keras 的所有接口。用户只要安装 TensorFlow 就可以使用 Keras 了。

通过在 TensorFLow 中使用 tf.keras 接口，不仅可以降低学习难度，还能提高编码效率。tf.keras 接口使得使用者只关注自己的业务部分而不用关注代码细节，tf.keras 接口也是 TensorFlow 2.x 版本主推的接口。

3.2　代码环境及模型准备

tf.keras 接口包含了许多成熟模型（如 DenseNet、NASNet、MobileNet 等）的源代码。用户可以很方便地使用这些源代码对自己的样本进行训练；也可以加载训练过的模型文件，使用文件里的参数值对模型源代码中的权重进行赋值，赋值后的模型可以用来进行预测。

在 GitHub 网站的 Keras 主页上也提供了许多在 ImgNet 数据集上训练过的模型文件。这些模型文件叫作预训练模型，可以直接加载到模型中并用于预测。

3.2.1　获取预训练模型

在 GitHub 网站，搜索 keras-applications，即可找到预训练模型。

打开该网站链接后，可以找到模型文件 resnet50_weights_tf_dim_ordering_tf_kernels.h5 的下载页面，如图 3-2 所示，单击后可以将其下载到本地。

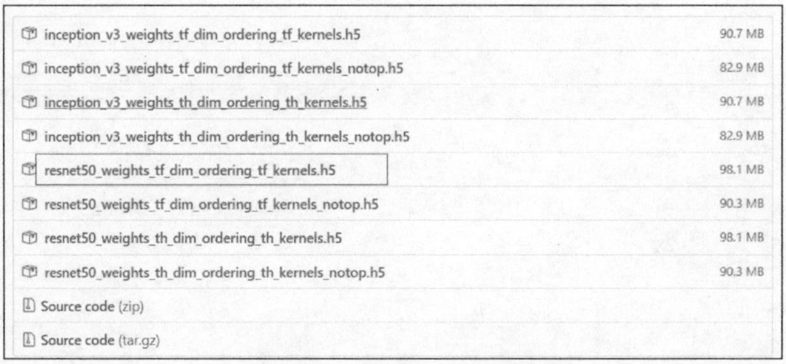

inception_v3_weights_tf_dim_ordering_tf_kernels.h5	90.7 MB
inception_v3_weights_tf_dim_ordering_tf_kernels_notop.h5	82.9 MB
inception_v3_weights_th_dim_ordering_th_kernels.h5	90.7 MB
inception_v3_weights_th_dim_ordering_th_kernels_notop.h5	82.9 MB
resnet50_weights_tf_dim_ordering_tf_kernels.h5	98.1 MB
resnet50_weights_tf_dim_ordering_tf_kernels_notop.h5	90.3 MB
resnet50_weights_th_dim_ordering_th_kernels.h5	98.1 MB
resnet50_weights_th_dim_ordering_th_kernels_notop.h5	90.3 MB
Source code (zip)	
Source code (tar.gz)	

图3-2　ResNet模型下载页面

在图 3-2 中可以看到，每种模型会有两个文件，一个是正常模型文件，一个是以 no-top 结尾的文件。例如，ResNet50 模型的两个文件如下。

```
resnet50_weights_tf_dim_ordering_tf_kernels.h5
resnet50_weights_tf_dim_ordering_tf_kernels_notop.h5
```

其中，以no-top结尾的文件用于提取特征模型和微调模型。正常的模型文件（NASNet-large.h5）可直接用于预测。

另外，对于后端在 Theano 上运行的 Keras 模型文件，会将中间的 tf 换成 th。例如：

```
resnet50_weights_th_dim_ordering_th_kernels.h5
resnet50_weights_th_dim_ordering_th_kernels_notop.h5
```

Theano 上运行的 Keras 模型文件与 TensorFlow 上运行的 Keras 模型文件最大的区别在于图片维度顺序不同。Theano 图片中通道维度在前，例如，对于 (3，224，224)，第 1 个数字 3 表示通道数；而 TensorFlow 中通道维度在后，例如，对于 (224，224，3)，最后 1 个数字 3 表示通道数。

> **提示**　图中以.h5结尾的文件是由美国超级计算与应用中心研发的层次数据格式（Hierarchical Data Format，HDF）的第5个版本，是存储和组织数据的一种文件格式。它将文件结构简化成两个主要的对象类型：一个是数据集，它是相同数据类型的多维数组；另一个是组，它是一种复合结构，可以包含数据集和其他组。目前很多语言（如Java、Python等）支持H5文件格式的读写。H5文件在内存占用、压缩、访问速度方面都具有优势，在工业领域和科学领域有很多应用。详细信息请查看HDF官网。

3.2.2　在本地进行模型部署

将下载的模型文件 resnet50_weights_tf_dim_ordering_tf_kernels.h5 放到代码的同级目录中，完成本地部署，如图 3-3 所示。

名称	修改日期	类型	大小
code_01_use_resnet.py	2019-03-23 12:33	Python File	2 KB
code_02_url_client.py	2019-03-18 21:08	Python File	2 KB
dog.jpg	2019-03-18 21:08	JPG 文件	30 KB
hy.jpg	2019-03-18 21:08	JPG 文件	92 KB
resnet50_weights_tf_dim_ordering_tf_kernels.h5	2019-03-18 21:15	H5 文件	100,443 KB
中文标签.csv	2019-03-18 21:26	Microsoft Office...	27 KB

图3-3　代码所在目录

图 3-3 中的文件说明如下。

- code_01_use_resnet.py：载入 ResNet50 模型、测试模型、导出支持部署冻结图的代码。
- code_02_url_client.py：构建 URL 请求的客户端代码。
- dog.jpg 和 hy.jpg：用来测试模式的图片。
- resnet50_weights_tf_dim_ordering_tf_kernels.h5：前面下载的 ResNet50 模型。
- 中文标签 .csv：翻译成中文的图片分类器标签文件，该文件中有 1000 个类别。

3.3　代码实现：用ResNet50模型识别图片所属类别

编写代码，实现如下功能。

（1）构建 ResNet50 模型的张量图，用模型文件对张量图中的权重进行赋值，见文件

code_01_use_resnet.py 中第 26 行代码。

（2）获取张量图中的输出节点，并将其作为预测结果（该图片中每个类别的概率值），见第 28 行代码。

（3）对张量图的输出节点进行处理，选取概率值最大的下标作为图片所属类别，见第 31 行代码。

（4）对图片输入模型进行预测，并得到该图片的识别结果，见第 33 ～ 45 行代码。

具体代码如下。

代码文件：code_01_use_resnet.py

```
1  import base64                              #导入基础模块
2  import matplotlib.pyplot as plt
3  import tensorflow as tf
4  from tensorflow.keras.applications.resnet50 import ResNet50,preprocess_input,
5  decode_predictions
6  tf.compat.v1.disable_v2_behavior()          #以静态图方式运行
7
8  #输入类型为string
9  input_imgs = tf.compat.v1.placeholder(shape=None, dtype=tf.string)
10
11  #把base64字符串图像解码成jpeg格式
12  decoded = tf.image.decode_jpeg(tf.compat.v1.decode_base64(input_imgs),
13                                  channels=3)
14  #用最邻近法调整图像大小到[224,224]，因为ResNet50需要输入图像的大小是[224,224]
15  decoded = tf.compat.v1.image.resize_images(decoded, [224, 224],
16  tf.image.ResizeMethod.NEAREST_NEIGHBOR)
17  #在0位置增加一个值是1的维度，使其成为一个图像
18  tensorimg = tf.expand_dims(tf.cast(decoded, dtype=tf.float32), 0)
19
20  tensorimg = preprocess_input(tensorimg)      #图像预处理
21
22  with tf.compat.v1.Session() as sess:          #构建一个会话
23      sess.run(tf.compat.v1.global_variables_initializer())
24      #加载ResNet50模型
25      Reslayer = ResNet50(
26                   weights='resnet50_weights_tf_dim_ordering_tf_kernels.h5')
27
28      logits = Reslayer(tensorimg)              #获取模型的输出节点
29
30      #得到该图片中每个类别的概率值
31      prediction = tf.squeeze(tf.cast(tf.argmax(logits, 1), dtype=tf.int32), [0])
32
33      img_path = './dog.jpg'                    #定义测试图片路径
34      with open(img_path, "rb") as image_file:
35          encoded_string = str(base64.urlsafe_b64encode(image_file.read()),
36          "utf-8")                              #把图像编码成base64字符串格式
37
38  img, logitsv, Pred = sess.run([decoded, logits, prediction],
39                          feed_dict={input_imgs: encoded_string})
40
```

```
41  print('Pred label ID', Pred)                  #预测标签ID
42
43      #从预测结果中取出前3名
44      Pred = decode_predictions(logitsv, top=3)[0]
45      print('Predicted:', Pred, len(logitsv[0]))
46
47      #可视化处理，创建一个1行2列的子图
48      fig, (ax1, ax2) = plt.subplots(1, 2, figsize=(10, 8))
49      fig.sca(ax1)                               #设置第一条轴是ax1
50      ax1.imshow(img)                            #第一个子图显示要预测的图片
51
52      #设置第二个子图为预测结果，按概率取前3名
53      barlist = ax2.bar(range(3), [i[2] for i in Pred])
54      barlist[0].set_color('g')                  #颜色设置为绿色
55
56      #预测结果中前3名的柱状图
57      plt.sca(ax2)
58      plt.ylim([0, 1.1])
59
60      #竖直显示前3名的标签
61      plt.xticks(range(3), [i[1][:15] for i in Pred], rotation='vertical')
62      fig.subplots_adjust(bottom=0.2)            #调整第二个子图的位置
63      plt.show()                                 #显示图像
```

第 6 行代码调用了 `disable_v2_behavior` 函数，将当前的运行方式改成静态图方式。该函数可以实现在 TensorFlow 2.x 版本中使用 TensorFlow 1.x 版本的 API 功能。

静态图[①]是 TensorFlow 1.x 版本的主要运行方式，在计算图中的所有张量时都需要通过建立会话来对真实数值进行计算。

第 12 行代码将 `decode_base64` 函数的返回结果传入 `decode_jpeg` 函数，实现了对 base64 格式图片的解码。执行过程如下。

（1）函数 `decode_base64` 将 base64 格式的输入字符串 input_imgs 解码成 jpeg 格式。

（2）函数 `decode_jpeg` 对（1）的返回结果进行解析，得到内容为 uint8 类型的张量数组。

运行代码，输出如下结果。

```
Predicted:[('n02109961', 'Eskimo_dog', 0.5788505), ('n02110185', 'Siberian_husky',
0.41908145), ('n02110063', 'malamute', 0.0010492695)]
```

模型输出了识别结果中概率排前 3 名的内容，具体如下。

- 预测结果为 "Eskimo_dog" 的概率是 0.5788505。
- 预测结果为 "Siberian_husky" 的概率是 0.41908145。
- 预测结果为 "malamute" 的概率是 0.0010492695。

同时也输出了可视化结果，如图 3-4（a）与（b）所示。

---

① 基于静态图的系统介绍见《深度学习之 TensorFlow：入门、原理与进阶实战》的 4.1 节。

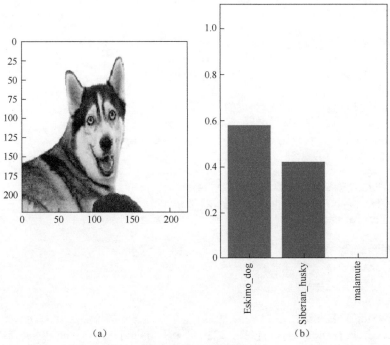

图3-4   代码测试结果

图 3-4（a）是原始被测试图片，图 3-4（b）是前 3 个识别结果的概率柱状图。从测试结果中可以看到，原始图片是"爱斯基摩狗"的概率约是 0.58，是"西伯利亚哈士奇"的概率约是 0.42，是"阿拉斯加狗"的概率约是 0.001。

3.4   使用模型时如何预处理输入图片

3.3 节的第 15 行代码中调用的 `resize_images` 函数对输入图片进行了尺寸调整，该函数使用最近邻法进行调整。本节介绍对图片进行尺寸调整的常用方法。

3.4.1   最近邻法

最近邻法是一种调整图片尺寸的方法，基本原理是新图像的像素值等于原始图像中距离它最近的像素值。

3.4.2   调整图片尺寸的其他方法

TensorFlow 封装的调整图片尺寸的算法一共有 4 种：
- 双线性插值法；
- 最近邻法；
- 双三次插值法；
- 面积插值法。

除最近邻法之外，其他 3 种方法如下。

1. 双线性插值法及代码实现

双线性插值法分别在两个方向进行线性插值以计算新图像上对应点的像素值，在计算时只用原始图像中的 4 个像素值（每个方向上用两个像素值）来计算当前的新像素值。

TensorFlow 中双线性插值法的代码实现如下。

```
tf.compat.v1.image.resize_images(images,size,
                    method=ResizeMethod. BILINEAR,align_corners=False,
                    preserve_aspect_ratio=False)
```

2. 双三次插值法及代码实现

双三次插值法分别在两个方向进行 3 次插值以计算新图像上对应点的像素值，通常使用拉格朗日多项式或三次样条函数。双三次插值需要利用 16 个像素值来计算新的像素值。

使用双三次插值法得到的新图像看起来边缘更平滑。当对时间要求不高时，可用双三次插值法。

TensorFlow 中双三次插值法的代码实现如下。

```
tf.compat.v1.image.resize_images(images,size,
                    method=ResizeMethod. BICUBIC,align_corners=False,
                    preserve_aspect_ratio=False)
```

3. 面积插值法及代码实现

面积插值法也称为区域插值法。该方法首先把原始图像分割成不同区域，然后把输出图像中的插值点映射到输入图像并判断所属区域，最后计算与插值点相交的像素的加权平均值，加权重是相交的面积比例。

TensorFlow 中面积插值法的代码实现如下。

```
tf.compat.v1.image.resize_images(images,size,
                    method=ResizeMethod. AREA,align_corners=False,
                    preserve_aspect_ratio=False)
```

3.4.3 数据预处理在模型应用中的重要性

在应用模型场景下，数据的预处理方法一定要与训练模型时使用的预训练方法一致，只有这样才会充分发挥模型的作用。这也是模型工程化应用过程中需要特别注意的地方。

3.4.4 ImgNet 中预训练模型的数据预处理方法

对于 GitHub 网站中 Keras 主页上公布的预训练文件，在训练过程中，大多是使用最近邻法调整样本的尺寸的。当然，也包括本实例中的 ResNet50 模型。在使用 ResNet50 模型进行预测时，必须要使用最近邻法对数据进行预处理。

3.5　代码实现：将模型导出为支持部署的冻结图

在使用 TF_Serving 接口对网络侧模型进行部署之前，需要将模型转换成 TF_Serving接口所支持的冻结图格式。通过 saved_model 模块可以实现这个功能。本节从 saved_model 模块开始介绍具体的操作。

3.5.1　saved_model 的用法

为了让生成的模型支持 TF_Serving 服务，在 TensorFlow 中对模型签名进行了统一规定。模型签名定义在 tensorflow.compat.v1.saved_model.signature_constants 模块下面。在签名中规定，模型在执行分类、预测、回归这 3 种任务时，要使用对应的输入与输出接口。表 3-1 所示为统一的签名接口规则。

表 3-1　统一的签名接口规则

任务的签名	输入与输出的签名
分类任务： CLASSIFY_METHOD_NAME ("tensorflow/serving/classify")	输入：CLASSIFY_INPUTS("inputs")
	输出（分类结果）：CLASSIFY_OUTPUT_CLASSES("classes") 输出（分类概率）：CLASSIFY_OUTPUT_SCORES("scores")
预测任务： PREDICT_METHOD_NAME ("tensorflow/serving/predict")	输入：PREDICT_INPUTS("inputs")
	输出：PREDICT_OUTPUTS("outputs")
回归任务： REGRESS_METHOD_NAME ("tensorflow/serving/regress")	输入：REGRESS_INPUTS("inputs")
	输出：REGRESS_OUTPUTS("outputs")

另外，还有一个默认的接口 DEFAULT_SERVING_SIGNATURE_DEF_KEY("serving_default")用于扩展。

3.5.2　调用 saved_model 模块为模型添加签名并保存

调用 saved_model 模块可为模型添加预测任务的签名，并保存模型。该功能还是在 3.3

节第 22 行代码的会话中完成的。具体代码如下。

　代码文件：code_01_use_resnet.py（续）

```
64  save_path = './model'  #设置模型保存路径
65  #生成用于保存模型的builder对象
66  builder = tf.compat.v1.saved_model.builder.SavedModelBuilder(
67                                          save_path + 'imgclass')
68  #定义输入签名，x为输入张量
69  inputs = {'input_x': tf.compat.v1.saved_model.utils.build_tensor_info(
70                                          input_imgs)}
71  #定义输出签名，z为最终需要输出的结果张量
72  outputs = {'output': tf.compat.v1.saved_model.utils.build_tensor_info(
73                                          prediction)}
74  signature =
75      tf.compat.v1.saved_model.signature_def_utils.build_signature_def(
76      inputs=inputs, outputs=outputs,
77      method_name=
78      tf.compat.v1.saved_model.signature_constants.PREDICT_METHOD_NAME)
79
80  builder.add_meta_graph_and_variables(sess,
81                      [tf.compat.v1.saved_model.tag_constants.SERVING],
82                          {'aianaconda_signature': signature})
83  builder.save()  #保存模型
```

上面代码实现了添加签名并保存模型的全过程。具体步骤如下。

（1）调用函数 SavedModelBuilder，生成对象 builder，见第 66 行代码。

（2）调用函数 build_signature_def，创建签名定义的缓冲区协议，见第 75 行代码。

（3）调用 builder 对象的 add_meta_graph_and_variables 方法，将节点定义和值添加到 builder 中，同时还添加了标签，见第 80 行代码。

（4）调用 builder 对象的 save 方法来保存模型，见第 83 行代码。

3.5.3　运行代码并生成冻结图

代码运行后，会在本地的 modelimgclass 目录中生成冻结图文件，如图 3-5 所示。

名称	修改日期	类型	大小
variables	2019-03-12 17:28	文件夹	
saved_model.pb	2019-03-12 17:28	PB 文件	2,072 KB

图 3-5　目录 modelimgclass 中的冻结图文件

> 提示　如果计算机上没有安装 Matplotlib 库，则在运行时会出现如下错误。
> ModuleNotFoundError: No module named 'matplotlib'
> 若出现该错误，可以在命令行中输入 pip install matplotlib 命令安装 Matplotlib 库。

在图 3-5 中有两个文件，具体如下。

- variables 文件夹：保存模型中的所有变量。该文件夹中的内容如图 3-6 所示。

名称 ^	修改日期	类型	大小
variables.data-00000-of-00001	2019-03-13 21:57	DATA-00000-OF...	100,144 KB
variables.index	2019-03-13 21:57	INDEX 文件	12 KB

图3-6   variables 文件夹中的内容

- saved_model.pb：保存模型结构信息，即计算图结构的缓冲区协议文件。

图 3-6 中两个文件的作用如下。

- variables.data-00000-of-00001：保存变量的值。
- variables.index：保存模型结构与变量值的对应关系。

有了 ResNet50 模型的冻结图文件之后，便可以进行网络侧的部署了。

3.6   在服务器上部署分类器模型

本节讲述使用 Docker 从镜像 tensorflow/serving 中创建容器并启动 TF_Serving 服务的步骤。

> 提示　本节需要用到在 Docker 中安装 TensorFlow 的 TF_Serving 模块，如果没有安装这个模块，则需要先参考 2.7 节进行安装。本节使用的服务器是 Docker 的镜像 tensorflow/serving。首先需要下载镜像，命令是 docker pull tensorflow/serving。然后下载 tensorflow/serving 的源代码，其中有很多例子和模型，命令是 git clone https://github.com/tensorflow/serving。

在前面生成的模型文件夹为 modelimgclass，需要将该文件夹传到服务器上。例如，将其上传到服务器的目录 /root/home1/test/ 中。

3.6.1   指定模型的版本号

在使用 tensorflow_model_server 命令之前，还需要对模型文件夹的结构进行一些改变。默认情况下，模型文件必须放在以数字命名的文件夹里，这样才可以由 tensorflow_model_server 命令来启动。其中的数字代表该模型的版本号。

在 modelimgclass 文件夹下新建一个文件夹 123456（代表版本号），并将模型文件全部移动到 123456 文件夹下面。具体操作如下。

```
cd modelimgclass/            #进入tfservingmodelv1
mkdir 123456                 #建立文件夹，数字代表版本号
mv saved_model.pb 123456/    #移动模型文件
mv variables  123456/
```

3.6.2   启动服务容器

调用 docker run 命令用 tensorflow/serving 镜像创建一个容器，并指定端口和文件路径。具体如下。

```
docker run -p 8501:8501 --name=resnet50 --mount type=bind,source=/root/home1/test/
modelimgclass,target=/models/resnet50 -e MODEL_NAME=resnet50 -t tensorflow/serving
```

下面解释这个命令中一些项的具体含义。

- **docker run**：用镜像创建一个容器。
- **-p 8501**：8501 是映射端口，将容器的 8501 端口映射到宿主机的 8501 端口，客户端在请求的时候使用该端口（该镜像内部默认会打开 8501 端口）。
- **--mount**：进行挂载。**source** 参数指定宿主机上的模型目录，也就是挂载的源；target 参数指定挂载到 Docker 容器中的哪个目录，从而使 **mount** 将宿主机的 source 路径挂载到容器的 target 目标下。source 参数用于存放宿主机上的模型文件，其中包含一个 .pb 文件和一个 variables 文件夹。如果部署自己的模型，就需要在原来的模型文件夹下新建一个以数字命名的文件夹（如 1），并将模型文件 .pb 和 variables 文件夹放到文件夹 1 中。容器内部会根据绑定的路径读取模型文件。当在导出模型的目录下有多个版本（如 1、2、3）的模型时，TF-Serving 会自动选取数字最大的版本模型进行预测。当一个作业向该目录下输出了模型 4 时，TF-Serving 预测服务不需要重启，会自动切换到版本 4 的模型上。需要注意的是，尽管 .pb 文件和 variables 文件夹位于新建的以数字命名的文件夹中，但 source 参数依然是这个以数字命名的文件夹的上一级路径。
- **-e MODEL_NAME=resnet**：设置模型名称。
- **-t tensorflow/serving**：根据镜像名称“tensorflow/serving”运行容器。

服务启动过程如图 3-7 所示。

```
$ 2019-03-17 07:05:05.585533: I tensorflow_serving/model_servers/server.cc:82] Building single TensorFlow model file config:  model_name: resnet50 model_base_path: /models/resnet50
2019-03-17 07:05:05.586510: I tensorflow_serving/model_servers/server_core.cc:461] Adding/updating models.
2019-03-17 07:05:05.586930: I tensorflow_serving/model_servers/server_core.cc:558]  (Re-)adding model: resnet50
2019-03-17 07:05:05.720637: I tensorflow_serving/core/basic_manager.cc:739] Successfully reserved resources to load servable {name: resnet50 version: 123456}
2019-03-17 07:05:05.722239: I tensorflow_serving/core/loader_harness.cc:66] Approving load for servable version {name: resnet50 version: 123456}
2019-03-17 07:05:05.723304: I tensorflow_serving/core/loader_harness.cc:74] Loading servable version {name: resnet50 version: 123456}
2019-03-17 07:05:05.725655: I external/org_tensorflow/tensorflow/contrib/session_bundle/bundle_shim.cc:363] Attempting to load native SavedModelBundle in bundle-shim from: /models/resnet50/
123456
2019-03-17 07:05:05.727178: I external/org_tensorflow/tensorflow/cc/saved_model/reader.cc:31] Reading SavedModel from: /models/resnet50/123456
2019-03-17 07:05:05.937992: I external/org_tensorflow/tensorflow/cc/saved_model/reader.cc:54] Reading meta graph with tags { serve }
2019-03-17 07:05:06.031370: I external/org_tensorflow/tensorflow/core/platform/cpu_feature_guard.cc:141] Your CPU supports instructions that this TensorFlow binary was not compiled to use:
AVX2
2019-03-17 07:05:06.342491: I external/org_tensorflow/tensorflow/cc/saved_model/loader.cc:182] Restoring SavedModel bundle.
2019-03-17 07:05:07.062383: W external/org_tensorflow/tensorflow/core/framework/allocator.cc:124] Allocation of 8192000 exceeds 10% of system memory.
2019-03-17 07:05:07.591166: W external/org_tensorflow/tensorflow/core/framework/allocator.cc:124] Allocation of 8388608 exceeds 10% of system memory.
2019-03-17 07:05:07.704919: W external/org_tensorflow/tensorflow/core/framework/allocator.cc:124] Allocation of 9437184 exceeds 10% of system memory.
2019-03-17 07:05:07.935624: W external/org_tensorflow/tensorflow/core/framework/allocator.cc:124] Allocation of 9437184 exceeds 10% of system memory.
2019-03-17 07:05:08.327990: W external/org_tensorflow/tensorflow/core/framework/allocator.cc:124] Allocation of 9437184 exceeds 10% of system memory.
2019-03-17 07:05:08.636807: I external/org_tensorflow/tensorflow/cc/saved_model/loader.cc:285] SavedModel load for tags { serve }; Status: success. Took 2896733 microseconds.
2019-03-17 07:05:08.639454: I tensorflow_serving/servables/tensorflow/saved_model_warmup.cc:101] No warmup data file found at /models/resnet50/123456/assets.extra/tf_serving_warmup_requests
2019-03-17 07:05:08.669092: I tensorflow_serving/core/loader_harness.cc:86] Successfully loaded servable version {name: resnet50 version: 123456}
2019-03-17 07:05:08.719919: I tensorflow_serving/model_servers/server.cc:313] Running gRPC ModelServer at 0.0.0.0:8500 ...
[warn] getaddrinfo: address family for nodename not supported
2019-03-17 07:05:08.774699: I tensorflow_serving/model_servers/server.cc:333] Exporting HTTP/REST API at:localhost:8501 ...
[evhttp_server.cc : 237] RAW: Entering the event loop ...
```

图3-7　服务启动过程

当 HTTP/REST API 服务启动成功后，可以在输出信息中找到如下信息。

```
…model_servers/server.cc:301] Exporting HTTP/REST API at:localhost:8501…
```

上面的输出结果表示 HTTP/REST API 已经成功启动，监听本机的 8501 端口。

3.6.3　关闭网络侧服务的方法

在 TF_Serving 的容器服务启动之后，可以先通过 **docker ps** 命令查看服务名称，再使用 **docker stop** 命令将指定的服务关闭。

输入 **docker ps** 命令后，显示的结果如图 3-8 所示。

图3-8   查看容器信息

其中 angry_turing 是作者的 TF_Serving 服务的容器名称，接着便可以使用 **docker stop** 命令将其关闭。具体命令如下。

```
docker stop angry_turing
```

3.7   代码实现：构建 URL 请求客户端

服务器端搭建之后，可以编写一个简单的客户端向服务器端发起识别请求，以进行功能验证。具体步骤如下。

（1）把要识别的图片编码成字符串格式，见第 8 行代码。

（2）以 post 形式将图片发送到服务器端进行识别并返回结果，见第 18 行代码。

（3）输出识别结果并返回，见第 21 行代码。

具体代码如下。

代码文件：code_02_url_client.py

```
1   import base64                          #导入基础模块
2   import json
3   import requests
4
5   #客户端对读取的图像进行编码，到服务器端需要解码
6   with open("dog.jpg", "rb") as image_file:
7       #读取图片，用urlsafebase编码，然后转换为str
8       encoded_string = str(base64.urlsafe_b64encode(image_file.read()),
9   "utf-8")
10  #转换为json格式
11  data = json.dumps({"inputs": encoded_string, "signature_name": "aianaconda_signature"})
12
13  print('Data: {} ... {}'.format(data[:50], data[len(data) - 52:]))
14
15  #定义请求的内容格式
16  headers = {"content-type": "application/json"}
17  #向服务器端发送请求
18  json_response = requests.post('http://localhost:8500/v1/models/md:predict',
19  data=data, headers=headers)
20  #输出请求返回的内容，即预测结果
21  print(json_response.text)
```

第 8 行代码调用 **base64.urlsafe_b64encode** 函数将读取的图像编码成网络上安全传输的 base64 编码格式。

> TF_Serving接口支持的base64格式编码必须是urlsafe格式的，这样才会保证图片在传输过程中不被转义。
>
> base64编码是一种在网络中传输8位字节码的编码方式，将二进制码转换成64个可打印字符来方便网络传输，可在HTTP下传递较长的信息。
>
> **提示**　　在使用base64编码时会生成"+""/""="这些会被URL进行特殊编码的字符。
>
> urlsafe的base64编码是指在发送前将"+""/""="这些字符替换成URL不会转码的字符，接收方收到数据后再把替换后的字符转回去，以保证数据的一致性。

在第11行代码中，把参数序列化成json格式，便于网络传输。其中参数的具体含义如下。

- inputs：表示输入。
- signature_name：表示签名。

在第16行代码中，指定请求头的内容格式是 json。

在第18行代码中，以 HTTP 方式用 POST 向服务器请求。其中"localhost：8501"是服务器的 IP 地址；8501 是端口号；v1/models/md 是模型版本号和模型名称。

> **提示**　　在本例的客户端代码中，请求的目的地址是作者的服务器地址。如果读者请求的目的地址是远程服务器，需要将其改为远程服务器地址。

3.8　网络侧的分类应用

将测试图片（本书以图片 dog.jpg 为例，如图 3-9 所示）放到 3.7 节中代码的同级目录下，并运行 3.7 节中的代码。输出如下结果。

```
python code_02_url_client.py
......
Data: {"inputs": "_9j_4AAQSkZJRgABAQAAAQABAAD_2wBDAAOHBW ... EBA__9k=",
    "signature_name": "aianaconda_signature"}
{
    "outputs": 248
}
```

输出结果中的 "outputs": **248** 表示服务器返回的预测分类结果的 ID。在 ImgNet 数据集中，ID 值 248 所代表的分类内容是"爱斯基摩狗哈斯基"[①]，这表明预测完全正确。

图3-9　测试图片

---

① ID 与分类内容间的关系可以参见《深度学习之 TensorFlow 工程化项目实战》的第 3 章。

3.9　扩展：使用更多预训练模型进行部署

除了前面介绍的 ResNet50 预模型之外，还有很多预训练模型可以用来进行网络侧的图片分类。本节将介绍几种著名的预训练模型，在 GitHub 网站中搜索 keras-applications 即可找到这些预训练模型。

使用这些预训练模型进行图片分类的步骤和使用 ResNet50 预训练模型进行图片分类的步骤完全一致。

3.9.1　VGG模型

VGG 模型是牛津大学视觉几何组（Visual Geometry Group, VGG）于 2014 年首次开发的卷积神经网络模型。研究者在 VGG 模型的基础上衍生出了多个版本，常用的有 VGG-16 和 VGG-19，其中 VGG-16 是 2014 年 ILSVRC 中的冠军。VGG 的卷积层只用 3×3 的小型卷积核，池化层只用 2×2 的最大池化层。

VGG-16 由 13 个卷积层、3 个全连接层和 5 个池化层组成，在 ImgNet 数据集上，Top-1 准确率是 71.5%，Top-5 准确率是 89.8%（Top-1 准确率和 Top-5 准确率的含义见 3.1.1 节）。

VGG-19 由 16 个卷积层、3 个全连接层和 5 个池化层组成，在 ImgNet 数据集上，Top-1 准确率是 71.1%，Top-5 准确率是 89.8%。

3.9.2　Inception模型

Inception 模型是 Google 公司于 2014 年提出的深度卷积神经网络模型，是 GoogLeNet 的核心模块，在 2014 年的 ILSVRC 中取得了较好的成绩。Inception 模型采用不同大小的卷积核和池化核，从而堆叠出多个卷积层和池化层。Inception 模型目前有 4 个不同的改进版本，分别是 Inception-V1、Inception-V2、Inception-V3、Inception-V4。这 4 个模型的结构如图 3-10（a）～（d）所示。

每个 Inception 模型都是先用不同大小的滤波器分别对图像进行卷积来得到特征图的，然后分别拼接这些特征图。

Inception-V1 在 ImgNet 数据集上的 Top-1 准确率是 69.8%，Top-5 准确率是 89.6%。

Inception-V2 在 ImgNet 数据集上的 Top-1 准确率是 73.9%，Top-5 准确率是 91.8%。

Inception-V3 在 ImgNet 数据集上的 Top-1 准确率是 78.0%，Top-5 准确率是 93.9%。

Inception-V4 在 ImgNet 数据集上的 Top-1 准确率是 80.2%，Top-5 准确率是 95.2%。

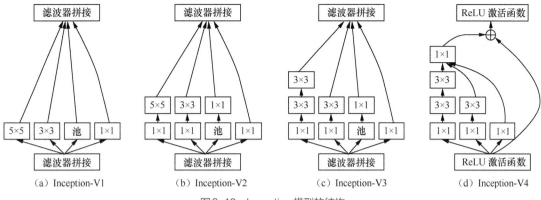

（a）Inception-V1　　（b）Inception-V2　　（c）Inception-V3　　（d）Inception-V4

图 3-10　Inception 模型的结构

3.9.3　DenseNet 模型

DenseNet 模型于 2017 年提出。该模型是密集连接的神经网络，每个网络层都会以前面所有层作为输入，也就是说，网络中每一层的输入都是前面所有层输出的并集。DenseNet 模型的结构如图 3-11 所示。

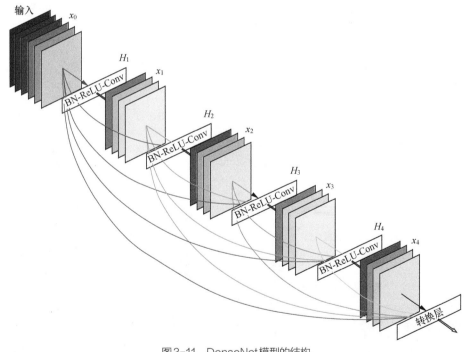

图 3-11　DenseNet 模型的结构

该模型的具体用法详见第 5 章。

3.9.4　PNASNet 模型

PNASNet 模型是 Google AutoML 架构通过自动搜索产生的模型。AutoML 架构于 2017 年由 Google 公司的多个部门提出，使用一种渐进式网络架构搜索技术，通过迭代自学习方式寻找最优网络结构。也就是说，使用机器来设计机器学习算法，从而使得它能够更好地处理用户提供的数据。

PNASNet 模型在 ImgNet 数据集上的 Top-1 准确率是 82.9%，Top-5 准确率是 96.2%。PNASNet 模型是目前最好的图片分类模型之一。

3.9.5　EfficientNet模型

EfficientNet 系列模型是 Google 公司通过机器搜索得来的模型。Google 公司使用深度（depth）、宽度（width）、输入图片分辨率（resolution）共同调节的技术开发了一系列 EfficientNet 版本。目前已经有 EfficientNet-B0 ～ EfficientNet-B8 以及 EfficientNet-L2 和 Noisy Student（共 11 个）系列的版本。其中性能最好的是 Noisy Student 版本。该版本模型在 ImageNet 数据集上的 Top-1 准确率是 87.4%，Top-5 准确率是 98.2%。

1. 模型介绍

EfficientNet 系列模型的构建步骤如下所示。

（1）使用由强化学习算法实现的 MnasNet 模型生成基线模型 EfficientNet-B0。

（2）采用复合缩放方法，在预先设定的内存和计算量大小的限制条件下，对 EfficientNet-B0 模型的深度、宽度（特征图的通道数）、图片大小这 3 个维度同时进行缩放。这 3 个维度的缩放比例由网格搜索得到，最终会输出 EfficientNet 模型。

> 提示　MnasNet模型是Google公司提出的一种资源约束的终端 CNN 模型的自动神经结构搜索方法。该方法使用强化学习的思路来实现。

EfficientNet 系列模型的调参过程如图 3-12（a）～（e）所示。

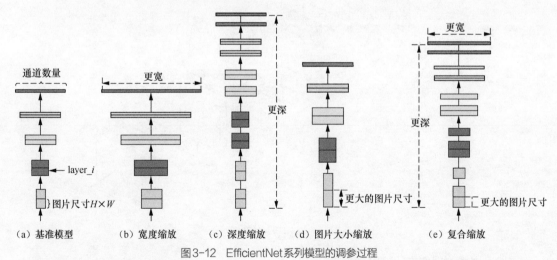

（a）基准模型　（b）宽度缩放　（c）深度缩放　（d）图片大小缩放　（e）复合缩放

图3-12　EfficientNet系列模型的调参过程

在图 3-12 中的各个子图的含义如下。
- 图 3-12（a）是基准模型。
- 图 3-12（b）表示在基准模型的基础上进行宽度缩放，即增加图片的通道数量。
- 图 3-12（c）表示在基准模型的基础上进行深度缩放，即增加网络的层数。

- 图 3-12（d）表示在基准模型的基础上对图片的大小进行缩放。
- 图 3-12（e）表示在基准模型的基础上对图片的深度、宽度、大小同时进行缩放。

关于 EfficientNet 系列模型的原始论文请参见 arXiv 网站，论文编号是"1905.11946"。

在 EfficientNet 系列模型的后续版本中，随着模型的规模越来越大，精度也越来越高。模型的规模主要是由宽度、深度、分辨率这 3 个维度的缩放参数决定的。每个版本的缩放参数和丢弃率如表 3-2 所示。

> 提示　EfficientNet 系列模型的 3 个维度并不是相互独立的，对于输入的图片分辨率更高的情况，需要使用更深的网络来获得更大的感受视野。同样，对于更高分辨率的图片，需要使用更多的通道来获取更精确的特征。在 EfficientNet 方面的论文中，也用公式介绍了三者之间的关系（详见 arXiv 网站上编号是"1906.11946"的论文）。

表 3-2　每个 EfficientNet 版本的缩放参数和丢弃率

版本名称	缩放参数			丢弃率
	宽度	深度	分辨率（即图像中由宽度和高度决定的像素数）	
EfficientNet-B0	1	1	224	0.2
EfficientNet-B1	1	1.1	240	0.2
EfficientNet-B2	1.1	1.2	260	0.3
EfficientNet-B3	1.2	1.4	300	0.3
EfficientNet-B4	1.4	1.8	380	0.4
EfficientNet-B5	1.6	2.2	456	0.4
EfficientNet-B6	1.8	2.6	528	0.5
EfficientNet-B7	2.0	3.1	600	0.5
EfficientNet-B8	2.2	3.6	672	0.5
EfficientNet-L2	4.3	5.3	800	0.5

其中 Noisy Student 版本使用的是与 EfficientNet-L2 一样规模的模型，只不过训练方式不同。

2. 获取代码

EfficientNet 系列模型的代码早已经开源。在 GitHub 网站上也可以搜索到许多有关 EfficientNet 的项目。这些项目大多是关于 EfficientNet-B0 ～ EfficientNet-B7 的。其中包括了 TensorFlow 版本和 PyTorch 版本。

另外，在 TensorFlow 官方版本的代码里也已经融合了 EfficientNet-B0 ～ Efficient-Net-B7 模型的代码，在 tf.keras 框架下，像使用 ResNet 模型一样，仅用一行代码就可以完成预训练模型的下载和加载过程。

TensorFlow 框架中有关 EfficientNet 系列模型的代码在 tensorflow/python/keras/applications/efficientnet.py 文件中。不过该部分代码是在 TensorFlow 2.0 版本和 1.15 版本正式发布之后添加的，在 TensorFlow 2.0 以上的版本中才可以使用。

> 由于 TensorFlow 2.0 版本对深度卷积的处理速度稍慢，因此在该框架下对 EfficientNet 系列模型的运行效率会有一定影响。但该问题有望在后续版本中修复。
>
> **注意** 对于单纯的端到端分类任务，EfficientNet 系列模型是最优选择。但对于更细粒度的语义分割任务，在骨干网的特征环节，如果显存有限，则 EfficientNet 系列模型并不是最优选择。主要原因是该系列模型对 GPU 的显存占用率过高。

对于 EfficientNet 系列的高精度模型（B7 以上），只有在 TensorFlow 的 tpu 项目下才可以找到。

在 tpu 项目中还包含了 EfficientNet 系列从 B0 到 L2 的全部代码，以及配套的训练源代码。

3.9.6　主流卷积模型的通用结构

从前面几节介绍的模型结构中可以看出，无论是由人类专家设计的卷积模型还是由机器搜索得到的卷积模型，它们的架构都有一个相同点——其架构都是由普通模块和归约模块（reduction block）的设计所确定的。

卷积模型的具体架构设计步骤如下。

（1）在每个阶段开始时插入一个归约模块。

（2）反复堆叠普通模块。

（3）将这个阶段为单元进行多次重复堆叠。

不同的卷积模型每个阶段的归约模块实现方式和普通模块的堆叠数量可能各不相同。这种设计模式便叫作单调设计，如图 3-13 所示。

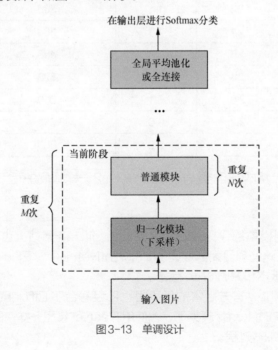

图 3-13　单调设计

读者要能够完全理解这种总结性的思想，它对于自己掌握已有的网络结构和学习新的网络结构都会有很大帮助。

第二篇 中级应用

本篇介绍 tf.keras 接口的常用方法，包括如何使用 tf.keras 接口搭建模型以完成简单的图片分类任务，如何使用 tf.keras 接口实现模型的微调以完成迁移训练，同时还讲述样本的制作方法，卷积神经网络的结构与优化方法，多分类模型的训练方法，以及样本均衡方面的处理技巧等。

通过对本篇的学习，读者可以掌握 TensorFlow 的基本使用方法、计算机视觉算法方面常用的优化技巧，以及如何运用计算机视觉算法和模型完成一些识别任务。

第4章

识别图片中不同肤色的人数

本章介绍如何将手动搭建一个图片分类模型。通过本章的实例，读者可以掌握收集样本、制作样本、运用 tf.keras 接口搭建模型等技术。

实例描述	从零开始采集数据并训练模型，识别图片中的黑肤色人个数，并用该模型对图片和视频数据进行识别。

实现过程的具体步骤如下。

（1）编写爬虫程序，从互联网上爬取黑肤色人和白肤色人的若干张图片。

（2）用 face_recognition 模块对这些图片进行截取，提取每张图片中的人脸。

（3）以步骤（2）中获取的人脸图片作为样本，训练一个神经网络模型。

注意	本章的"黑肤色人"和"白肤色人"并不是严格意义上的黑色人种与白色人种，只是指用肉眼看上去肤色是黑的人和肤色是白的人而已。

4.1　安装实例所依赖的模块

在实现本实例之前，需要安装第三方 Python 依赖模块，具体如下。

4.1.1　安装 opencv-python 模块

OpenCV 支持 Python 版本的模块叫作 opencv-python，可直接使用如下命令安装该模块。

```
pip install opencv-python
```

4.1.2　安装 face_recognition 模块

face_recognition 模块[①]是一个开源的人脸识别库。该库可以发现图片中的人脸位置，并能够实现人脸比较。

这里使用 face_recognition 模块对图片中的人脸进行提取。该模块的安装命令如下。

```
pip install face_recognition
```

安装该模块的同时，还会将依赖库 Click、Pillow、dlib 一起安装到计算机上。

注意	在安装 face_recognition 的过程中，会自动安装 face_recognition 的依赖库 dlib。在安装 dlib 库的过程中，需要使用 CMake 工具进行编译。如果计算机上没有安装 CMake，则会报如下错误。

```
RuntimeError:
*************************************************************
  CMake must be installed to build the following extensions: dlib
*************************************************************
```

----

① 关于 face_recognition 模块的例子，可以参见《Python 带我起飞——入门、进阶、商业实战》的第 14 章。

注意　当出现该错误时，需要在命令行中执行 pip install CMake 命令，安装 CMake。在安装完 CMake 之后，再次执行 pip install face_recognition 命令即可。

4.1.3　安装imageio模块

imageio 模块是一个 Python 库，它提供了一个简单的接口来读写图像数据，包括动画图像、3D 立体数据。安装 imageio 模块的命令如下。

```
pip install imageio
```

4.1.4　安装tqdm模块

tqdm 模块是 Python 的进度条库，可以在控制台窗口中显示程序的进度。安装 tqdm 模块的命令如下。

```
pip install tqdm
```

4.2　编写爬虫程序并收集样本

本实例需要从互联网上爬取黑肤色人和白肤色人的若干张图片作为训练样本，这个过程是通过编写的爬虫程序来实现的。本节介绍该爬虫程序的设计及实现细节。

4.2.1　设计爬虫程序

设计一个图片爬虫程序，用于从互联网上爬取图片数据，并对这些数据进行统一处理。该爬虫程序的函数信息和整个爬取流程如图 4-1 所示。

图 4-1 显示了爬虫程序的两部分内容。图 4-1（a）是爬虫程序的内部结构，图 4-1（b）是爬虫程序的内部调用关系。

从图 4-1(a)中可以看出，爬虫程序主要是通过类 Crawler 来实现的，内部的方法如下。

- start：Crawler 类的公有方法，用于调用对象和设置爬虫参数。其中，参数 **word** 表示搜索的图片关键词；**savedir** 表示爬取的图片的本地存储目录；**spider_page_num** 表示需要抓取的图片的页数，抓取图片的总数量 = 页数 ×60；**start_page** 表示起始页数。

- __getImages：Crawler 类的私有方法，用来获取网页中的图片信息。

- __saveImage：Crawler 类的私有方法，用来保存图片。

- __downloadImage：Crawler 类的私有方法，用来下载图片。

- __getFix：Crawler 类的私有方法，用来获取图片扩展名。

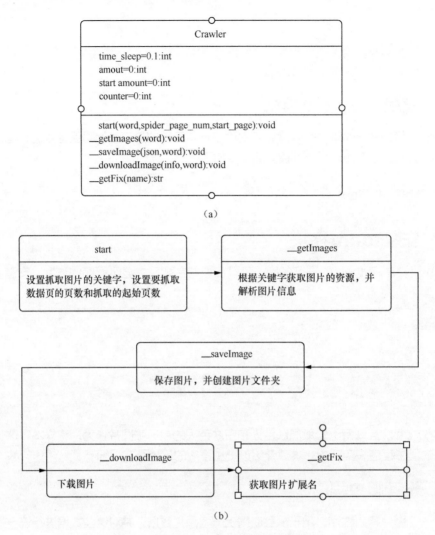

图4-1　图片爬虫程序的函数信息和爬取流程

从图 4-1（b）中可以看出爬虫程序内部方法之间的调用关系。具体调用过程如下。

（1）方法 start 是入口方法，该方法调用 __getImages 方法获取页面信息。

（2）方法 __getImages 会调用方法 __saveImage 来保存图片。

（3）在保存图片的过程中，方法 __saveImage 会调用方法 __downloadImage 下载图片。

（4）在下载图片的过程中，方法 __downloadImage 会调用方法 __getFix 来获取图片的扩展名。

4.2.2　代码实现：定义爬虫类

要定义爬虫类 Crawler 并实现从互联网上爬取图片的功能，具体步骤如下。

（1）使用搜索引擎爬取黑肤色人和白肤色人的图片。

（2）把爬取的图片存放到本地指定的目录中。

具体代码如下。

代码文件: code_03_ spyder.py

```python
1   import os                          #导入基础模块
2   import re
3   import json
4   import socket
5   import urllib.request,urllib.parse,urllib.error
6   import time                        #导入time模块,用于设置超时
7
8   timeout = 5
9   socket. setdefaulttimeout(timeout)
10
11  class Crawler:                     #定义爬虫类
12
13      def __init__(self, t=0.1):    #初始化类方法
14          self.time_sleep = t       #定义睡眠时长,单位是秒
15
16      def __getImages(self, word='美女'):  #定义类方法以获取图片
17          search = urllib.parse.quote(word)
18          pn = self.__start_amount      #统计当前采集的图片
19          while pn <self.__amount:
20              #设置header
21              headers = {'User-Agent': 'Mozilla/5.0 (Windows NT 6.1; WOW64;
22              rv:23.0)Gecko/20100101 Firefox/23.0'}
23          #请求的URL
24              url ='
25              http://image.baidu.com/search/avatarjson?tn=resultjsonavatarnew&ie=utf-8&wor
26              d=' + search + '&cg=girl&pn=' + str(pn) +'
27              &rn=60&itg=0&z=0&fr=&width=&height=&lm=-1&ic=0&s=0&st=-1&gsm=1e0000001e'
28
29              try:                          #进行网页爬取
30                  time.sleep(self.time_sleep)
31                  req = urllib.request.Request(url=url, headers=headers)
32                  page = urllib.request.urlopen(req)
33                  data = page.read().decode('utf8')
34              except UnicodeDecodeError as e:
35                  print('-----UnicodeDecodeErrorurl:', url)
36                  print("下载下一页")
37                  pn += 60                  #读取下一页
38              except urllib.error.URLError as e:
39                  print("-----urlErrorurl:", url)
40              except socket.timeout as e:
41                  print("-----socket timeout:", url)
42              else:
43                  json_data = json.loads(data)  #解析json
44                  self.__saveImage(json_data, word)
45                  print("下载下一页")
46                  pn += 60                  #读取下一页
```

```
47          finally:
48              page.close()
49      print("下载任务结束")
50      return
51
52  def __saveImage(self, json, word):     #定义保存图片的类方法
53      if not os.path.exists("./" + self.__savedir):
54          os.mkdir("./" + self.__savedir)
55      #获取已经采集的图片数量，用于命名图片
56      self.__counter = len(os.listdir('./' + self.__savedir)) + 1
57      for info in json['imgs']:
58          try:
59              if self.__downloadImage(info, word) == False:
60                  self.__counter -= 1
61          except urllib.error.HTTPError as urllib_err:
62              print(urllib_err)
63              pass
64          except Exception as err:
65              time.sleep(1)
66              print(err);
67              print("产生未知错误，放弃保存")
68              continue
69          finally:
70              print("采集图片+1,已采集到" + str(self.__counter) + "张图片")
71              self.__counter += 1
72      return
73
74  def __downloadImage(self, info, word):   #定义私有方法，下载图片
75      time.sleep(self.time_sleep)
76      fix = self.__getFix(info['objURL'])
77      urllib.request.urlretrieve(info['objURL'], './' + self.__savedir + '/'
78          + str(self.__counter) + "_" + str(round(time.time())) + str(fix))
79
80  def __getFix(self, name):              #定义私有方法，获取图片扩展名
81      m = re.search(r'\.[^\.]*$', name)
82      if m.group(0) and len(m.group(0)) <= 5:
83          return m.group(0)
84      else:
85          return '.jpeg'
86
87  def __getPrefix(self, name):           #定义私有方法，获取图片前缀名
88      return name[:name.find('.')]
89
90  #定义start方法，实现爬虫的入口函数
91  def start(self, keyword,               #搜索关键词
92          savedir,                       #爬取的图片存储目录
93          spider_page_num=1,             #需要抓取数据的页数，抓取图片的总数量=页数×60
```

```
94                  start_page=1):              #爬取的起始页数
95          self.__savedir = savedir
96          self.__start_amount = (start_page - 1) * 60   #每页有60张图片
97          #定义抓取图片的总数量=页数×60
98          self.__amount = spider_page_num * 60 + self.__start_amount
99          self.__getImages(keyword)
```

第 17 行代码调用 **urllib.parse.quote** 对查询的关键字进行编码引用，防止查询的关键字是保留字。

在第 31 行和第 32 行代码中，创建请求对象 **req** 并发送该请求对象，得到请求结果 **page**。

在第 33 行代码中，把请求结果 **page** 编码成 utf8 格式。

在第 43 行代码中，把 utf8 格式的请求结果解析成 json 格式的数据 **json_data**。

在第 57 行代码中，遍历 json 字符串中的所有图片 URL，下载图片并保存到本地目录中。

4.2.3　代码实现：用爬虫爬取图片

在本节中，对爬虫类 **Crawler** 进行实例化，生成爬虫对象 crawler。使用爬虫对象 crawler 的 start 方法进行图片爬取，具体代码如下。

代码文件：code_03_ spyder.py（续）

```
100  crawler = Crawler(0.01)
101  crawler.start('模特 黑肤色人', "org_black", 500)
102  crawler.start('模特 白肤色人', "org_white", 500)
```

在第 101 行代码中，用 **crawler** 的 **start** 方法按照关键字"模特 黑肤色人"进行图片爬取，共爬取 500 个页面，并将结果保存在 org_black 文件夹中。

在第 102 行代码中，用 **crawler** 的 **start** 方法按照关键字"模特 白肤色人"进行图片爬取，共爬取 500 个页面，并将结果保存在 org_white 文件夹中。

代码运行之后，系统会在当前目录中创建两个子目录 org_black 和 org_white，分别保存黑肤色人和白肤色人的图片，如图 4-2（a）与（b）所示。

（a）org_black子目录中的文件　　　　　　　　（b）org_white子目录中的文件

图4-2　爬取的黑肤色人和白肤色人的图片

4.3   加工样本

爬取到的图片中不仅有人脸，还有身体、背景等其他内容。

在样本加工阶段，需要将人脸图片从原始图片中裁剪出来，步骤如下。

（1）在爬取的每一张图片上寻找人脸位置。

（2）根据人脸位置将人脸区域的图片存储下来。

在实现过程中，需要用到的模块有 opencv、face_recognition 和 imageio。

4.3.1   提取人脸信息的具体步骤

提取人脸信息的具体步骤如下。

（1）用 opencv 逐个读取每一张图片。

（2）用 face_recognition 模块从图片中提取人脸坐标。

（3）用 imageio 模块把提取的人脸图片保存到对应目录中。

在保存图片的过程中，应将黑肤色人的脸部图片保存到 dataset/black 文件夹中，将白肤色人的脸部图片保存到 dataset/white 文件夹中。

4.3.2   代码实现：将裁剪图片加工成训练样本

编写代码依次实现图 4-1（b）中绘出的步骤。具体代码如下。

代码文件：code_04_capture_face.py

```
1   import os                              #导入基础模块
2   import cv2
3   import imageio
4   import face_recognition
5   import time
6   from tqdm import tqdm
7
8   sampleNum = 0
9   #截取人脸图片
10  def readFilePath(sample_dir, save_dir):
11      #获取每一张图片
12      for (dirpath, dirnames, filenames) in os.walk(sample_dir):
13          for filename in tqdm(filenames):
14              #获取脸部信息并把脸部图片存储起来
15              writeFaceJPG(dirpath, filename, save_dir)
16
17  def writeFaceJPG(filename_path, photo_name, save_dir):
18      #图片计数器
19      global sampleNum
20      img = cv2.imread(os.path.join(filename_path, photo_name))
21      if img is None:
22          return
```

```
23          photo = cv2.cvtColor(img, cv2.COLOR_BGR2RGB)
24
25          #获取脸部信息
26          faces = face_recognition.face_locations(photo)
27          for (top, right, bottom, left) in faces:
28              sampleNum = sampleNum + 1
29              #判断是否已经存在文件夹中
30              if not os.path.exists(save_dir):
31                  os.makedirs(save_dir)
32              #保存图片
33              imageio.imwrite(save_dir + "/" + str(sampleNum) + "_" +
34               str(round(time.time())) + ".jpg", photo[top:bottom, left:right])
35
36  if __name__ == '__main__':
37      readFilePath(sample_dir='org_black/', save_dir='./dataset/black')
38      readFilePath(sample_dir='org_white/', save_dir='./dataset/white')
```

在第 12 行代码中，用 **os.walk** 函数获取样本图片所在文件夹的名称及所有图片的名称。

在第 13 行代码中，在对样本图片所在文件夹中的图片加工时用 **tqdm** 显示进度条。

在第 20 行代码中，用 **cv2.imread** 读取一张图片。

在第 23 行代码中，用 **cv2.cvtColor** 把图片从 BGR 颜色空间转换为 RGB 颜色空间。

在第 26 行代码中，用 **face_recognition.face_locations** 方法从图片中获取人脸坐标，即 top（上）、right（右）、bottom（下）、left（左）4 个位置的坐标。

在第 33 ~ 34 行代码中，用 **imageio.imwrite** 方法保存裁剪后的人脸图片，其中 **photo[top:bottom, left:right]** 表示根据坐标裁剪人脸图片。

运行代码文件 code_04_capture_face.p，爬取黑肤色人和白肤色人的脸部图片的过程如图 4-3 所示。

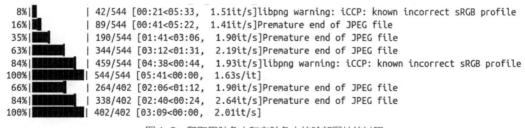

图4-3　爬取黑肤色人和白肤色人的脸部图片的过程

这段代码运行后，会将截取的脸部图片放到本地文件夹 dataset/black 和 dataset/white 中。其中，前者是截取的黑肤色人的脸部图片所放置的位置，后者是截取的白肤色人的脸部图片所放置的位置。所截取的黑肤色人和白肤色人的脸部图片分别如图 4-4（a）和（b）所示。

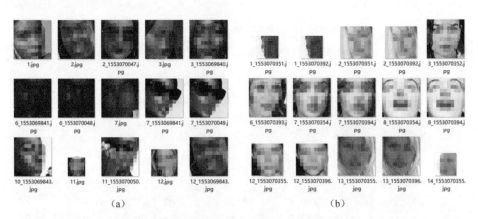

图4-4　截取的黑肤色人和白肤色人的脸部图片

图 4-4（a）是截取的黑肤色人的脸部图片，保存在 dataset/black 文件夹中；图 4-4（b）是截取的白肤色人的脸部图片，保存在 dataset/white 文件夹中。

4.4　将样本载入数据集

TensorFlow 2.x 版本对 tf.data.Dataset 接口实现了更丰富的功能。本实例将使用 tf.data.Dataset 接口对人脸图片样本进行封装，封装的数据集会以管道方式将样本传入张量图中，并参与模型的训练。

4.4.1　tf.data.Dataset接口

tf.data.Dataset 接口是 TensorFlow 框架主推的数据输入接口。该接口能够以管道方式读取外部数据，并将其传入 TensorFlow 张量图中以进行计算。

在使用时，会调用 tf.data.Dataset 接口生成一个 Dataset 对象，并通过该对象调用 Dataset 中的类方法以进行具体的数据操作。

在训练过程中，使用 tf.data.Dataset 接口封装数据集的通用步骤如下。

（1）读取数据。

（2）预处理数据。

（3）创建 Dataset 对象。

（4）调用 Dataset 对象的类方法，对数据集中的数据执行乱序、组合、复用、缓存等操作。

4.4.2　tf.data.Dataset接口支持的数据集变换操作

在 TensorFlow 中封装了 tf.data.Dataset 接口的多个常用函数，见表 4-1。[①]

---

① 表 4-1 中的完整代码在《深度学习之 TensorFlow 工程化项目实战》的配套资源的代码文件"4-7Dataset 对象的操作方法 .py"中可以找到，请参见 GitHub 网站。

表4-1　tf.data.Dataset接口的常用函数

函　数	描　述

range(*args)	根据传入的数值范围，生成一系列由整数数字组成的数据集。其中，与Python中的**xrange**函数一样，传入的参数共有3个，分别是start（起始数字）、stop（结束数字）、step（步长）。
	例如：
	<pre>import tensorflow as tf
	Dataset =tf.data.Dataset
	Dataset.range(5) == [0, 1, 2, 3, 4]
	Dataset.range(2, 5) == [2, 3, 4]
	Dataset.range(1, 5, 2) == [1, 3]
	Dataset.range(1, 5, -2) == []
	Dataset.range(5, 1) == []
	Dataset.range(5, 1, -2) == [5, 3]</pre>

zip(datasets)	将输入的多个数据集按照元素内部顺序重新打包成新的元组序列。它与Python中的**zip**函数[1]意义一样。
	例如：
	<pre>import tensorflow as tf
	Dataset =tf.data.Dataset
	a = Dataset.from_tensor_slices([1, 2 , 3])
	b = Dataset.from_tensor_slices([4, 5, 6])
	c = Dataset.from_tensor_slices((7, 8), (9, 10),
	    (11, 12))
	d = Dataset.from_tensor_slices([13, 14])
	Dataset.zip((a, b)) == { (1, 4), (2, 5), (3, 6) }
	Dataset.zip((a, b, c)) == { (1, 4, (7, 8)),
	                          (2, 5, (9, 10)),
	                          (3, 6, (11, 12)) }
	Dataset.zip((a, d)) == { (1, 13), (2, 14) }</pre>

concatenate(dataset)	将输入序列（或数据集）中的数据连接起来。
	例如：
	<pre>import tensorflow as tf
	Dataset =tf.data.Dataset
	a = Dataset.from_tensor_slices([1, 2, 3])
	b = Dataset.from_tensor_slices([4, 5, 6, 7])
	a.concatenate(b) == { 1, 2, 3, 4, 5, 6, 7 }</pre>

list_files(file_pattern, shuffle=None)	获取本地文件，将文件名制作成数据集。（提示：文件名是二进制形式。） 在本地路径下有以下3个文件： • facelib\one.jpg； • facelib\two.jpg；

① zip 函数的使用方法可参见《Python 带我起飞——入门、进阶、商业实战》的 5.3.5 节。

函　数	描　述

list_files(file_pattern, shuffle=None)	· facelib\琼斯.jpg。
	制作数据集的代码如下。
	`import tensorflow as tf`
	`Dataset =tf.data.Dataset`
	`dataset = Dataset.list_files('facelib\*.jpg')`
	得到的数据集如下。
	`{ b'facelib\\two.jpg'`
	`b'facelib\\one.jpg'`
	`b'facelib\\\xe5\x98\xb4\xe7\x82\xae.jpg' }`
	生成的二进制数据可以转换成字符串[①] 来显示。
	例如，以下代码会输出facelib\琼斯.jpg。
	`str1 = b'facelib\\\xe7\x90\xbc\xe6\x96\xaf.jpg'`
	`print(str1.decode())`

repeat(count=None)	生成重复的数据集，输入参数count代表重复的次数。
	例如：
	`import tensorflow as tf`
	`Dataset =tf.data.Dataset`
	`a = Dataset.from_tensor_slices( [ 1, 2, 3 ] )`
	`a.repeat(1) == { 1, 2, 3 ,1 , 2, 3 }`
	也可以无限次重复，如a.repeat()

shuffle(buffer_size, seed=None, reshuffle_each_ iteration=None)	将数据集内部的元素顺序随机打乱，参数说明如下。
	· buffer_size：随机打乱元素的排序（越大越混乱）。
	· seed：表示随机种子。
	· reshuffle_each_iteration：表示是否每次迭代都随机乱序。
	例如：
	`import tensorflow as tf`
	`Dataset =tf.data.Dataset`
	`a = Dataset.from_tensor_slices( [ 1, 2, 3, 4 ,5 ] )`
	`a.shuffle(1) == { 1, 2, 3 ,4 ,5 }`
	`a.shuffle(10) == { 4, 1, 3 ,2 ,5 }`

batch(batch_size, drop_ remainder)	将数据集内的元素按照批次进行组合，参数说明如下。
	· batch_size：表示批次大小。
	· drop_remainder：表示是否忽略批次组合后剩余的数据。
	例如：
	`import tensorflow as tf`
	`Dataset =tf.data.Dataset`
	`a = Dataset.from_tensor_slices( [ 1, 2, 3, 4 ,5 ] )`
	`a.batch(1) == { [1], [2], [3] ,[4] ,[5] }`
	`a.batch(2) == { [1 2], [3 4], [5] }`

① 二进制与字符串的转换信息可参见《Python 带我起飞——入门、进阶、商业实战》的 8.5 节。

函　　数	描　　述
padded_batch(batch_size, padded_shapes, padding_values=None)	为数据集中的每个元素补充padding_values值，参数说明如下。 ● batch_size：表示生成的批次。 ● padded_shapes：表示补充后的样本形状。 ● padding_values：表示所需要补充的值（默认为0）。 例如： 　　data1 = tf.data.Dataset.from_tensor_slices([[1, 　　2],[1,3]]) 　　data1 = data1.padded_batch(2,padded_shapes=[4])== 　　{ [[1 2 0 0] [1 3 0 0]] }# 在每个数据后面补充两个0， 　　#使其形状变为 [4]
map(map_func, num_parallel_calls=None)	通过map_func函数对数据集中的每个元素进行处理、转换，返回一个 新的数据集。参数说明如下。 ● map_func：表示处理函数。 ● num_parallel_calls：表示并行处理的线程个数。 例如： 　　import tensorflow as tf 　　Dataset =tf.data.Dataset 　　a = Dataset.from_tensor_slices([1, 2, 3, 4 ,5]) 　　a.map(lambda x: x + 1) == { 2, 3 ,4 ,5 ,6 }
flat_map(map_func)	将整个数据集放到map_func函数中去处理，并将处理后的结果展平。 例如： 　　import tensorflow as tf 　　Dataset =tf.data.Dataset 　　a = Dataset.from_tensor_slices([[1,2,3],[4,5,6]]) 　　a.flat_map(lambda x:Dataset.from_tensors(x)) == 　　{ [1 2 3] [4 5 6] } #将数据集展平后返回
interleave(map_func, cycle_length, block_length=1)	控制元素生成的顺序的函数，参数说明如下。 ● map_func：表示每个元素的处理函数。 ● cycle_length：表示循环处理的元素个数。 ● block_length：表示从每个元素所对应的组合对象中取出的元素 个数。 例如，在本地路径下有以下4个文件： ● testset\1mem.txt； ● testset\1sys.txt； ● testset\2mem.txt； ● testset\2sys.txt。 　　以mem命名的文件包含每天的内存信息，内容如下。 　　1day 9:00 CPU mem 110 　　1day 9:00 GPU mem 11 　　以sys命名的文件包含每天的系统信息，内容如下。 　　1day 9:00 CPU 11.1

函　　数	描　　述

interleave(
　　map_func,
　　cycle_length,
　　block_length=1)
	```\n1day 9:00 GPU 91.1\n```
	现要将每天产生的内存信息和系统信息按照时间顺序放到数据集中。代码如下。
	```\ndef parse_fn(x):\n print(x)\n return x\ndataset = (Dataset.list_files('testset*.txt',\n shuffle=False)\n .interleave(lambda x:\n tf.data.TextLineDataset(x).map(parse_fn, num_\n parallel_calls=1), cycle_length=2, block_\n length=2))\n```
	生成的数据集如下。
	```\nb'1day 9:00 CPU mem 110'\nb'1day 9:00 GPU mem 11'\nb'1day 9:00 CPU 11.1'\nb'1day 9:00 GPU 91.1'\nb'1day 10:00 CPU mem 210'\nb'1day 10:00 GPU mem 21'\nb'1day 10:00 CPU 11.2'\nb'1day 10:00 GPU 91.2'\nb'1day 11:00 CPU mem 310'\nb'1day 11:00 GPU mem 31'\n```
	本实例的完整代码见本书配套资源中的代码文件"4-6 interleave 例子.py"

filter(predicate)	将整个数据集中的元素按照函数 **predicate** 进行过滤，留下使函数 **predicate** 返回值为 True 的数据。 例如： ```\nimport tensorflow as tf\ndataset = tf.data.Dataset.from_tensor_slices(\n[1.0, 2.0, 3.0, 4.0, 5.0])\ndataset = dataset.filter(lambda x: tf.less(x, 3))==\n{ [1.0 2.0] }# 过滤掉大于3的数字\n```
apply(transformation_func)	将一个数据集转换为另一个数据集。 例如： ```\ndata1 = np.arange(50).astype(np.int64)\ndataset = tf.data.Dataset.from_tensor_slices(data1)\ndataset = dataset.apply((tf.contrib.data.group_\nby_window(key_func=lambda x: x%2, reduce_func=\nlambda _, els: els.batch(10), window_size=20)))\n==\{ [0 2 4 6 8 10 12 14 16 18] [20 22 24\n26 28 30 32 34 36 38] [1 3 5 7 9 11 13 15\n```

函　　数	描　　述
apply(transformation_func)	17 19] [21 23 25 27 29 31 33 35 37 39] [40 42 44 46 48] [41 43 45 47 49] } 上述代码内部的执行逻辑如下。 （1）将数据集中的偶数行与奇数行分开。 （2）以 window_size 为窗口大小，一次取 window_size 个偶数行和 window_size 个奇数行。 （3）在 window_size 中，按照指定的批次进行组合，并返回处理后的数据集
shard(num_shards, index)	在分布式训练场景中，用于将数据集分为 num_shards 份，并取第 index 份数据
prefetch(buffer_size)	设置从数据集中读取数据时的最大缓冲区，buffer_size 是缓冲区大小。推荐将 buffer_size 设置成 tf.data.experimental.AUTOTUNE，这代表由系统自动调节缓冲区大小

一般来说，处理数据集比较合理的步骤如下所示。

（1）创建数据集。

（2）使数据集乱序（shuffle）。

（3）重复（repeat）数据集。

（4）变换数据集中的元素。

（5）指定批次（batch）。

（6）指定缓冲区。

提示

在处理数据集的步骤中，第（5）步必须放在第（3）步后面，否则在训练时会出现某个批次数据不足的情况。在模型与批次数据强耦合的情况下，如果输入模型的批次数据不足，则训练过程会出错。造成这种情况的原因如下。

如果数据总数不能被批次整除，则在批次组合中会剩下一些不足一批的数据，而在训练过程中，这些剩下的数据也会进入模型。

如果先对数据集执行重复操作，则不会在指定批次的过程中出现数据剩余的情况。

另外，还可以在 batch 函数中将参数 drop_remainder 设置为 True，这样在指定批次的过程中，系统将会丢弃剩余的数据，也可以避免出现批次数据不足的问题。

4.4.3　代码实现：构建数据集

在本实例中，使用 tf.data.Dataset 接口把图片样本封装成数据集，并将其输入模型中。

自定义一个类 MakeTfdataset 以构建 Dataset 数据集。在此类中，实现如下功能。

（1）定义函数 load_image，把人脸图片缩放成默认的大小——32×32 像素。

（2）定义函数 write_data，用于获取人脸图片及标签。

（3）定义函数 read_data，作用是把人脸及对应的标签转换成 tf.data.Dataset。

> **提示** 人脸标签"black"和"white"分别用0与1来表示。

具体代码如下。
代码文件: code_05_model.py

```python
1   import glob                              #导入基础模块
2   import tensorflow as tf
3   import numpy as np
4   import cv2
5
6   print("TensorFlow : {}".format(tf.__version__))
7   classnum = {'black': 0, 'white': 1}          #定义数据分类
8
9   #定义类，实现数据集的构建
10  class MakeTfdataset(object):
11
12      def __init__(self):                      #定义初始化方法
13          self.dataroot = './dataset'          #定义数据集的路径
14          self.X_data = []                     #定义列表，用于存放人脸图片
15          self.Y_data = []                     #定义列表，用于存放人脸图片对应的标签
16          self.write_data()                    #把数据存入 (X_data,Y_data) 中
17
18      def load_image(self, addr, shape=(32, 32)): #定义方法，载入图片
19          img = cv2.imread(addr)               #根据路径读取图片
20          img = cv2.resize(img, shape, interpolation=cv2.INTER_CUBIC)
21          img = img.astype(np.float32)
22          return img
23
24      def write_data(self):#遍历图片路径和图片标签并将其存入 (X_data,Y_data) 中
25          for i in classnum.keys():
26              images = glob.glob(self.dataroot + '/' + str(i) + '/*.jpg')
27              labels = int(classnum[i])
28              print(labels, '\t\t', i)
29              for img in images:
30                  img = self.load_image(img)
31                  self.X_data.append(img)
32                  self.Y_data.append(labels)
33
34      def read_data(self):     #将图片数组转换成数据集
35          self.X_data = np.array(self.X_data)
36          self.Y_data = np.array(self.Y_data)
37          dx_train = tf.data.Dataset.from_tensor_slices(self.X_data)
38          dy_train = tf.data.Dataset.from_tensor_slices(self.Y_data).map(lambda
39          z: tf.one_hot(z, len(classnum)))
```

```
40       #合并数据集，并对其进行处理
41       train_dataset = tf.data.Dataset.zip((dx_train, dy_train)).shuffle(
42          50000).repeat().batch(256).prefetch(tf.data.experimental.AUTOTUNE)
43       return train_dataset
```

在第 7 行代码中，用一个字典对象 classnum 来保存人脸标签，即 black 用 0 表示，white 用 1 表示。

在第 20 行代码中，用 cv2.resize 函数通过三次插值法把人脸图片缩放到统一大小，这里缩放后的大小为 32×32 像素。

在第 37 行代码中，用人脸图片创建数据集，并以它作为训练的数据集。

在第 38 ～ 39 行代码中，用标签创建数据集，并用独热（one-hot）码作为训练的数据标签。

第 41 行代码是处理数据集的操作，具体步骤如下。

（1）调用训练数据集的 shuffle 方法将样本顺序打乱。

（2）调用该数据集的 repeat 方法让数据可以重复使用。

（3）将样本按照每批 256 个的方式进行组合。

（4）设置数据集以自动调整（tf.data.experimental.AUTOTUNE）的方式来缓存数据。

> **提示**
>
> 独热编码是对离散型变量进行编码的一种方式。它用只有一个1并且其他值全是0的向量来表示一个值，向量中的元素个数是类别总数。
>
> 例如，这里的人脸类别有"black"和"white"两种，因此可以用向量 [1 0] 表示一张人脸图片是"black"类别，用向量 [0 1] 表示一张人脸图片是"white"类别。

4.5 tf.keras 接口的使用

tf.keras 接口是用 TensorFlow 实现 Keras 的一系列高级接口。tf.keras 接口简单易用、可扩展，使用该接口可以很方便地实现深度学习模型。使用 tf.keras 接口开发程序有两种模式——调用函数式 API 的模式和构建子类的模式。

4.5.1 调用函数式 API 的模式

调用函数式 API 的模式是使用组合函数来定义网络模型的，可以实现多输出模型、有向无环图模型、带共享层的模型等。

1. 调用函数式 API 的示例代码

示例代码如下。

```
1 import numpy as np                          #导入基础模块
2 import random
3 from tensorflow.keras.layers import Dense, Input
4 from tensorflow.keras.models import Model
5
6 #生成训练数据，y=2x+随机数
```

```
7   x_train = np.linspace(0, 10, 100)                    #100个数
8   y_train_random = -1 + 2 * np.random.random(100)      #范围为-1~1的随机数
9   y_train = 2 * x_train + y_train_random               #y=2x+随机数
10  print("x_train \n", x_train)
11  print("y_train \n", y_train)
12
13  #生成测试数据
14  x_test = np.linspace(0, 10, 100)                     #100个数
15  y_test_random = -1 + 2 * np.random.random(100)       #范围为-1~1的随机数
16  y_test = 2 * x_test + y_test_random                  #y=2x+随机数
17  print("x_test \n", x_test)
18  print("y_test \n", y_test)
19
20  #预测数据
21  x_predict = random.sample(range(0, 10), 10)          #10个数
22
23  #定义网络层,1个输入层,3个全连接层
24  inputs = Input(shape=(1,))                           #定义输入张量
25  x = Dense(64, activation='relu')(inputs)             #第1个全连接层
26  x = Dense(64, activation='relu')(x)                  #第2个全连接层
27  predictions = Dense(1)(x)                            #第3个全连接层
28
29  #编译模型,指定训练参数
30  model = Model(inputs=inputs, outputs=predictions)
31  model.compile(optimizer='rmsprop',                   #定义优化器
32                loss='mse',                            #损失函数是均方差函数
33                metrics=['mae'])                       #定义度量指标
34
35  #训练模型,指定训练的超参数
36  history = model.fit(x_train,
37                      y_train,
38                      epochs=100,                      #迭代训练100次
39                      batch_size=16)                   #训练中每批的数据量
40
41  #测试模型
42  score = model.evaluate(x_test,
43                         y_test,
44                         batch_size=16)                #测试中每批的数据量
45  #输出误差值和评估的标准值
46  print("score \n", score)
47
48  #模型预测
49  y_predict = model.predict(x_predict)
50  print("x_predict \n", x_predict)
51  print("y_predict \n", y_predict)
```

上面这段代码搭建了一个有 3 个全连接层的网络模型，其结构如图 4-5 所示。

该模型实现了函数 $y=2x$ 的回归拟合。

代码中有 3 种类型的数据集，分别是训练数据集、测试数据集、预测数据集。其中训练数据集、测试数据集分为样本特征和样本标签，预测数据集只有样本特征而没有样本标签。具体如下。

- 训练数据集中的特征 **x_train** 是用函数 **np.linspace** 生成的范围为 0 ~ 10 的 100 个数，每个数表示一个样本特征，一共有 100 个样本。
- 训练数据集中的标签 **y_train** 是 **x_train** 的 2 倍再加上 -1 ~ 1 的随机数而得到的。
- 测试数据集中的特征 **x_test** 与 **x_train** 的生成方法相同。
- 测试数据集中的标签 **y_test** 是 **x_test** 的 2 倍再加上 -1 ~ 1 的随机数而得到的。
- 预测数据集中的特征 **x_predict** 是 0 ~ 9 的 10 个随机数，表示要预测 10 个样本特征。

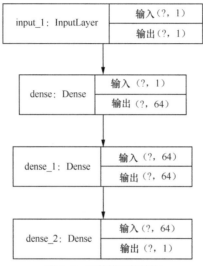

图 4-5　网络模型的结构

该代码的运行过程如下所示。

```
x_train
[ 0.  0.1010101  0.2020202  ……9.7979798   9.8989899  10. ]
y_train
[-8.81099740e-01 6.88462798e-03 ……1.89161457e+01  2.07285211e+01]
x_test
[ 0.  0.1010101   0.2020202 ……9.7979798   9.8989899  10. ]
y_test
[ 4.84016349e-01  8.61420451e-03  ……1.97950098e+01  1.90439088e+01]
Epoch 1/100
100/100 [==============================] -1s 7ms/step-loss: 93.6648-mean_absolute_
error: 8.2897
Epoch 2/100
100/100 [==============================] - 0s 80us/step-loss: 53.3397-mean_
absolute_error: 6.2249
```

```
......
100/100 [==============================] - 0s 90μs/step-loss: 0.4380-mean_absolute_
error: 0.5704
Epoch 100/100
100/100 [==============================] - 0s 100μs/step-loss: 0.3908-mean_
absolute_error: 0.5520
```

第 46 行代码的输出结果如下。

```
score
[0.3462614142894745, 0.5025795]
```

其中，0.3462614142894745 表示测试的误差值，0.5025795 表示模型评估的标准值。

第 50 行代码输出的预测数据如下。

```
x_predict
[5, 6, 1, 4, 8, 3, 0, 9, 7, 2]
```

第 51 行代码输出的预测结果如下。

```
y_predict
[[10.17544   ]
 [12.194451  ]
 [2.0995815  ]
 [8.156428   ]
 [16.232473  ]
 [6.137417   ]
 [0.23318775 ]
 [18.251486  ]
 [14.213463  ]
 [4.1184864  ]]
```

从预测结果可以看出 y_predict ≈ 2x_predict，这与指定的 $y=2x$ 相符。

2．调用函数式 API 的步骤

从这个例子可以看出调用函数式 API 的步骤如下所示。

（1）定义网络层。

（2）调用 `compile` 方法编译模型，指定训练参数。

（3）调用 `fit` 方法训练模型，指定训练的超参数。

（4）调用 `evaluate` 方法测试模型。

（5）训练模型调用 `predict` 函数对新数据进行预测。

有关训练模型的更多方法可以参考 5.5 节。

4.5.2　构建子类的模式

构建子类的模式是自定义网络层的一种方式，其中的网络层可以继承自 Layer 类。

1. 构建子类的步骤

构建子类的具体步骤如下。

（1）自定义一个类，并继承类 Layer。

（2）定义该类的初始化方法 __init__。

（3）在该类中定义 build 方法，创建权重。

（4）在该类中定义 call 方法，实现层的计算逻辑。

（5）如果层更改了输入张量的形状，需要定义方法 compute_output_shape 以实现形状变化的逻辑。

2. 构建子类的示例代码

示例代码如下。

```
1   import tensorflow as tf                        #导入基础模块
2   import tensorflow.keras
3   import numpy as np
4   from tensorflow.keras.layers import Dense, Input, Layer
5   from tensorflow.keras.models import Model
6   import random
7
8   class MyLayer(Layer):
9       #自定义一个类，继承自Layer
10      def __init__(self, output_dim, **kwargs):
11          self.output_dim = output_dim
12          super(MyLayer, self).__init__(**kwargs)
13
14      #定义build方法来创建权重
15      def build(self, input_shape):
16          shape = tf.TensorShape((input_shape[1], self.output_dim))
17          #定义可训练变量
18          self.weight = self.add_weight(name='weight',
19                                        shape=shape,
20                                        initializer='uniform',
21                                        trainable=True)
22          super(MyLayer, self).build(input_shape)
23
24      #定义父类的call方法以实现层的计算逻辑
25      def call(self, inputs):
26          return tf.matmul(inputs, self.weight)
27
28      #如果层改变了输入张量的形状，则需要实现形状变化的逻辑
29      def compute_output_shape(self, input_shape):
```

```
30          shape = tf.TensorShape(input_shape).as_list()
31          shape[-1] = self.output_dim
32          return tf.TensorShape(shape)
33
34      def get_config(self):
35          base_config = super(MyLayer, self).get_config()
36          base_config['output_dim'] = self.output_dim
37          return base_config
38
39      @classmethod
40      def from_config(cls, config):
41          return cls(**config)
42
43  #单元测试程序
44  if __name__ == '__main__':
45      #生成训练数据  y=2x
46      x_train = np.linspace(0, 10, 100)              #100个数
47      y_train_random = -1 + 2 * np.random.random(100)   #范围为 -1～1的随机数
48      y_train = 2 * x_train + y_train_random          #y=2x+随机数
49      print("x_train \n", x_train)
50      print("y_train \n", y_train)
51
52      #生成测试数据
53      x_test = np.linspace(0, 10, 100)               #100个数
54      y_test_random = -1 + 2 * np.random.random(100)
55      y_test = 2 * x_test + y_test_random            #y=2x+随机数
56      print("x_test \n", x_test)
57      print("y_test \n", y_test)
58
59      #预测数据
60      x_predict = random.sample(range(0, 10), 10)     #10个数
61
62      #定义1个输入层、3个全连接层
63      inputs = Input(shape=(1,))                     #定义输入张量
64      x = Dense(64, activation='relu')(inputs)       #第1个全连接层
65      x = MyLayer(64)(x)                             #第2个全连接层是自定义的层
66      predictions = Dense(1)(x)                      #第3个全连接层
67
68      #编译模型，指定训练参数
69      model = Model(inputs=inputs, outputs=predictions)
70      model.compile(optimizer='rmsprop',             #定义优化器
71                    loss='mse',                      #定义损失函数
72                    metrics=['mae'])                 #定义度量指标
73
74      #训练模型，指定训练超参数
75      history = model.fit(x_train,
76                          y_train,
```

```
77                        epochs=100,                 #迭代训练 50 次
78                        batch_size=16)              #训练中每批的数据量
79
80      #测试模型
81      score = model.evaluate(x_test,
82                             y_test,
83                             batch_size=16)          #测试中每批的数据量
84      #输出误差值和评估的标准值
85      print("score \n", score)
86
87      #模型预测
88      y_predict = model.predict(x_predict)
89      print("x_predict \n", x_predict)
90      print("y_predict \n", y_predict)
```

上面这段代码搭建的网络模型与图 4-5 所示的完全一致，只是把第 2 个全连接层换成了自定义的 MyLayer。

运行该段代码，得到的结果如下。

```
x_train
[ 0. 0.1010101   0.2020202……  9.7979798   9.8989899  10.]
y_train
[ 0.60952838 -0.56658567  0.0854941……19.53227326 19.44333908 19.7667435 ]
x_test
[ 0. 0.1010101……9.7979798   9.8989899  10.]
y_test
[1.12533266e-02 4.68660846e-01……1.99069560e+01 1.99122958e+01]
Epoch 1/100
100/100 [==============================] -1s 8ms/step-loss: 95.6524-mean_absolute_
error: 8.3996
Epoch 2/100
100/100 [==============================] -0s 90us/step-loss: 43.4182-mean_absolute_
error: 5.6156
……
Epoch 99/100
16/100 [===>..........................] -ETA: 0s-loss: 0.2661-mae: 0.4539
100/100 [==============================] -0s 209us/sample-loss: 0.3311-mae:
0.4903
Epoch 100/100
16/100 [===>..........................] -ETA: 0s-loss: 0.2738-mae: 0.4176
100/100 [==============================] -0s 229us/sample-loss: 0.3393-mae:
0.4829
```

第 85 行代码的输出结果如下。

```
score
[0.3562994647026062, 0.4992482]
```

其中，0.3562994647026062 表示测试的误差值，0.4992482 表示模型评估的标准值。

第 89 行代码输出的预测数据如下。

```
x_predict
[3, 5, 6, 4, 7, 0, 9, 2, 8, 1]
```

第 90 行代码输出的预测结果如下。

```
y_predict
[[6.2013574 ]
 [10.223148 ]
 [12.234042 ]
 [8.212253  ]
 [14.244938 ]
 [0.17312957]
 [18.266727 ]
 [4.1904626 ]
 [16.255835 ]
 [2.179567  ]]
```

这是模型预测的标签值。

从预测结果可以看出，该神经网络拟合出 y_predict ≈ 2x_predict，这与指定的 $y=2x$ 相符。

4.5.3　其他模式及总结

除了前面介绍的模式之外，还可以使用 tf.keras 接口中的 `function` 函数搭建更简洁的模型。由 function 函数组合起来的模型更加轻便，适合嵌套在其他模型中。

`function` 函数只有模型组合功能，没有 `compile` 之类的高级方法。function 函数与 Model 的用法非常相似，即直接指定输入节点和输出节点。`function` 函数的用法可参考 7.5.9 节。

用 tf.keras 接口构建深度学习模型，有调用函数式 API 和构建子类两种模式。调用函数式 API 的模式简单易用，可以快速实现大部分的网络模型。构建子类的模式经常用来自定义网络层，需要自定义类并继承某些层，是一种完全面向对象的编程思想。

在理论研究或工程实践中，通用的方法如下所示。

- 用构建子类的模式实现 tf.keras 接口中没有的网络层。
- 将重用度高的模型片段用 `function` 函数封装成简洁模型。
- 使用调用函数式 API 的模式将所有网络层连接起来，形成最终模型。

4.6　深度卷积神经网络

深度卷积神经网络是指将多个卷积层叠加在一起所形成的网络。3.9 节介绍的成熟模型都属于深度卷积神经网络。这种网络模型可以模拟人类视觉的感受视野和分层系统，在机器视觉领域的效果非常突出。

接下来，就在第 1 章的理论基础之上，介绍深度卷积神经网络的知识点。

4.6.1　深度卷积神经网络的组成

深度卷积神经网络一般由卷积层、池化层、全连接层（或全局平均池化层）组成。一个深度卷积神经网络的完整结构如图 4-6 所示。

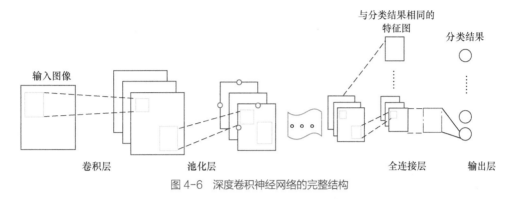

图 4-6　深度卷积神经网络的完整结构

图 4-6 中的卷积层是执行卷积运算的网络层，卷积运算之后得到的结果称为特征图（feature map）。特征图的大小与卷积核的大小、卷积运算的步长、输入图片的大小有关。

一般情况下，特征图比输入图片要小，如果要求特征图与输入图片大小相同，则应在卷积运算之前对输入图片进行填充。

池化层是执行池化运算的卷积层，池化运算之后得到的图片大小与池化核的大小、池化运算的步长、输入图片的大小有关。池化层的目的是减少运算量。

下面分别介绍卷积运算和池化运算。

4.6.2　卷积运算

卷积运算可理解为对图片上的一块区域执行加权求和运算，权重就是卷积核。卷积运算就是用一个或多个卷积核逐行逐列地扫描像素矩阵，并与像素矩阵中的元素相乘，以此得到新的像素矩阵。卷积核也称为过滤器或者滤波器，卷积核在输入像素矩阵上扫过的面积称为感受野。卷积运算的原理如图 4-7 所示。

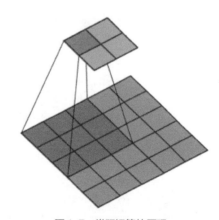

图4-7　卷积运算的原理

在图 4-7 中，下方为 5×5 大小的图片，深颜色表示 3×3 大小的卷积核；上方是 2×2 大小的特征图，表示卷积运算的结果。

1. 卷积运算的详细过程

卷积运算的详细过程与 1.6 节所介绍的内容一致，图 4-8 展示了卷积运算的示例。

在图 4-8 中，左侧的绿色区域表示 5×5 大小的原始图片，中间的黄色区域表示 3×3 大小

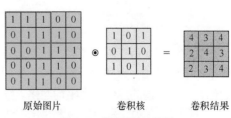

图 4-8　卷积运算的示例

的卷积核，右侧的粉色表示卷积运算后的 3×3 结果。用卷积核逐行逐列扫描原始图片，因为卷积核大小是 3×3，所以每一次扫描原始图片上 3×3 大小的子图。

例如，第一次扫描原始图片上的红色框，计算过程如下。

1×1+1×0+1×1+0×0+1×1+1×1+0×1+0×0+1×1 =4，结果 4 就是卷积结果中的第一个数。

然后计算 1×1+1×0+0×1+1×0+1×1+1×0+0×1+1×0+1×1 =3，结果 3 就是卷积结果中的第二个数。

以此类推，可以得到其他计算结果。

卷积核的数值不一定是整数，在训练之前一般随机初始化卷积核的值，在训练过程中不断更新这些值。

这样卷积得到的结果比原始图片要小。在上面的例子中，逐行逐列扫描原始图片，扫描该图片的步长是 1。卷积核可以不是正方形的，并且在两个方向上移动的步长可以不相等。

2. 卷积运算的计算公式

设原始图片的大小是 $i_w×i_h$，卷积核的大小是 $k_w×k_h$，卷积的步长是 $s_w×s_h$，卷积后的图片大小记为 $o_w×o_h$，则计算公式是

$$o_w = \lceil (i_w - k_w +1)/s_w \rceil \qquad (4-1)$$

$$o_h = \lceil (i_h - k_h +1)/s_h \rceil \qquad (4-2)$$

其中，$\lceil\ \rceil$ 表示向上取整。

要得到与原始图片一样大小的结果，可以在原始图片的四周进行填充（一般用 0 填充），然后卷积。图 4-9 展示了填充的卷积运算示例。

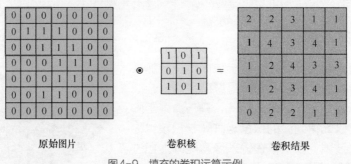

原始图片　　　　卷积核　　　　卷积结果

图 4-9　填充的卷积运算示例

在图 4-9 中，最左侧的图片是在原始图片的四周用 0 填充而得到的，在卷积核不变的情况下通过卷积运算之后得到的特征图与原始图片一样大。这个补零的过程叫作填充。

4.6.3　池化运算

池化运算类似于卷积运算，也使用一个模板在图片上逐行逐列地扫描。不同之处是池化运算不对乘积求和，而是对原始图片上的对应区域取最大值或平均值，取最大值的池化称为最大池化，取平均值的池化称为平均池化。图 4-10 所示为最大池化的原理。

在图 4-10 中，采用了最大池化方法，池化窗口大小是 3×3，池化步长是 1。原始图片左

上角的红色框是第一次计算的窗口，取最大值 1，其他值以此类推。

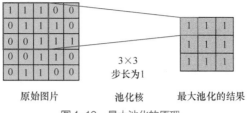

原始图片　　　　　池化核　　　最大池化的结果

图 4-10　最大池化的原理

4.6.4　激活函数 ReLU 及相关的变体函数

ReLU 是深度卷积神经网络中最常用的激活函数之一。一般来讲，ReLU 激活函数会放在卷积操作的后面，对卷积结果进行非线性变换，其数学形式如下。

$$f(x) = \begin{cases} 0, & x < 0 \\ x, & x \geq 0 \end{cases} \tag{4-3}$$

公式非常简单，大于 0 的数值保留，否则一律为 0。ReLU 激活函数的图像如图 4-11所示。

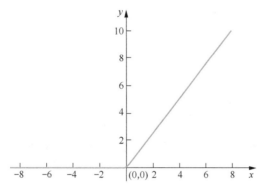

图 4-11　ReLU 激活函数的图像

该激活函数对正值信号不进行处理，对负值信号全部忽略。这种方式与人类的神经元细胞对信号的反应极其相似，同时也使被处理后的数据有更好的稀疏性（有更多的 0 值），加快了运算速度。

1. ReLU 激活函数的不足

虽然 ReLU 激活函数在信号响应上有很多优势，但这仅表现在正向传播方面，由于把负值全部舍去，因此很容易使模型输出全零值，从而无法再进行训练。例如，在随机初始化 w时，假如有某个值是负数，则它对应的正输入值特征就会全部被屏蔽掉，同理对应的负输入值反而被激活了。这显然不是我们想要的结果，于是人们又找到了更多与 ReLU 激活函数的功能相似的激活函数。

2. Softplus 激活函数

Softplus 激活函数的图像与 ReLU 激活函数非常相似，二者的图像如图 4-12所示。

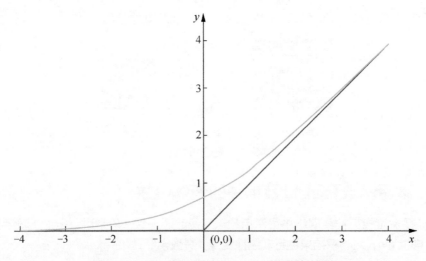

图4-12　ReLU 激活函数与Softplus 激活函数的图像

图 4-12 中的绿色曲线是 Softplus 激活函数的曲线，它比 ReLU 激活函数的更加平滑，对于小于 0 的部分保留得更多一些。从仿生学角度来看，Softplus 激活函数比 ReLU 激活函数更接近神经元细胞对信号的反应。Softplus 激活函数如下。

$$f(x) = \ln(1 + \mathrm{e}^x) \tag{4-4}$$

理论上，Softplus 激活函数的效果会更好一点，但是这种激活函数的运算量要远远大于 ReLU 激活函数。

3. ReLU 激活函数的变体函数

为了使得激活函数兼顾 ReLU 激活函数与 Softplus 激活函数的优点，又演化出一些变种函数。它们在深度卷积神经网络里是真正常用的激活函数。举例如下。

Noisy ReLU 为 x 增加了一个高斯分布噪声。其数学形式如下。

$$f(x) = \begin{cases} 0, & x < 0 \\ x + Y, & x \geqslant 0 \end{cases} \tag{4-5}$$

其中，Y 服从正态分布 $\mathrm{N}(0, \sigma(\mathrm{x}))$。

在 ReLU 的基础上，Leaky ReLU 保留一部分负值，当 x 为负时乘以 0.01，即 Leaky ReLU 对负信号不是一味地拒绝，而是缩小。其数学形式如下。

$$f(x) = \begin{cases} x, & x \geqslant 0 \\ 0.01x, & x < 0 \end{cases} \tag{4-6}$$

进一步让 0.01 作为参数可调，于是当 x 小于 0 时，乘以 a（其中 $a \leqslant 1$）。其数学形式如下。

$$f(x) = \begin{cases} x, & x \geqslant 0 \\ ax, & x < 0 \end{cases} \tag{4-7}$$

当 $x \geqslant 0$ 时，ELU 函数进行了以下更复杂的变换。其数学形式如下。

$$f(x) = \begin{cases} x, & x \geqslant 0 \\ a(e^x - 1), & x < 0 \end{cases} \tag{4-8}$$

ELU 激活函数与 ReLU 激活函数都是不带参数的，而且收敛速度比 ReLU 激活函数更快。在应用 ELU 激活函数时，不使用批处理比使用批处理可以获得更好的效果，同时 ELU 激活函数不使用批处理的效果比 ReLU 激活函数增加批处理的效果要好。

4. TensorFlow 中对应的 ReLU 函数

在 TensorFlow 中，已经封装好了各种 ReLU 实现，具体如下。
ReLU 对应的函数如下。

```
tf.nn.relu(features, name=None)
```

ReLU6 对应的函数如下。

```
tf.nn.relu6(features, name=None)
```

该函数是以 6 为阈值的 ReLU 函数，即 relu6=min(max(features, 0), 6)。

> **注意**　ReLU6 存在的原因是防止梯度爆炸。当节点和层数特别多而且输出都为正数时，它们的和会是一个很大的值，尤其是在经历几层变换之后，最终值可能会与目标值相差很远。误差太大会导致参数调整中的修正值过大，网络抖动厉害，最终很难收敛。

Softplus 对应的函数如下。

```
tf.nn.softplus(features, name=None)
```

ELU 对应的函数如下。

```
tf.nn.elu(features, name=None)
```

Leaky ReLU 没有专门的公式，不过可以利用现有函数进行组合。

```
tf.nn.leaky_relu(features, alpha=0.2, name=None)
```

同样，在 tf.keras 接口的 `layers.advanced_activations` 模块下，也能够找到类似的函数，如 ReLU、ELU、PReLU、LeakyReLU、ThresholdedReLU 等。

4.7　构建网络模型

构建网络模型是训练模型的核心环节。本实例使用 tf.keras 接口构建一个深度卷积神经网络模型，并用前面给出的黑肤色人和白肤色人的脸部图片来训练该模型。

在本实例中，构建的网络模型是一个手动搭建的带 Dropout 层的深度 CNN 模型。本节介绍具体的结构和相关的技术。

4.7.1　设计深度卷积神经网络模型的结构

本实例中实现的深度卷积神经网络模型有 1 个输入层、3 个卷积层、两个最大池化层、1 个全连接层、1 个 Dropout 层、1 个 Softmax 输出层。整个深度卷积神经网络的结构如图 4-13 所示。

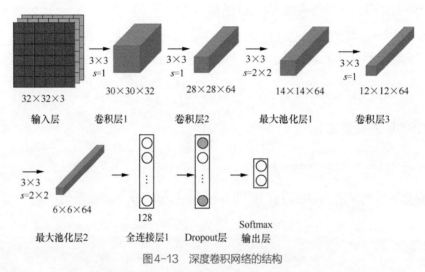

图 4-13　深度卷积网络的结构

在图 4-13 中，最后两层是 Dropout 层和 Softmax 输出层。其中 Dropout 层用于提升模型的泛化能力；Softmax 输出层用于输出最终的分类结果，该层本质上是一个经过 Softmax 变换后的全连接层。

4.7.2　Dropout 层的实现与原理

Dropout 是网络模型中一种随机丢弃神经元的方法。将 Dropout 封装成网络层，并嵌入模型中能够增强模型的泛化能力。在模型中加入 Dropout 层是一种防止过拟合的手段。

1. Dropout 层的实现

Dropout 层的实现过程是在训练时按照一定概率随机丢弃网络层中的一些神经元，使它们不参加训练，在下一轮迭代中不更新它们的权重和偏置值。Dropout 层的实现如图 4-14 所示。

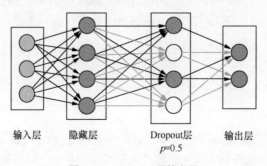

图 4-14　Dropout 层的实现

图 4-14 中的黑色箭头表示数据实际流动的方向，灰色箭头表示数据实际没有流动。该图中的 Dropout 层采用的丢弃概率 p 是 0.5，这表示每个神经元有 0.5 的概率被丢弃掉。图 4-14 中的两个空心圆表示神经元被丢弃掉了，在下一轮迭代中不再更新它们的权重和偏置值。

2. Dropout 层的原理

从样本数据分析来看，数据本身不可能是很纯净的，即任何一个模型不能 100% 把数据完全分开。

在某一类中一定会有一些异常数据，这会使模型把这些异常数据当成规律来学习，从而产生过拟合问题。

在模型学习过程中，我们希望 Dropout 层能够有一定的智商，把异常数据过滤掉，只关心有用的有规律的数据。

异常数据与主流样本中的规律都不同，且量非常少。这相当于在一个样本中该种数据出现的概率要比主流数据出现的概率低很多。我们可以利用这个特性在模型中忽略对一些节点的数据学习，使小概率的异常数据获得学习的机会变得更低，这样对模型的影响就会更小。

另外，在训练过程中随机丢弃节点的这种方法也抑制了神经元之间的相互依赖（因为神经元的拟合能力是多维的），从而保证了神经网络的泛化能力。而在使用过程中，会用到所有神经元。这可以理解为使用的预测结果是多个训练过程中子网络的合集。

注意　由于 Dropout 层避免了对一部分节点的数据进行学习，在增加模型泛化能力的同时，会使学习速度降低，从而导致模型收敛速度变慢，因此在使用过程中需要合理调节到底丢弃多少个节点，并不是丢弃的节点越多越好。

4.7.3　Softmax 算法及其原理

Softmax 算法基本上是分类任务的标配，一般用于神经网络的最后一层，作为对输出结果的预测。Softmax 算法本质上也是一种激活函数，起到数值变换的作用。Softmax 算法可以将分类结果的特征数据转化为分类概率。

1. Softmax 算法的实现

在多分类神经网络的输出层，使用的 Softmax 算法一般会对一组数据进行变换（该组中的数据个数就是分类个数）。这组特征值经过 Softmax 算法后都会变成 0 ~ 1 的小数，这些小数的总和为 1。

如果判断输入属于某一类的概率大于属于其他类的概率，那么这个类对应的值就逼近于 1，其他类对应的值就逼近于 0。

Softmax 算法适用于互斥分类任务，即只能属于其中一个类。具体的实现算法如下。

$$\text{Softmax} = e^{\text{logits}} / \text{reduce\_sum}\left(e^{\text{logits}}, \text{dim}\right) \qquad (4\text{-}9)$$

式（4-9）中的 e^{logits} 也可以写成 exp（logits）。整个公式的含义是先对每个元素计算 e 的 n 次方，再求出每个结果在总和中的占比，这样可以保证概率总和为 1。

2. Softmax算法的原理

Softmax 算法的原理很简单，图 4-15 所示为一个简单的 Softmax 网络模型，输入 x_1、x_2，准备生成 y_1、y_2、y_3 这 3 个类。

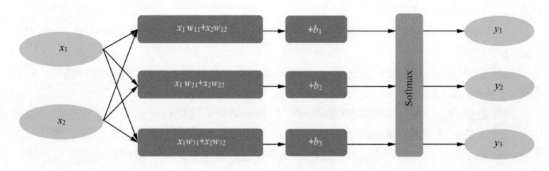

图4-15　Softmax网络模型

样本属于 y_1 类的概率可以转化成输入 x_1 满足某个条件的概率与 x_2 满足某个条件的概率的乘积，即 $P(y_1)=P(x_1)P(x_2)$。

在网络模型里把等式两边都取自然对数，这样，以上等式就变成了

$$\ln P(y_1)=\ln[P(x_1)P(x_2)]$$

按照对数的运算法则，该公式可以写成

$$\ln P(y_1)=\ln P(x_1)+\ln P(x_2)$$

如果将 $\ln P(y_1)$ 当作网络模型的输出 y_1，则整个网络模型中的 $y_1=\ln P(x_1)+\ln P(x_2)$，即 $y_1=x_1w_{11}+x_2w_{12}$，这与神经网络的结构完全一致。但此时的 y_1 是求自然对数后计算出的值，所以要计算 e 的 logits 次方，将其还原。

了解了 e 的 n 次方的意义后，Softmax 算法的原理就变得简单至极了。

假设某个样本经过变换后的值 y_1 为 5，y_2 为 3，y_3 为 2，那么对应的概率就为 $y_1=5/10=0.5$，$y_2=3/10$，$y_3=2/10$，于是取最大值 y_1 为最终分类。

4.7.4　常用的损失算法

在训练过程中，模型会将每次预测的结果与真实值进行比较，并计算出预测误差。这个

误差不仅可用于调整模型中的权重参数，还可以用于衡量模型的训练质量（误差越小，模型越好）。

1. 均方差

在神经网络中，均方差（Mean Square Error，MSE）主要用来判断预测值与真实值之间的差异。在数理统计中，MSE 是指参数估计值与参数真实值之差的平方的期望值。MSE 的定义如下。

$$MSE = \frac{1}{n}\sum_{t=1}^{n}(observed_t - predicted_t)^2 \tag{4-10}$$

式中，对每一个真实值与预测值相减后的平方取平均值，n 表示样本的个数。

MSE 越小，表明模型越好。类似的损失算法还有均方根误差（将 MSE 开平方）、平均绝对偏差（Mean Absolute Deviation，MAD）等，MAD 表示对真实值与预测值相减后的绝对值取平均值。

> **注意** 在神经网络中进行计算时，预测值要与真实值在相同的数据范围内。假设预测值由 Sigmoid 激活函数变换后得到的取值范围为 0～1，那么真实值也要归一化成 0～1。这样在做损失计算时才会有较好的效果。

2. 交叉熵

交叉熵（cross entropy）也是损失算法的一种，一般用在互斥多分类任务上。其实现方式如下。

$$c = -\frac{1}{n}\sum_{x}[y\ln a + (1-y)\ln(1-a)] \quad (0 < a \leqslant 1) \tag{4-11}$$

式中，y 代表真实值分类（0 或 1）；a 代表预测值；n 代表分类数。整个公式的含义是计算预测结果属于某一类的概率。

4.7.5 代码实现：用 tf.keras 接口搭建卷积神经网络

该网络结构通过 tf.keras 接口实现。自定义 **Net** 类并定义以下方法。
- **__init__**：Net 类的构造函数，用于读取人脸图片所在的数据集。
- **build_model**：构建各层网络，指定训练时的参数，如优化器、损失函数、度量指标。
- **load_model**：加载已经训练完的模型。
- **train**：训练网络，指定训练的超参数，如迭代次数、模型保存位置、每次迭代的训练步数。

具体代码如下。

代码文件：code_05_model.py（续）[①]

[①] code_05_model.py 的第 44～90 行在本书中省略了。——编者注

```
91  from tensorflow.keras.models import *
92  from tensorflow.keras.layers import *
93  class Net(object):                          #定义Net类
94      def __init__(self):
95          self.M = MakeTfdataset()            #加载tf.dataset数据
96          self.train_dataset = self.M.read_data()
97          self.saver_root = './weights/'      #定义路径，用于保存模型
98          self.build_model()                  #建立网络
99
100     def build_model(self):                  #建立网络，指定损失函数、优化器、准确率
101         self.model = Sequential([
102             Conv2D(32, (3, 3), input_shape=(32, 32, 3)),
103           LeakyReLU(),
104             Conv2D(64, (3, 3), activation='relu'),
105             MaxPool2D(),
106             Conv2D(64, (3, 3), activation='relu'),
107             MaxPool2D(),
108             Flatten(),
109             Dense(128, activation='relu'),
110             Dropout(rate=0.2),              #将20%的节点丢弃
111             Dense(2, activation='softmax')
112         ])
113         #编译模型，指定模型的优化方法、损失函数、度量指标等
114         self.model.compile(optimizer=tf.compat.v1.train.AdamOptimizer(1e-4),
115                         loss='mse', metrics=['accuracy'])
116
117     def load_model(self):
118         if tf.train.latest_checkpoint(self.saver_root) != None:
119             #加载模型的加权值
120             self.model.load_weights(self.saver_root + 'my_model')
121
122     def train(self, epochs=None, saver=False, steps_per_epoch=30):
123         #训练模型，指定训练数据、训练的次数
124         self.model.fit(self.train_dataset, epochs=epochs,
125                         steps_per_epoch=steps_per_epoch)
126         if saver:                                       #保存模型的加权值到外部文件中
127             self.model.save_weights(self.saver_root + 'my_model')
```

第 101 ～ 102 行代码使用 tf.keras 接口的函数调用方法，实现了卷积神经网络模型的搭建，其模型结构见图 4-13。

第 114 ～ 115 行代码设置优化器为 AdamOptimizer，损失函数为 MSE。

提示　优化器是指在模型训练过程中根据损失函数计算出来的误差来修正模型权重的一套策略。与优化器相关的参数是学习率，它用来控制模型中每次调节权重的比例。代码中使用的初始学习率是 0.0001。在训练过程中，损失函数、优化器属于模型反向优化方面的内容，本书不会展开讨论。读者可以先将二者理解为模型在训练过程中的必要配置，第 5 章会介绍更多内容。

4.7.6 代码实现：定义网络模型的训练接口

实例化 **Net** 类，生成对象 **N**，并调用对象 **N** 的 **train** 方法来训练模型。具体代码如下。

代码文件：code_05_model.py（续）

```
128   if __name__ == '__main__':
129       tf.compat.v1.logging.set_verbosity(tf.compat.v1.logging.ERROR)
130       N = Net()   #加载模型
131       N.train(20, True)
```

第 129 行代码设置日志级别为"ERROR"，使其不输出级别低于"ERROR"的日志消息。

第 131 行代码调用对象 **N** 的 **train** 方法来训练模型。参数 20 表示迭代训练 20 次；参数 True 表示需要保存训练好的模型文件。

代码运行后，输出如下结果。

```
TensorFlow 版本：2.0.0
    0                    black
    1                    white
    Epoch 1/20
    30/30 [==============================] - 16s 535ms/step - loss: 0.4220 - acc:
    0.5712
    ……
    Epoch 19/20
    30/30 [==============================] - 17s 550ms/step - loss: 0.0372 - acc:
    0.9621
    Epoch 20/20
    30/30 [==============================] - 1s 26ms/step - loss: 0.0206 - accuracy:
    0.9779
```

接下来，会训练一个深度卷积神经网络模型，该模型保存在本地目录 weights 中。

如图 4-16 所示，在 weights 目录中生成了 3 个文件，具体如下。

- 文件 checkpoint 是模型检查点文件，记录
  已经保存的最新的模型文件。
- 文件 my_model.data-00000-of-
  00001 保存当前训练的网络参数值，如权
  重、偏置值。
- 文件 my_model.index 保存 my_model.
  data-00000-of-00001 中模型的参数名
  与参数值之间的对应关系。

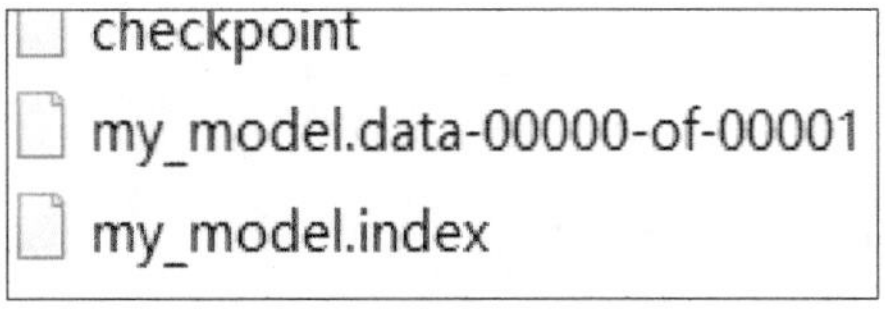

☐ checkpoint

☐ my_model.data-00000-of-00001

☐ my_model.index

图 4-16 训练生成的模型文件

注意 本实例的代码并不是非常完善。如果读者在本地同步运行该代码并进行训练，则有可能会遇到模型不收敛的情况。如果遇到该情况，请参考本章的练习题。

4.7.7　代码实现：可视化模型结构

在 tf.keras 接口中，查看模型的结构有两种方法。

- `summary` 方法：该方法属于模型对象的内置方法，其功能是将模型结构以日志文本的方式进行输出。
- `plot_model` 方法：该方法属于 tf.keras 接口中 utils 模块的内置方法，其功能是将模型结构转化为图片进行显示。

在使用时，`summary` 方法比较简单，直接调用即可；`plot_model` 方法在使用之前还需要安装对应的依赖库。下面演示具体过程。

1. 添加依赖库

在使用 `plot_model` 方法前，首先需要额外添加依赖库，并安装 graphviz 软件。以 Windows 10 系统为例，所对应的 graphviz 软件下载地址请参见 graphviz 网站。

将 graphviz 下载并安装到本机后，应记住该软件的安装路径（在代码中需要引用该路径）。例如，作者使用的安装路径为"D:/download/graphviz-2.38"。

接着在命令行里执行如下命令，安装所需的依赖库。

```
pip install pydot
pip install graphviz
pip install pydot-ng
pip install pydotplus
```

2. 代码实现

编写代码实现以下两部分功能。

（1）直接调用模型的 `summary` 方法输出模型的结构，见第 133 行代码。

（2）设置 graphviz 环境变量，并调用 `plot_model` 方法生成图片，见第 136 ～ 141 行代码。

具体代码如下。

代码文件：code_05_model.py（续）

```
132  #输出模型的结构
133  N.model.summary()
134
135  #可视化模型
136  import os
137  #将graphviz加入环境变量中
138  os.environ["PATH"] += os.pathsep + r'D:/download/graphviz-2.38/release/bin/'
139  import tensorflow as tf
140  img = tf.keras.utils.plot_model(N.model, to_file="model.png",
141                                      show_shapes=True)
```

第 138 行代码将 graphviz 的路径添加到 Python 运行时的环境变量中。

第 140 ～ 141 行代码为调用 `plot_model` 方法的具体语句。在调用过程中，向该方法输入以下 3 个参数即可。

- N.model：待可视化的模型对象。
- to_file：可视化结果的输出路径。
- show_shapes：在可视化过程中，表示是否需要显示各节点形状的布尔参数。

代码运行后，分别以文本和图片方式输出了模型的结构信息。

以文本方式输出的模型结构如下。

```
Model: "sequential"

Layer (type)                 Output Shape              Param #
=================================================================
conv2d (Conv2D)              (None, 30, 30, 32)        896

leaky_re_lu (LeakyReLU)      (None, 30, 30, 32)        0

conv2d_1 (Conv2D)            (None, 28, 28, 64)        18496

max_pooling2d (MaxPooling2D) (None, 14, 14, 64)        0

conv2d_2 (Conv2D)            (None, 12, 12, 64)        36928

max_pooling2d_1 (MaxPooling2 (None, 6, 6, 64)          0

flatten (Flatten)            (None, 2304)              0

dense (Dense)                (None, 128)               295040

dropout (Dropout)            (None, 128)               0

dense_1 (Dense)              (None, 2)                 258
=================================================================
Total params: 351,618
Trainable params: 351,618
Non-trainable params: 0
```

以图片方式输出的模型结构如图 4-17 所示。

图 4-17 所示为图片文件 "model.png" 中的内容，该文件与代码文件 "code_05_model.py" 所在目录相同。

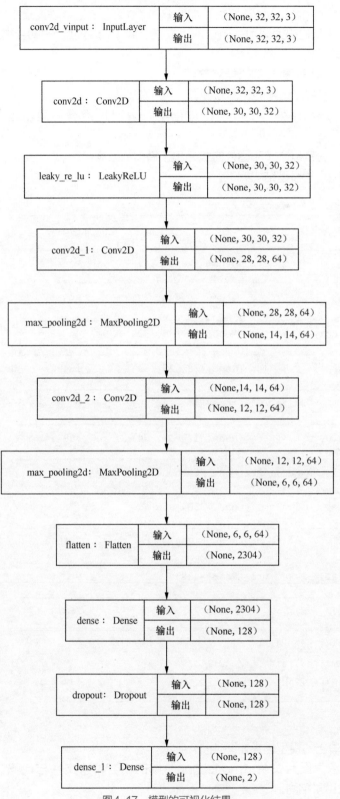

图4-17 模型的可视化结果

4.8　使用模型

编写代码，使用训练后的模型来识别图片中的黑肤色人或白肤色人，并找出图片中黑肤色人和白肤色人的数量。

4.8.1　代码实现：使用模型对图片进行识别

将 Net 类实例化，并将已经训练好的深度卷积神经网络模型载入内存，然后便可以使用该模型来识别图片中的黑肤色人或白肤色人，并判断图片中黑肤色人和白肤色人的数量。具体代码如下。

代码文件：code_06_imgcount.py

```
1  import glob                                #导入基础模块
2  import tensorflow as tf
3  import numpy as np
4  from PIL import Image
5  import cv2
6  import face_recognition
7  from code_05_model import *                #导入本项目中的模块
8
9  if __name__ == '__main__':
10     #加载模型
11     N = Net()
12     N.load_model()
13     model = N.model
14     classesnum = ['black', 'white']
15     num = [0, 0]
16     photo = cv2.imread('4.jpg')             #读取图片数据
17     face = face_recognition.face_locations(photo)  #获取脸部信息
18     font = cv2.FONT_ITALIC                  #设置显示的字体为斜体
19     for (top, right, bottom, left) in face:
20         face_image = photo[top:bottom, left:right]
21         img = Image.fromarray(face_image)   #载入内存
22         img = img.resize((32, 32), Image.ANTIALIAS)  #缩放图片
23         img = np.reshape(img, (-1, 32, 32, 3))  #添加一个维度
24         pred = model.predict(img)           #调用模型进行预测
25         print(pred)
26         #返回最大概率值
27         classes = pred[0].tolist().index(max(pred[0]))
28         #累计类别数量
29         num[classes] = num[classes] + 1
30         #绘制边界框
31         cv2.rectangle(photo, (left, top), (right, bottom),
32                              (0, 0, 255 * classes), 2)
33         #添加类别信息文字
```

```
34          cv2.putText(photo, str(classesnum[classes]), (left, top - 5),
35                        font, 0.5, (0, 0, 255 * classes), 1)
36      #添加计数文字
37      cv2.putText(photo, 'black:' + str(num[0]), (10, 30),
38                        font, 0.5, (0, 0, 0), 2)
39      cv2.putText(photo, 'white:' + str(num[1]), (10, 50),
40                        font, 0.5, (0, 0, 255), 2)
41      cv2.imshow("photo", photo)
42      cv2.waitKey(0)
```

第 19 行代码用于获取图片中人脸的坐标，即 top、right、bottom、left。

第 27 行代码表示识别出是黑肤色人或者白肤色人的最大概率。

第 31 ~ 32 行代码用于根据人脸坐标画出边界框。

第 34 ~ 35 行代码用于在人脸边界框的左上方添加文字"black"或"white"。

第 37 ~ 40 行代码表示在图片中添加"black"或"white"的数量。

该代码运行后，模型识别的结果如图 4-18 所示。

图4-18　模型识别的结果

从图 4-18 所示的识别结果中可以看到，模型识别出了 1 个黑肤色人、3 个白肤色人（见左上角的文字"black：1；"和"white：3"）。

4.8.2　代码实现：使用模型对实时视频流进行识别

调用摄像头，读取视频中的每一帧图片，并对视频中的图片进行如下处理。

（1）在视频中检测人脸的位置。

（2）给人脸绘制边界框。

（3）在视图的左上角标出黑肤色人和白肤色人的数量。

（4）随着人脸在视频中移动，人脸的边界框也会跟随人脸移动。

（5）按 q 键退出程序。

具体代码如下。

代码文件: code_07_camcount.py

```python
1  import glob                            #导入基础模块
2  import tensorflow as tf
3  import numpy as np
4  from PIL import Image
5  import cv2
6  import face_recognition
7  from code_05_model import *           #导入本项目中的模块
8
9  if __name__ == '__main__':
10     N = Net()
11     N.load_model()                     #加载模型
12     model = N.model
13
14     classesnum = ['black','white']
15     cap = cv2.VideoCapture(0)          #打开摄像头
16     while(True):
17         ret, frame = cap.read()                         #获取摄像头信息
18         photo = cv2.cvtColor(frame, cv2.COLOR_BGR2RGB)  #处理图片色彩
19         face = face_recognition.face_locations(photo)   #获取脸部信息
20         font = cv2.FONT_ITALIC                          #设置字体为斜体
21         num = [0,0]                                      #初始化计数值
22         for (top, right, bottom, left) in face:
23             face_image = photo[top:bottom, left:right]
24             img = Image.fromarray(face_image)           #载入内存
25             img = img.resize((32, 32), Image.ANTIALIAS) #缩放图片
26             img = np.reshape(img, (-1,32, 32, 3))       #添加一个维度
27             pred = model.predict(img)                   #预测
28             classes = pred[0].tolist().index(max(pred[0]))  #返回最大概率值
29             num[classes] = num[classes] + 1                 #累计类别数量
30             cv2.rectangle(photo, (left, top), (right, bottom),
31                           (0, 0, 255*classes), 2)
32             #添加类别信息文字
33             cv2.putText(photo,str(classesnum[classes]),(left,top-5),
34                         font, 0.5,(0, 0, 255*classes), 1)
35         #添加计数文字
36         cv2.putText(photo,'black:'+str(num[0]),(10,30),
37                     font, 0.5,(255, 255, 255), 2)
38         cv2.putText(photo,'white:'+str(num[1]),(10,50),
39                     font, 0.5,(0, 0, 255), 2)
40         cv2.imshow("photo", photo)
41         if cv2.waitKey(1) &0xFF == ord('q'):
42             break
```

```
43    cap.release()                                    #最后要释放资源
44    cv2.destroyAllWindows()
```

代码运行后，输出结果如图 4-19 所示。

图4-19　视频识别的结果

在图 4-19 的左上角可以看到文字"black：0"和"white：2"。

4.8.3　在Linux系统中调用摄像头并使用模型

本章前面实现的模型同样可以应用在 Linux 系统中，具体应用过程与 4.8.2 节类似。不同的地方在于摄像头的连接。这里以 Windows 10 系统为例，使用 VMware 软件创建 Ubuntu 系统的虚拟机。具体做法如下。

（1）在 VMware Workstation 中，从菜单栏中选择"虚拟机"→"可移动设备"→"Sunplus Innovation_Integrated_Webcam_HD"→"连接（断开与主机的连接）"，如图 4-20 所示，打开"虚拟机设置"对话框。

图4-20　选择"虚拟机"→"可移动设备"→"Sunplus Innovation_Integrated_Webcam_HD"→
"连接（断开与主机的连接）"

（2）在"虚拟机设置"对话框中修改"USB 兼容性"为"USB 3.0"，如图 4-21 所示。

图 4-21　修改 USB 兼容性

（3）在 Ubuntu 虚拟机中安装 cheese 软件包，安装命令如下。

```
apt-get install cheese
```

cheese 软件包是用 Python 语言编写的一个拍照程序，能够关联并打开计算机的摄像头。在本节中用 cheese 软件包来检测计算机的摄像头能否正常使用。

（4）在命令行窗口中输入命令 **cheese** 测试是否可以打开摄像头，打开后的界面如图 4-22 所示，若可以显示图像，就说明计算机的摄像头可以正常使用。

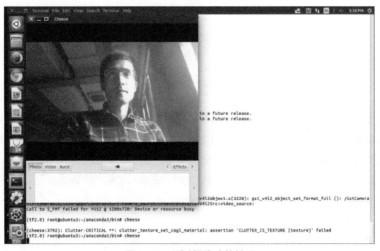

图 4-22　测试摄像头的结果

4.9　卷积神经网络的优化方法

在本章的实例中，搭建了一个基本的深度卷积神经网络模型。在实际应用中，还可以使用更高级的卷积神经网络模型以及优化技术进一步提升模型的识别能力。

本节介绍卷积网络中更多的模型结构和优化方法。可以从 3 个不同方面进行优化，分别是优化输入数据（例如，批量归一化），构造不同的卷积核（例如，可分离卷积、空洞卷积），利用更好的卷积模型（例如，残差结构、多通道网络）。

4.9.1　批量归一化

归一化是指把网络的输入值变换到均值为 0、方差为 1 的分布空间中。批量归一化是指在训练网络时对一个批次的数据进行归一化，这是在 2015 年提出的优化卷积网络的一种方法。

在训练深度神经网络时，由于前面一层的参数都需要更新，因此会导致后面一层输入数据的分布发生变化。这需要降低学习率并选择较好的初始化参数，但是这又会导致训练变得很慢，并且使训练具有饱和非线性（如 tanh、Sigmoid 激活函数）的模型变得非常困难。因为饱和激活函数会把输入值压缩到某一个范围，例如，tanh 激活函数会把输入值压缩到区间 [-1,1]，Sigmoid 激活函数会把输入值压缩到区间 [0,1]。

使用批量归一化不仅可解决训练过程中因更新参数导致的输入数据分布改变的问题，还允许使用更大的学习率并且不必关心参数的初始化。

在深度神经网络的每一层中进行输入时，都进行了归一化处理，然后再进入网络的下一层。在批量归一化中引入了可学习参数 γ、β，它们可以让网络学习为了恢复原始网络所需的数据分布特征。批量归一化网络层的前向传导过程如下。

$$\mu_B = \frac{1}{m}\sum_{i=1}^{m} x_i \tag{4-12}$$

$$\sigma_B^2 = \frac{1}{m}\sum_{i=1}^{m}(x_i - \mu_B)^2 \tag{4-13}$$

$$\widehat{x_i} = \frac{x_i - \mu_B}{\sqrt{\sigma_B^2 + \varepsilon}} \tag{4-14}$$

$$y_i = \gamma\widehat{x_i} + \beta \tag{4-15}$$

式中，m 表示每一批样本的数量；x_i 表示第 i 个样本；μ_B 指的是每一批训练数据中神经元的平均值；σ_B^2 是每一批训练数据中神经元的标准差；ε 是一个指定的超参数，用来防止分母是 0；$\widehat{x_i}$ 表示对第 i 个样本进行归一化；y_i 表示对归一化后的数据进行还原，记为 $\mathrm{BN}_{\gamma,\beta}(x_i)$，这样归一化后还可以使数据恢复到原始数据的分布；$\gamma$、$\beta$ 是训练时的学习参数。

要了解更多信息，可以参考 arXiv 网站上编号是"1502.03167"的论文。

4.9.2　更好的激活函数

好的激活函数可以更加精准地激活特征数据，能够提示模型的精度。目前业界公认最好的激活函数之一为 Swish 与 Mish。在保持结构不变的基础上，直接将模型中的其他激活函数换成 Swish 或 Mish 激活函数，可以使模型的性能有所提升。Swish 与 Mish 激活函数的图像如图 4-23 所示。

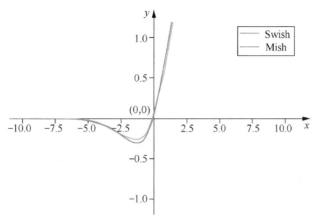

图4-23　Swish与Mish激活函数的图像

从图 4-23 中可以看出，二者的曲线非常相似。在大量实验中，发现 Mish 激活函数更胜一筹。

1. Swish 激活函数

Swish 激活函数是 Google 公司发现的一个效果优于 ReLU 的激活函数。经过测试发现，在保持所有模型参数不变的情况下，只把原来模型中的 ReLU 激活函数修改为 Swish 激活函数，模型的准确率会提升。Swish 激活函数的定义如下。

$$f(x) = x\text{Sigmoid}(\beta x) \tag{4-16}$$

式中，β 为 x 的缩放参数，一般情况下取默认值 1 即可。在使用 BN 算法的情况下，还需要对 x 的缩放值 β 进行调节。

在 EfficientNet 系列的模型中，已使用 Swish 激活函数替代了全部的 ReLU 激活函数。

参考论文见 arXiv 网站上编号为“1710.05941”的论文。

2. Mish 激活函数

Mish 激活函数使用名为 Self 的属性从 Swish 激活函数中获得了灵感，其中标量输入被提供给门（gate）。自选门的特性有利于替代 ReLU（点向函数）等激活函数，这些函数无须输入任何标量就可以接收单个标量来更改网络参数。

$$f(x) = x\text{tanh}[\text{Softplus}(x)] \tag{4-17}$$

将 Softplus 激活函数的公式代入式（4-17），得到

$$f(x) = x\text{tanh}\left[\ln\left(1+e^x\right)\right] \tag{4-18}$$

相对于 Swish 激活函数，Mish 激活函数没有参数，使用起来更加方便。
更多信息请参考 arXiv 网站上编号为“1908.08618”的论文。

3. 代码封装与使用

Swish 激活函数与 Mish 激活函数都可以手动进行封装，具体代码如下。

```python
import tensorflow as tf
from tensorflow.keras.layers import Activation
from tensorflow.keras.utils import get_custom_objects

def swish(x):
    return (tf.nn.sigmoid(x) * x)

def mish(x):
    return x* tf.math.tanh(tf.math.softplus(x))
```

如果要封装成 tf.keras 接口能够使用的方法，还需要添加如下代码。

```python
from tensorflow.keras.utils import get_custom_objects
get_custom_objects().update({'Swish': Activation(swish)})
get_custom_objects().update({'Mish': Activation(mish)})
```

这时，可以在 tf.keras 接口中通过字符串 'Swish' 和 'Mish' 来使用两个激活函数。

```python
Conv2D(64, (3, 3), activation='Mish')
```

如果要单独以层的方式进行调用，则需要添加如下代码。

```python
class Mish(Activation):
        def __init__(self, activation, **kwargs):
            super(Mish, self).__init__(activation, **kwargs)
            self.__name__ = 'Mish'
get_custom_objects().update({'Mish': Mish(mish)})
```

这时，可以在 tf.keras 接口中以层的方式进行调用。

```python
Mish(mish)
```

4.9.3　更好的 Dropout 方法

Dropout 方法可以增加模型的泛化能力，但是它在训练过程中随机丢弃了部分节点，使模型需要的训练次数变多。因此，为了改善 Dropout 方法的性能，人们又提出了更好的 Dropout 方法。这里介绍 Targeted Dropout 与 Multi-sample Dropout 方法。

1. Targeted Dropout 方法

Targeted Dropout 方法又叫作有剪枝功能的 Dropout 方法。

Targeted Dropout 方法不像原有的 Dropout 方法那样按照指定的比例随机丢弃部分节

点，而是对现有的神经元进行排序，按照神经元权重的大小来丢弃节点。这种方式比随机丢弃的方式更智能，效果更好。更多理论见 openreview 网站。

2. Multi-sample Dropout方法

Multi-sample Dropout 方法又叫作多样本联合 Dropout 方法，它同样对 Dropout 方法中随机选取节点进行丢弃的部分进行了优化。

将 Dropout 方法中随机选取的一组节点变成随机选取的多组节点，分别计算每组节点的结果和反向传播的损失值。最终，将多组损失值进行平均以得到最终损失值，并用其更新网络。原始的 Dropout 方法与 Multi-sample Dropout 方法如图 4-24（a）与（b）所示。

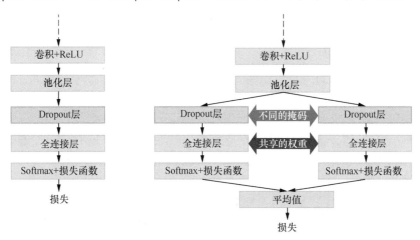

（a）原始的Dropout方法　　　　（b）由两个样本组合的Multi-sample Dropout方法

图4-24　原始的Dropout方法与Multi-sample Dropout方法

图 4-24（a）所示是原始的 Dropout 方法；图 4-24（b）为由两个样本组合的 Multi-sample Dropout 方法。Multi-sample Dropout 方法只在 Dropout 层使用两套不同的掩码来选取出两组节点，以进行训练。这种做法相当于网络层只运行一次样本却输出了多个结果，并进行了多次训练，所以它可以大大减少训练的迭代次数。

在深度神经网络中，因为大部分运算发生在 Dropout 层之前的卷积层中，Multi-sample Dropout 方法并不会重复这些计算，所以它对每次迭代的计算成本影响不大，并且可以大幅加快训练速度。实验表明，Multi-sample Dropout 方法还可以降低训练数据集和验证数据集的错误率与损失。

相关信息请参考 arXiv 网站上编号为"1710.05941"的论文。

3. 使用方法

Targeted Dropout 方法的代码[①] 在使用时需要注意以下两个参数。

- **target_rate**：按权重值由低到高的顺序选取候选节点的比值。
- **drop_rate**：从候选节点中选取丢弃的比值。

---

① Targeted Dropout 方法的代码参见《深度学习之 TensorFlow 工程化项目实战》的配套资源中的代码文件"8-10 keras 注意力机制模型 .py"。

Targeted Dropout 方法从候选节点中丢弃节点，即 Targeted Dropout 方法最终丢弃的节点个数为 `target_rate` 与 `drop_rate` 的乘积。当 `target_rate` 为 1 时，Targeted Dropout 方法与原始的 Dropout 方法一致。

在使用 Multi-sample Dropout 方法的代码时，只需要传入分组个数。当分组个数为 1 时，Multi-sample Dropout 方法与原始的 Dropout 方法一致。

4.9.4　更好的网络结构

在深度卷积神经网络中，除了可以将卷积层堆叠在一起之外，还可以有很多更好的结构，它们能够从原始图片中得到更丰富的特征。本节介绍一下最常用的两种结构——多通道卷积结构与残差网络结构。

1．多通道卷积结构

卷积过程是对一个通道内的图像进行卷积的，但日常中的图片大多是由 R、G、B 这 3 个通道组成的。另外，由一个卷积核得到的特征是不充分的，因此可以添加多个卷积核，例如，32 个卷积核可以学习 32 种特征。

当有多个卷积核时，输出就会有多个特征图，输出是对 R、G、B 这 3 个通道的卷积结果求和后得到的。图 4-25 所示的是双通道输入、三通道输出的多通道卷积。

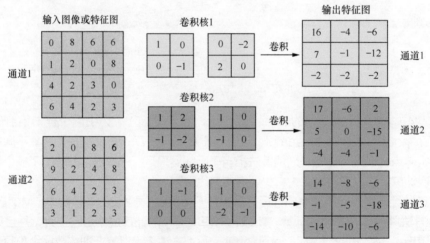

图 4-25　多通道卷积

在图 4-25 中，因为输出有 3 个通道，所以有 3 组卷积核。又因为输入数据有两个通道，所以每组卷积核有两个卷积核。

沿着这个思路，如果在单个卷积层中加入若干个不同尺寸的卷积核，那么就会使生成的特征数据更加多样化。

在卷积过程中，不同尺度的卷积核在图像上所实现的感受野是不同的，即它们对不同尺寸的物体敏感程度不同。在图 4-26（a）中，使用了 5×5 的单通道卷积核，在图 4-26（b）中，将原有的

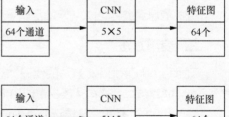

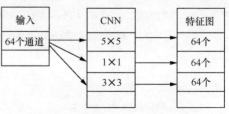

图 4-26　单通道卷积与多通道卷积

5×5 卷积更改为 7×7 卷积、1×1 卷积、3×3 卷积，并将它们的输出通过 `concat` 函数连接在一起[①]，以生成更丰富的特征图。

在不同尺寸卷积核的多通道卷积中，模型的通道数又称为宽度。模型的宽度越大，提取的特征越丰富。当然，也会带来计算量增大的负面影响。

2. 残差网络结构

在 3.1.1 节介绍的 ResNet50 模型中，主要使用的是残差网络结构。这里再详细介绍一下该网络的结构及原理。

残差网络结构是由若干个残差块组成的深度卷积神经网络结构，图 4-27 所示为一个残差块。

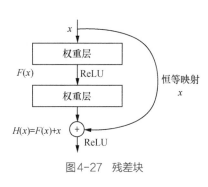

图4-27　残差块

在图 4-27 所示的残差块中，x 是该残差块的输入；$F(x)$ 是经过第 1 个权重层的线性变换并激活后的输出；$H(x)$ 是期望输出；恒等映射表示输入是 x，输出也是 x。$F(x)$ 等于期望输出 $H(x)$ 与输入 x 的残差，即 $F(x) = H(x) - x$。

残差网络结构的基本想法如下。

假设已有一个深度神经网络，若在其中再增加几个恒等映射，那么在增加网络深度的同时不会增加误差。于是，更深的网络不会导致误差的增加，因此残差网络结构学习的是残差。

从图 4-27 可以看出，当残差 $F(x)=0$ 时，$H(x)=x$，网络没有误差。

利用这种残差网络结构，可以使网络达到上百层的深度。详情请参阅原始论文 "Deep Residual Learning for Image Recognition"，该论文请参见 arXiv 网站。

这种方式看起来解决了梯度越传越小的问题，但是残差连接在正向同样也起到了作用。正向作用会导致网络结构已经不再是深层的，而是一个并行模型，即残差连接的作用是将串行网络改为并行网络。残差网络结构本质上起到了与多通道卷积一致的效果。

4.9.5　更好的卷积核

在卷积过程中，不同尺寸的卷积核可以计算出不同的特征图。在深度卷积神经网络中，处在不同位置的卷积层使用的卷积核尺寸也是不同的。通过实验和理论研究，人们总结出了一些效果比较好的卷积核。这里主要介绍 Bottleneck 与 3×3 卷积核。

1. Bottleneck 卷积核

Bottleneck 卷积核是 1×1 卷积核，即尺寸为 1 的卷积核，它是在 2014 年的 GoogLeNet 中首先应用的。

在 GoogLeNet 之前，网络设计思路是一直堆叠层数。当时的假设是网络越深，网络的性能就越好，而 GoogLeNet 通过增加模型的宽度实现了更好的效果。

但是在宽度增加的同时，也带来了运算量增大的问题。为了解决这个问题，出现了 Bottleneck

---

① 关于多通道卷积的实例代码可以参考《深度学习之 TensorFlow：入门、原理与进阶实战》的 8.9.2 节。另外，《深度学习之 TensorFlow 工程化项目实战》的 8.3 节还有一个将多通道卷积用于文本任务的例子。

卷积核。Bottleneck 卷积核的特点是能够降低特征数据的维度减少计算量，增加模型的非线性表达能力。

以 GoogLeNet 的 Inception-V1 结构为例，由于 GoogLeNet 的 Inception 原始结构是直接使用不同尺寸（包括 5×5、3×3）的卷积核，因此它在多通道上操作，这种做法会导致运算量非常大。

为了避免这一现象，Inception-V1 在 3×3 卷积核和 5×5 卷积核前，分别加上了Bottleneck（1×1）卷积核。这相当于降低了输入数据的通道数（降维），从而减小了运算量。使用 Bottleneck 卷积核后的 Inception-V1 网络结构如图 4-28 所示。

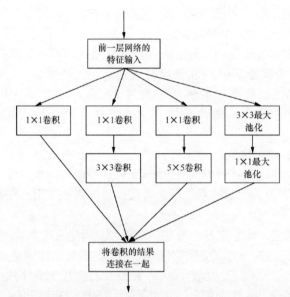

图4-28　使用Bottleneck卷积核后的Inception-V1网络结构

图 4-27 中的 Inception-V1 网络的宽度为 4，在 4 个分支中都用到了 1×1 卷积。有的分支只使用了 1×1 卷积，有的分支使用了其他尺寸的卷积后也会再使用 1×1 卷积。这是因为 1×1 卷积的性价比很高，使用很小的计算量就能增加一层特征变换和实现非线性化。

最终 Inception-V1 网络的 4 个分支在最后通过聚合操作进行合并（使用 **tf.concat** 函数在输出通道数的维度上聚合）。

2. 3×3卷积核

Bottleneck 卷积核可以改变原始输入数据的通道数，而 3×3 卷积核可以通过组合多个卷积核的方式实现大尺寸卷积核的卷积效果。

在 VGG 系列网络中，全部使用了 3×3 卷积。而在现如今比较流行的网络结构中，也很少能看到 5×5、7×7 等更大尺寸的卷积核的身影。

在实际变换中，两个 3×3 卷积可以等价于 1 个 5×5 卷积；3 个 3×3 卷积可以等价于 1个 7×7 卷积。

使用 5×5 卷积核的操作过程如图 4-29 所示。

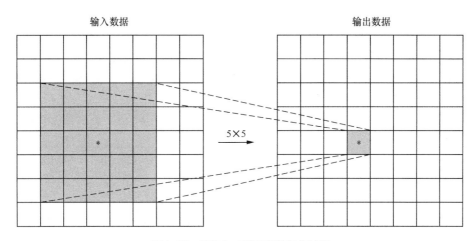

图4-29　使用5×5卷积核的操作过程

假设图 4-29 所示的图像大小为 $n×n$，代入式（4-1）、式（4-2）中，得到输出尺寸，即 $o_w=o_h=(n-5+1)/1=n-4$。

使用两个 3×3 卷积核的操作过程如图 4-30 所示。

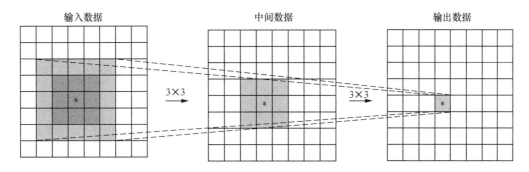

图4-30　使用两个3×3卷积核的操作过程

假设图 4-30 所示的图像大小同样为 $n×n$，代入式（4-1）、式（4-2）中，可求出第一次卷积后的输出尺寸，$o_w=o_h=(n-3+1)/1=n-2$。同理，可求出第二次卷积后的输出尺寸 $o_w=o_h=(n-2-3+1)/1=n-4$。这与使用 5×5 卷积核的输出结果一致。

在卷积核大小和步长不变的情况下，连续使用两个 3×3 卷积核得到的特征图大小相当于使用 1 个 5×5 卷积核得到的特征图大小。这时参数数量从 26（即 5×5+1）降到 20（即（3×3+1）×2），而且由两个 3×3 卷积核得到的网络层数更多。于是在 VGG-16 或 VGG-19 网络中，卷积核大小全部是 3×3。另外，两个 3×3 卷积核不但使网络层数增加，并且使得网络的非线性表达能力更强。

注意　将一个5×5卷积核分成两个3×3卷积核的做法虽然可以降低参数个数，但是这属于用时间换空间的做法，不适用于内存充足、算力不足的情况。

如果要追求模型的运算性能，则使用层数少、卷积核大的方案会优于层数多、卷积核小的方案，因为一个5×5卷积核要比两个3×3卷积核涉及的运算量小。

在EfficientNet系列模型中，抛弃了3×3卷积核，而使用了5×5卷积核。

4.9.6 卷积核的分解技巧

在实际的卷积神经网络训练中，为了加快速度，可以对卷积核进行一些优化。例如，通过矩阵乘法把 3×3 卷积核分解成 3×1 和 1×3 卷积核，然后分别对原有输入进行卷积运算，这样可以大大提升运算速度。

例如，在 GoogLeNet 系列的 Inception-V3 结构中就使用了该技术，其结构如图 4-31 所示。这么做会有什么效果呢？我们举一个例子来看一下。

假设有 256 个特征输入、256 个特征输出，Inception 层只能执行 3×3 的卷积，那么总共要完成 256×256×3×3（即 589 824）次乘加运算。

假设现在需要减少执行卷积运算的特征数量，将其变为 64（即 256/4）。在这种情况下，首先进行 256 → 64 的 1×1 卷积，然后在所有的 Inception 分支上进行 64 次卷积，再使用一个来自 64 → 256 的特征进行 1×1 卷积，乘加运算的次数分别如下。

$$256 \times 64 \times 1 \times 1 = 16\ 384$$
$$64 \times 64 \times 3 \times 3 = 36\ 864$$
$$64 \times 256 \times 1 \times 1 = 16\ 384$$

总的乘加运算次数等于以上 3 个数之和。

$$16\ 384 + 36\ 864 + 16\ 384 = 69\ 632$$

相比于之前的 589 824 次乘加运算，现在只需要 69 632 次乘加运算，几乎是原来的 1/8。

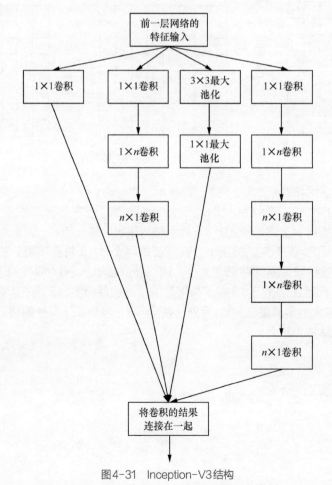

图 4-31　Inception-V3 结构

4.9.7　可分离深度卷积

可分离深度卷积是在 2017 年提出的卷积算法，是 Inception 结构的极限版本。可分离深度卷积将卷积核分别作用于每个通道并进行独立计算。

从深度方向可以把不同通道独立开，先进行特征抽取，再进行特征融合，这样做可以用更少的参数取得更好的效果。

1. 可分离深度卷积的具体实现

在具体实现时，以深度卷积的结果作为输入，然后进行一次正常的卷积运算。因此，该函数需要以两个卷积核作为输入，分别是深度卷积的卷积核 depthwise_filter、用于融合操作的普通卷积核 pointwise_filter。

对输入进行可分离深度卷积的具体步骤如下。

（1）在模型内部对输入的数据进行深度卷积，得到 in_channels（卷积核个数）× chan-nel_multiplier（卷积核个数）个通道的特征数据。

（2）以特征数据作为输入，再次使用普通卷积核 pointwise_filter 执行一次卷积运算。

2. TensorFlow 中的可分离深度卷积函数

在 TensorFlow 中，可分离深度卷积函数的定义如下。

```
def
separable_conv2d(input,depthwise_filter,pointwise_filter,strides,padding,rate=
None,name=None,data_format=None)
```

3. tf.keras 接口中的可分离深度卷积函数

在 tf.keras 中，可分离深度卷积函数有以下两个。

* tf.keras.layers.SeparableConv1D：支持一维卷积的可分离深度卷积函数。
* tf.keras.layers.SeparableConv2D：支持二维卷积的可分离深度卷积函数。

4.9.8　空洞卷积

空洞卷积（atrous convolution）也称为扩张卷积（dilated convolution），在卷积层中引入空洞参数，该参数定义了卷积核计算数据时各个值的间距。

空洞的好处是在不执行池化操作而导致损失信息的情况下，加大了卷积的感受野，让每个卷积的输出都包含更大范围的信息。空洞卷积的原理如图 4-32（a）~（c）所示。

图 4-32（a）是一个 3×3 的 1 空洞卷积，操作的像素值没有间断，即空洞或间距是 0，这和普通的卷积运算一样。

图 4-32（b）是 3×3 的 2 空洞卷积，卷积核大小还是 3×3，但是空洞的大小为 1×1。也就是说，对于 7×7 的图像块，图中只有 9 个红点和 3×3 卷积核进行卷积运算，其余点不参加运算。也可以理解为卷积核的大小是 7×7，但是图中只有 9 个点的权重不等于 0，其余权重是 0。可以看到虽然卷积核大小只有 3×3，但是这个卷积的感受野已经增大到 7×7。

图 4-32（c）是 4 空洞卷积，空洞的大小是 3×3，能达到 15×15 的感受野。相对于传统的卷积运算，假设有 3 层 3×3 的卷积运算，步长为 1，它只能达到长、宽均为 (3-1)×3+1=7

的感受野（卷积核为 7×7 的卷积效果），即普遍卷积的感受野与层数呈线性关系，而空洞卷积的感受野与层数呈指数级关系。

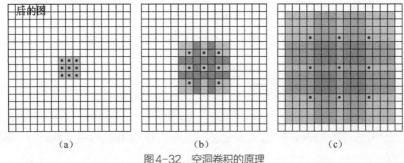

（a）　　　　　　　　　（b）　　　　　　　　　（c）

图4-32　空洞卷积的原理

更多细节请查看原论文 "Multi-scale Context Aggregation by Dilated Convolutions"，在 arXiv 网站上搜索论文号 "1511.07122" 即可查看该论文。

4.10　练习题

为了更好地掌握本章内容，读者可以尝试做一下以下练习题。

1. 在 4.7.6 节的模型训练过程中，有可能会出现模型不收敛的情况。如果读者在本地的同步运行过程中没有发现问题，则可以将模型中第一个卷积层之后的 LeakyReLU 激活函数换成 ReLU 激活函数，再次运行，会看到模型很容易出现不收敛的情况。这种改法会使模型的问题更容易暴露出来。为什么会有这个现象？模型代码中的问题到底出在哪里？应该如何去改？

> 4.6.4 节介绍过 ReLU 激活函数的不足，它会将传入的负值全部变为 0。如果在模型初始化时为其分配的负值权重较大，则会导致模型在开始训练时，就忽略了大部分的原始特征，从而使模型难以训练。如果将 LeakyReLU 激活函数换成 ReLU，即修改 4.7.5 节中的第 102、103 行代码，则在训练时会发现模型很难收敛。（运行 10 次，有可能只有 1 次能够收敛。）
>
> 原来的代码如下。
>
> ```
> Conv2D(32, (3, 3), input_shape=(32, 32, 3)),
> LeakyReLU(),
> ```
>
> **答案** 修改后的代码如下。
>
> ```
> Conv2D(32, (3, 3), activation='relu', input_shape=(32, 32, 3)),
> ```
>
> 这是因为模型中权重的初始化是随机的，使卷积核的参数有正有负，所有负值都会导致忽略了原始特征数据，造成模型拟合度下降。而 LeakyReLU 激活函数能够对部分负值进行处理，从而使问题暴露得不那么明显。
>
> 其实该实例的主要问题并不在于模型，而在于数据预处理。可以试着在创建数据集的时候，将所有图片的数据都用归一化方法转换到 [0,1] 区间。即在 4.4.3 节中的第 21 行代码后，添加归一化处理。
>
> ```
> img = img/255
> ```
>
> 这样该模型便可以稳定地训练。

2. 可以使用 4.9 节所介绍的优化方案对本章的实例进行优化，并观察优化效果。例如，可以使用 Mish 激活函数、Targeted Dropout 方法，或者改变网络结构。该练习题是一个开放问题，也欢迎读者通过本书所提供的讨论群进行互相交流。

第 5 章

用迁移学习诊断医疗影像

本章介绍与样本处理和迁移训练相关的知识，将会使读者掌握数据增强、迁移训练、回调函数、可视化网络的方法。

实例描述	本实例使用迁移学习诊断胸部正面的医疗影像，判断出所患疾病的名称，并在影像中显示病灶区域。

本实例会从数据增强的方法开始，使用 DenseNet121 模型进行 CheXNet 的迁移训练。在训练过程中，使用回调函数对过程进行监控。在训练结束后，使用基于梯度定位的深度网络可视化方法显示影像中的病灶区域。

5.1　处理样本

本节从医疗影像的文件格式开始，系统地介绍在处理医疗影像数据时所需要的深度学习知识。

5.1.1　医疗影像的文件格式

本节主要目的介绍与医疗影像相关的知识，方便读者创建医疗影像数据集。如果读者想快速学习实例中的操作内容，可以跳过本节。因为实例中使用的是现成的数据集——斯坦福大学发布的 ChestX-ray14 数据集，所以不需要自己手动创建。

医学数字成像和通信（Digital Imaging and Communications in Medicine，DICOM）协议，是医疗影像和相关信息的国际标准（ISO 12052）。DICOM 协议定义了可用于数据交换的医疗影像格式，能够满足临床需求。该医疗影像格式可用于处理、存储、输出和传输医疗影像信息。

DICOM 协议已广泛应用于放射医疗、心血管成像以及放射诊疗与诊断设备（X 射线、CT、核磁共振、超声等）所输出的格式中，并且在眼科和牙科等医学领域得到越来越广泛的应用。在数以万计的医疗成像设备中，DICOM 协议是广泛部署的医疗信息标准之一。当前大约有百亿级符合 DICOM 协议的医疗成像设备在临床中使用。

在实际项目中，DICOM 文件是以扩展名为 ".dcm" 的文件保存的，如图 5-1 所示。

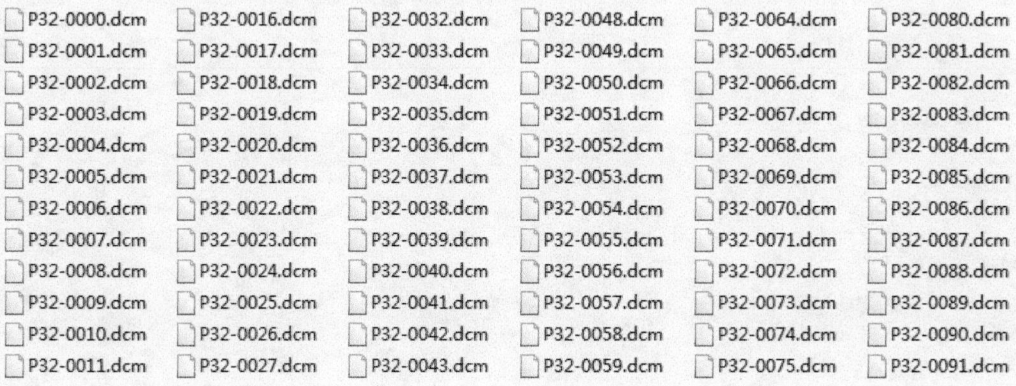

图5-1　DICOM文件

一个患者的 CT 影像数据有可能包含上百个 DICOM 文件。每个文件都是患者某个器官横截面的影像数据，将所有横截面的影像数据组合起来，可以得到患者身体内部对应器官的影像信息。

原始的医疗影像数据都是通过 DICOM 格式存储的，在实际使用中，需要将其转化成 png 或 jpg 格式的普通图片。可以使用由 Python 语言编写的 SimpleITK、DICOM 接口模块来实现转换[①]。

5.1.2　ChestX-ray14 数据集

ChestX-ray14 数据集是斯坦福大学的研究者创建的正面胸部 X 射线图片数据集。该数据集中有 30 805 名患者的共 112 120 张正面胸部 X 射线图片，并标有 14 种疾病，大小为 45GB。

这 14 种疾病分别是肺不张（atelectasis）、心脏肥大（cardiomegaly）、肺积液（effusion）、肺浸润（infiltration）、肺肿块（mass）、肺结节（nodule）、肺炎（pneumonia）、气胸（pneumothorax）、肺实变（consolidation）、肺水肿（edema）、肺气肿（emphysema）、肺纤维化（fibrosis）、胸膜增厚（pleural_Thickening）、疝气（hernia）。

ChestX-ray14 数据集的下载地址请参见 NIH Clinical Center 网站。

ChestX-ray14 数据集中的数据分为"png"和"csv"两种格式。其中"png"是胸部正面 X 射线图片；"csv"格式的数据是标注文件，表示每个胸部正面 X 射线图片所患疾病的名称。

1. ChestX-ray14 数据集的样本图片

ChestX-ray14 数据集中的图片全部是"png"格式的，文件命名方式是由下划线"_"连接两组数字，其中下划线前面的一组数字表示病人 ID；下划线后面的一组数字表示对应病人的图片 ID，如图 5-2 所示。

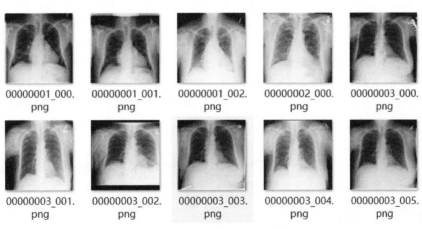

图 5-2　ChestX-ray14 数据集的样本图片

在图 5-2 中，图片名称会绑定到具体的患者个体，例如，图片"00000001_002.png"表示 ID 是 00000001 的病人的第 002 张图片。

有关该数据集的更多描述请参考 Luke Oakden-Rayner 博士在 WordPress 上的博文。

---

① 关于通过 Python 载入 DICOM 数据的例子见《Python 带我起飞——入门、进阶、商业实战》的 8.7 节。

2. ChestX-ray14数据集的标注文件的格式

ChestX-ray14 数据集的标注文件有 17 列，保存在 csv 文件中。例如，训练数据集的标注文件为 data/default_split/train.csv，该文件打开后如图 5-3 所示。

Image Index	Patient ID	Finding Labels	Atelectasis	Cardiomegaly	Effusion	Infiltration
00000001_000.png	1	Cardiomegaly	0	1	0	0
00000001_001.png	1	Cardiomegaly|Emphysema	0	1	0	0
00000001_002.png	1	Cardiomegaly|Effusion	0	1	1	0
00000002_000.png	2	No Finding	0	0	0	0
00000003_000.png	3	Hernia	0	0	0	0
00000003_001.png	3	Hernia	0	0	0	0
00000003_002.png	3	Hernia	0	0	0	0
00000003_003.png	3	Hernia|Infiltration	0	0	0	1
00000003_004.png	3	Hernia	0	0	0	0
00000003_005.png	3	Hernia	0	0	0	0
00000003_006.png	3	Hernia	0	0	0	0
00000003_007.png	3	Hernia	0	0	0	0
00000004_000.png	4	Mass|Nodule	0	0	0	0
00000005_000.png	5	No Finding	0	0	0	0
00000005_001.png	5	No Finding	0	0	0	0
00000005_002.png	5	No Finding	0	0	0	0
00000005_003.png	5	No Finding	0	0	0	0
00000005_004.png	5	No Finding	0	0	0	0
00000005_005.png	5	No Finding	0	0	0	0

图5-3　ChestX-ray14数据集的标注文件中的部分数据

在标注文件中，每一行都会包括 Image Index、Patient ID、Finding Labels、Atelectasis、Cardiomegaly、Effusion、Infiltration、Mass、Nodule、Pneumonia、Pneumothorax、Consolidation、Edema、Emphysema、Fibrosis、Pleural_Thickening 和 Hernia 字段。

在这 17 个字段中，包括了患者与样本的对应关系，以及该患者的病例信息。前 3 个字段具体的含义如下。

- Image Index：表示 ChestX-ray14 数据集中一张图片的名称。
- Patient ID：表示病人 ID。
- Finding Labels：表示对应图片中被诊断的疾病名称。图片中也可能会显示多种疾病，多种疾病之间用竖线"|"来分隔。如果没有任何疾病，则用"No Finding"表示。

之后的 14 个字段分别表示一种疾病，用 0 或 1 编码。如果图片中显示了该疾病，则用 1 表示；否则，用 0 表示。

3. 数据集的安装

将数据集下载之后，可以通过 tar 命令解压。具体操作如下。

```
tar -xvf images_001.tar.gz
……
tar -xvf images_012.tar.gz
ls -l | grep "^-"| wc -l                                      #输出112120
```

从输出结果中可以看到，该数据集中一共有 112 120 个文件。

5.1.3　在实例中部署数据集

由于数据集过于庞大，为了演示，本实例只使用了少量数据集。可以通过本书的配套资源"/03/data/images"进行同步。/03/data 目录的结构如图 5-4 所示。

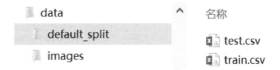

图5-4　/03/data目录的结构

当然，为了使模型训练得更好，也可以使用全部数据集在本地进行训练。

5.1.4　数据增强

卷积神经网络在图像识别方面的表现非常出色，但是需要大量的数据才可以使模型得到充分训练。为了降低收集大量训练图片所需要的成本，可以使用图像增强技术，从现有数据集中生成更多的训练数据。

图像增强是对已有图片进行反转、扭曲、裁剪并调整对比度与色调等，从而生成多个图片的过程。这种技术可以在不同情况下使模型接收更多的样本，从而使其变得更加健壮。

1. 数据增强库——imgaug

常见的图像数据增强库是 imgaug，该库的安装命令如下。

```
pip install imgaug
```

在安装过程中，该命令还会把 Pillow、scikit-image、imageio、opencv-python-head-less、Shapely 等库一起安装到本地。

> **注意**
> 在安装过程中，有时会出现Shapely库安装失败的错误，例如，以下错误。
> ERROR: Command errored out with exit status 1: python setup.py egg_info Check the logs for full command output.
> 这时，需要从加利福尼亚大学的荧光动力学实验室（Laboratory for Fluorescence Dynamics）网站中搜索 Shapely，单独下载 whl 文件并进行安装。

2. imgaug库的使用方法

imgaug 库的使用方法参见 readthedocs 网站上的官方教程。

下面这段代码演示了如何使用 imgaug 库对图片进行数据增强。

```
import numpy as np
import imgaug as ia
import imgaug.augmenters as iaa
iimport matplotlib.pyplot as plt
```

```
ia.seed(1)                                               #设置随机值种子
batch_size = 1                                           #一个批次的大小
#读取图片quokka, 设置图片大小是(batch_size, 224, 224, 3), 数据类型是uint8
images = np.array(
    [ia.quokka(size=(224, 224)) for _ in range(batch_size)],
    dtype=np.uint8
)

print("原始图片")
for i in range(batch_size):
    plt.imshow(images[i])
    plt.xticks([])                                       #不显示x坐标
    plt.yticks([])                                       #不显示y坐标
    plt.show()

#对一张图片执行增强操作
seq = iaa.Sequential([
    iaa.Fliplr(1.0),                                     #水平翻转
    iaa.Crop(percent=(0, 0.1)),                          #裁剪
    #高斯模糊, 参数sigma是0~0.5的随机数
    iaa.Sometimes(0.5, iaa.GaussianBlur(sigma=(0, 0.5))),
    iaa.ContrastNormalization((0.75, 1.5)),    #修改每张图像的对比度
    iaa.AdditiveGaussianNoise(loc=0, scale=(0.0, 0.05 * 255)),  #添加高斯噪声
    #仿射变换
    iaa.Affine(
        scale={"x": (0.8, 1.2), "y": (0.8, 1.2)},                #缩放
        translate_percent={"x": (-0.2, 0.2), "y": (-0.2, 0.2)},  #平移
        rotate=(-25, 25),                                        #旋转
        shear=(-8, 8)                                            #裁剪
    )
])

images_aug = seq.augment_images(images)
print("数据增强后的图片, 大小", images_aug.shape)
for i in range(batch_size):
    plt.imshow(images_aug[i])
    plt.xticks([])                                       #不显示x坐标
    plt.yticks([])                                       #不显示y坐标
    plt.show()
```

运行该代码后的输出结果如图 5-5 所示。

（a）原始图片　　　　　　　　　　　　　（b）增强后的图片

图5-5　数据增强前后的图片

图 5-5（a）是原始图片，图 5-5（b）是用 imgaug 库进行数据增强后的图片。这里的数据增强方法分别是水平翻转、裁剪、高斯模糊、改变图片对比度、添加高斯噪声、仿射变换。

3. tf.keras 中的数据增强库

除了使用图像数据增强库 imgaug 之外，还可以使用 Keras 的 tf.keras.preprocessing 接口中 `image` 类的 `ImageDataGenerator` 方法来实现。该类的更多信息请参见 readthedocs 网站。

本实例将使用 `image` 类的 `ImageDataGenerator` 方法来实现数据增强这个功能。

5.1.5　用 tf.keras 接口进行数据增强的方法

使用 tf.keras 进行图像数据增强非常简单，具体步骤如下。

（1）调用 `image` 类的 `ImageDataGenerator` 方法创建一个图像生成器，并向其传递一个参数列表，这些参数描述了我们希望图像生成器对图像执行的增强操作。

（2）将图像生成器应用到具体数据集上，实现对所有数据的增强。

在步骤（2）中，还可以使用 tf.keras.preprocessing 接口将增强的图片文件导出到文件夹中，以便构建已增强图片组成的巨型数据集。

> **注意**　tf.keras.preprocessing 接口需要依赖 SciPy 库。在运行程序时，如果提示找不到 SciPy 库，则可以通过 `pip install SciPy` 命令进行安装。

在编写代码前，有必要了解一下所使用的方法及接口。

1. ImageDataGenerator 方法

`ImageDataGenerator` 方法是 image 类的图片数据生成器，其定义如下。

```
ImageDataGenerator(featurewise_center=False, #布尔值, 指定是否将数据的均值变成0, 逐条特征
       #进行处理
       samplewise_center=False, #布尔值, 指定是否将每个样本的均值设置为0
       featurewise_std_normalization=False, #布尔值, 指定是否将输入数据除以数据标准差,
       #逐条特征进行处理
        samplewise_std_normalization=False,  #布尔值, 指定是否将每个输入除以其标准差
        zca_whitening=False,      #布尔值, 指定是否应用ZCA白化
        zca_epsilon=1e-06,         #ZCA 白化的 epsilon 值
        rotation_range=0,          #整数, 表示度数随机旋转的范围
        width_shift_range=0.0,   #浮点数、一维数组或整数
        height_shift_range=0.0,  #浮点数、一维数组或整数
        brightness_range=None,   #亮度偏移值的范围。两个元素是浮点类型的元组或列表
        shear_range=0.0,   #浮点数, 表示逆时针方向剪切的角度（单位为弧度）
        zoom_range=0.0,   #浮点数或 [lower, upper], 随机缩放范围。如果是浮点数,
        #[lower, upper] = [1-zoom_range, 1+zoom_range]
        channel_shift_range=0.0,    #浮点数, 表示随机通道转换范围
        fill_mode='nearest',    #取值有constant、nearest、reflect、wrap,
        #默认值为 nearest
        cval=0.0,                          #浮点数或整数, 用于边界之外的点的值,
        #当 fill_mode = "constant" 时生效
        horizontal_flip=False,            #布尔值, 表示随机水平翻转
        vertical_flip=False,              #布尔值, 表示随机垂直翻转
        rescale=None,                      #重缩放因子, 默认为是None。
        #如果是None 或 0, 不进行缩放; 否则, 在应用任何转换之前将数据乘以所提供的因子
        preprocessing_function=None,
        #应用于每个输入函数。该函数会在图片尺寸改变和数据增强之后运行。该函数需要一张图像
        (Numpy 张量), 并且应该输出一个相同尺寸的 Numpy 张量
        data_format=None,   #图像数据的格式为channels_first或channels_last
        validation_split=0.0,          #0～1的浮点数, 用于保留验证的图像比例
        dtype=None                     #生成数组使用的数据类型
        )
```

其中部分参数的详细介绍如下。

（1）参数 width_shift_range 的取值类型有浮点数、一维数组、整数。它们的含义分别如下所示。

- 浮点数：如果该数小于1，则表示除以总宽度 3 的值；如果该数大于或等于1，则表示像素值。
- 一维数组：表示数组中的随机元素。
- 整数：表示区间 (-width_shift_range, +width_shift_range) 中的整数个像素。

当 height_shift_range=2 时，表示整数 -1、0、+1，这与 width_shift_range=[-1, 0, +1] 相同；而当 width_shift_range=1.0 时，表示 [-1.0、+1.0] 的浮点数。

（2）参数 height_shift_range 的取值类型有浮点数、一维数组、整数。它们的含义分别如下所示。

- 浮点数：如果该数小于1，则表示除以总高度的值；否则，表示像素值。
- 一维数组：表示数组中的随机元素。

- 整数：表示区间 (–height_shift_range, +height_shift_range) 中的整数个像素。

当 **height_shift_range=2** 时，表示整数 –1、0、+1，这与 **height_shift_range=[–1, 0, +1]** 相同；而当 **height_shift_range**=1.0 时，表示 [–1.0, +1.0) 的浮点数。

（3）参数 **fill_mode** 表示输入边界以外的点根据给定模式进行填充，其取值及含义如下所示。

- **constant**：以常量模式填充，如 kkkkkkkk|abcd|kkkkkkkk。
- **nearest**：以最近邻模式填充，如 aaaaaaaa|abcd|dddddddd。
- **reflect**：以反射模式填充，如 abcddcba|abcd|dcbaabcd。
- **wrap**：以封装模式填充，如 abcdabcd|abcd|abcdabcd。

（4）参数 **data_format** 表示图像数的格式，其取值及含义如下所示。

- **channels_last**：表示图像的输入尺寸应该为 (**samples,height,width,channels**)，这是默认值。
- **channels_first**：表示图像的输入尺寸应该为 (**samples,channels,height,width**)。

使用 **ImageDataGenerator** 方法进行数据增强的步骤如下。

（1）调用 **ImageDataGenerator** 方法构造一个对象。

（2）调用该对象的 **fit** 方法。

（3）以不带标签的训练数据作为 **fit** 方法的参数。

2. tf.keras.preprocessing接口

tf.keras.preprocessing 接口是用来进行数据预处理的一组 API。该接口提供了 image、sequence、text 这 3 种类型的数据，可以分别预处理图片、序列、文本类型的数据。

有关 **ImageDataGenerator** 方法的更多介绍以及 tf.keras.preprocessing 接口的其他方法可以参考 Keras 官方文档。

5.1.6 代码实现：创建用于数据增强的图像生成器

在了解完 **ImageDataGenerator** 方法与 tf.keras.preprocessing 接口之后，便可以通过代码创建带数据增强功能的图像生成器了。

代码文件：code_08_densenet121.py

```
1  import os                          #导入基础模块
2  import pandas as pd                #需要通过pip install pandas命令进行安装
3  import numpy as np
4  from matplotlib import pyplot as plt
5  from collections import Counter
6  import tensorflow as tf
7
8  #导入Keras库
9  from tensorflow.keras.callbacks import ModelCheckpoint, ReduceLROnPlateau
10 from tensorflow.keras.optimizers import Adam
11 from tensorflow.keras.applications.densenet import DenseNet121,
12 preprocess_input
```

```
13  from tensorflow.keras.layers import Dense
14  from tensorflow.keras.models import Model
15  from tensorflow.keras.preprocessing import image
16  import tensorflow.keras.backend as kb
17
18  #创建图像生成器，用于训练场景中的数据增强
19  datagen = image.ImageDataGenerator(horizontal_flip=True,
20              preprocessing_function=preprocess_input)
21  #创建图像生成器，用于测试场景
22  test_datagen =
23  image.ImageDataGenerator(preprocessing_function=preprocess_input)
```

第 19 ～ 23 行代码创建了图像生成器。其中 datagen 是训练数据集的图像生成器；test_datagen 是测试数据的图像生成器。

在创建 datagen 对象时，参数 horizontal_flip 的值为 True，这表明要将图片水平翻转。

在创建 datagen 和 test_datagen 对象时，都将预处理函数 preprocess_input 传给了参数 preprocessing_function。这表明该生成器将使用 preprocess_input 函数对所有数据进行预处理。

preprocess_input 函数是 tf.keras 接口中已封装的函数，用于对输入 DenseNet121 模型中的数据执行统一的预处理操作。该函数对图片的处理过程如下。

（1）对图片中的每个像素除以 127.5。

（2）将步骤（1）的结果减 1。

经过两步变换之后，图片的像素值会位于区间 [–1,1]。

5.1.7   应用图像生成器的方法

应用 image 类的 ImageDataGenerator 方法所创建的图像生成器，使用起来非常灵活。这个生成器是一个对象，可以调用不同的方法并将其应用到不同来源的数据集上。例如，方法 fit 依赖统计信息的变化，方法 flow 基于内存数据的变化，方法 flow_from_dataframe 处理 Pandas 对象中存在的数据集，方法 flow_from_directory 处理文件夹中的数据集。具体介绍如下。

1. fit方法

fit 方法依赖数据变换所需要的统计信息（均值、方差等），只有当 ImageDataGenerator 方法中的参数 featurewise_center、featurewise_std_normalization 或 zca_whitening 设置为 True 时，才需要此函数。

fit 方法的定义如下。

```
fit(x,augment=False,rounds=1,seed=None)
```

该方法的参数说明如下。

- x：表示样本数据，是一个 Numpy 数组。黑白图片的通道值为 1，彩色图片的通道值为 3。

- augment：布尔类型，用于指定是否使用随机增强的数据。
- rounds：若参数 augment=True，则指定在数据上执行多少轮数据增强，默认值为 1。
- seed：整数，表示随机数种子。

2. flow方法

flow 方法以 Numpy 数组和标签作为参数，生成经过数据提升或标准化后的批次数据，并在无限循环中不断返回批次数据。

flow 方法的定义如下。

```
flow(x,y=None,batch_size=32,shuffle=True,sample_weight=None,seed=None, save_to_
dir=None,save_prefix='',save_format='png',subset=None)
```

该方法的参数说明如下。

- x：表示 Numpy 数组或元组。黑白图片的通道值为 1，彩色图片的通道值为 3。
- y：表示标签。
- batch_size：表示每批次的数据大小，为整数，默认值为 32。
- shuffle：布尔值，用于指定是否随机打乱数据，默认值为 True。
- sample_weight：表示样本权重。
- seed：整数，表示随机数种子，默认值为 None。
- save_to_dir：None 或字符串，该参数能保存增强后的图片，以进行可视化。
- save_prefix：字符串，保存数据增强后的图片使用的前缀，仅当设置了参数 save_to_dir 时才生效。
- save_format：保存图片的格式，格式可以为 png 或 jpeg。仅当设置了参数 save_to_dir 时才可用，默认格式为 png。
- subset：数据子集，值为 training 或 validation。只有在 ImageDataGenerator 方法中设置了参数 validation_split 时才可用。

flow 方法的返回值是一个生成元组 (x,y) 的迭代器，其中 x 是图像数据的 Numpy 数组（在输入单张图像时），或 Numpy 数组列表（在额外有多个输入时）；y 是对应标签的 Numpy 数组。如果 sample_weight 不是 None，则生成的元组形式为 (x,y,sample_weight)。如果 y 是 None，只返回 Numpy 数组 x。

3. flow_from_directory方法

flow_from_directory 方法以路径作为参数，生成增强后的数据，在无限循环中无限产生批次数据。

flow_from_directory 方法的定义如下。

```
flow_from_directory(directory,target_size=(256,256),color_mode='rgb',
classes=None,class_mode='categorical',batch_size=32,shuffle=True,seed=None, save_
to_dir=None, save_prefix='', save_format='png', follow_links=False, subset=None,
interpolation='nearest')
```

该方法的参数说明如下。

- directory：目标图片的路径。该文件夹中有若干个子文件夹，每一个子文件夹中保存的都是相同类别的图片，例如，所有猫的图片都保存在 cats 子文件夹中，而所有狗的图片都保存在 dogs 文件夹中。子文件夹中任何 JPG、PNG、BNP、PPM格式的图片都会被生成器所使用。

- target_size：整数元组，图像将被变换成该尺寸，默认尺寸为 (256, 256)。
- color_mode：颜色模式，代表这些图片是否会被转换为单通道或三通道图片。默认值为 rgb，还可以设置为 grayscale。
- classes：可选参数，是子文件夹列表，如 ['cats','dogs']，默认值为 None。若未提供，则该类别列表将利用 directory 下的子文件夹名称 / 结构自动推断。每一个子文件夹都会被视为一个新的类，类别顺序将按照字母表顺序映射到标签值。通过属性 class_indices 可获得文件夹名与类序号的对应字典。
- class_mode：决定返回的标签数组形式。默认值为 categorical，还可以设置为 binary、sparse、None。categorical 表示返回二维的独热码标签；binary 表示返回一维的二值标签；sparse 表示返回一维的整数标签；None 则表示不返回任何标签，生成器将仅生成批次数据。在使用 model 对象的 predict_generator 和 evaluate_generator 方法时会用到 None。
- batch_size：批次数据的大小，默认值为 32。
- shuffle：表示是否打乱数据，默认值为 True。
- seed：可选参数，表示打乱数据和变换时的随机数种子。
- save_to_dir：可以为 None 或字符串。该参数能将增强后的图片保存起来以可视化。
- save_prefix：字符串，保存数据增强后图片使用的前缀，仅当设置了 save_to_dir 时才生效。
- save_format：指定保存图片数据的格式，可以为 png 或 jpeg，默认值为 png。
- follow_links：表示是否访问子文件夹中的软链接。
- subset：数据子集，可以设置为 training 或 validation，仅当在 ImageDat-aGenerator 方法中设置了参数 validation_split 时才可用。
- interpolation：当目标大小与加载图像的大小不同时，重新采样图像的插值方法。支持的方法有 nearest、bilinear、bicubic。如果安装了 1.1.3 以上版本的PIL，则同样支持 lanczos。如果安装了 3.4.0 以上版本的 PIL，则同样支持 box 和hamming。默认使用 nearest。

函数 flow_from_directory 的返回值是一个生成 (x, y) 元组的 DirectoryIterator对象，其中 x 是一个包含批次大小为 (batch_size, *target_size, channels) 的图像的Numpy 数组，y 是对应标签的 Numpy 数组。

4. flow_from_dataframe方法

flow_from_dataframe 方法根据输入的数据框架和目录路径，生成批量的增强数据。flow_from_dataframe 方法的定义如下。

```
flow_from_dataframe(dataframe, directory=None, x_col='filename', y_col='class',
target_size=(256,256),color_mode='rgb',classes=None,class_mode='categorical',
batch_size=32,shuffle=True,seed=None,save_to_dir=None,save_prefix='',save_for-
mat='png',subset=None,interpolation='nearest',drop_duplicates=True)
```

该方法的参数说明如下。

- `dataframe`：Pandas 的数据框架，一列为图像的文件名，另一列为图像的类别标签，或者为原始目标数据中的多列。
- `directory`：字符串类型，表示源图像的目录路径，其中包含 `dataframe` 中映射的所有图像。
- `x_col`：字符串，`dataframe` 中包含源图像文件名的列。
- `y_col`：字符串或字符串列表，`dataframe` 中作为目标数据的列。
- `target_size`：将所有找到的图片按照参数 `interpolation` 指定的算法调整到指定大小。它是一个整数元组 (height,width)，默认值为 (256,256)。
- `color_mode`：用于指定图像是否转换为 1 个或 3 个颜色通道。默认值是 `rgb`，也可以设置为 `grayscale`。
- `classes`：可选的类别列表（如 ['cats','dogs']）。默认值为 None。如果未设置，则类别列表将自动从 `y_col` 中推理出来，`y_col` 会映射到类别索引。包含从类名到类索引的映射字典可以通过属性 `class_indices` 获得。
- `class_mode`：同 flow_from_directory 方法中的 `class_mode` 参数。
- `batch_size`：表示批次数据的大小，默认值是 32。
- `shuffle`：表示是否打乱数据，默认值是 True。
- `seed`：打乱和转换的随机种子。
- `save_to_dir`：保存增强图片的目录，可以设置为 None 或 str，默认值是 None。
- `save_prefix`：字符串，保存图片的文件名前缀，仅当设置了参数 `save_to_dir` 时才可用。
- `save_format`：取值为 `png` 或 `jpeg`，仅当设置了 `save_to_dir` 时才可用，默认值是 png。
- `subset`：数据子集，取值为 training 或 validation，仅在 `ImageDataGenerator` 方法中设置了参数 `validation_split` 时才可用。
- `interpolation`：在目标大小与加载图像的大小不同时，重新采样图像的插值方法。支持的方法有 `nearest`、`bilinear`、`bicubic`。如果安装了 1.1.3 以上版本的 PIL，则同样支持 `lanczos`。如果安装了 3.4.0 以上版本的 PIL，则同样支持 `box` 和 `hamming`。默认使用 `nearest`。
- `drop_duplicates`：布尔类型，表示是否删除重复数据行，默认值为 True。

flow_from_dataframe 方法的返回值是一个生成 (x,y) 元组的 `DataFrameIterator` 对象，其中 **x** 是一个包含批次大小为 (**batch_size**,***target_size**,**channels**) 的图像样本的 Numpy 数组，**y** 是对应标签的 Numpy 数组。

本实例中的样本标注文件是以 csv 格式存在的，直接使用 Pandas 库读取更方便。在具体实现中，调用了图像生成器类的 flow_from_dataframe 方法，实现了数据集增强。具体见 5.1.8 节。

5.1.8　代码实现：在数据集上应用图像生成器

在调用图像生成器的 flow_from_dataframe 方法时，可以根据传入的 `y_col` 参数为每个样本指定标签。参数 `y_col` 是 Pandas 对象中某一列数据，系统将自动读取该列中的每个数据并与对应样本进行关联。

> **注意**　如果想使用参数 y_col 中出现的部分类别，还可以使用 classes 参数进行选择。参数 classes 是一个类名列表，系统将按照列表中的指定类别挑选对应的样本。不在该类别列表中的样本将被丢弃。

1. 创建 Pandas 对象的标签列

文件 /data/default_split/train.csv 中保存的是训练数据及其对应的标签，文件 /data/default_split/test.csv 中保存的是测试数据及对应的标签。这两个文件的数据格式完全相同。

图 5-3 中显示的是文件 data/default_split/train.csv 中的部分数据。

在这个两个文件中，"Finding Labels"列有"No Finding"值，需要将其转换成空列表，具体代码如下。

代码文件：code_08_densenet121.py（续）

```python
24  #定义数据集的基本参数
25  batch_size = 12                                     #批次大小
26  image_dimension = 224                               #统一形状的大小
27  data_dir = r'./data/images'                         #定义图片目录
28  label_dir = r'./data/default_split'                 #定义标签目录
29  dataset_csv_file = os.path.join(label_dir, "train.csv")   #定义训练标签
30  test_dataset_csv_file = os.path.join(label_dir, "test.csv")  #定义测试标签
31  test_data_dir = data_dir
32
33  #读取训练数据文件的dataframe
34  dataset_df = pd.read_csv(dataset_csv_file)
35  #读取测试文件的dataframe
36  test_dataset_df = pd.read_csv(test_dataset_csv_file)
37
38  def func(one):                      #定义函数，处理标签
39      if one == 'No Finding':
40          return []                   #No Finding表示没有疾病，将它转换成空列表
41      return one.split("|")           #多种疾病之间，用竖线分隔成数组
42
43  #定义训练数据的标签列
44  dataset_df['trueLabels'] = dataset_df['Finding Labels'].apply(func)
45  #定义测试数据的标签列
46  test_dataset_df['trueLabels'] = test_dataset_df['Finding Labels'].apply(func)
47  print(dataset_df['trueLabels'][:8])   #输出前8个标签
```

在第 38 ～ 41 行代码中，定义的函数 func 使用竖线对"Finding Labels"列中的多种疾病进行分割。如果标注文件中出现"No Finding"字符，则表示没有疾病，在代码中用空列表表示。

在第 44 行代码中，创建训练数据的标签列"trueLabels"，并将该列添加到训练数据的 dataframe 中。

在第 46 行代码中，创建测试数据的标签列"trueLabels"，并将该列添加到测试数据的

dataframe 中。

代码运行后，输出如下结果。

```
0                    [Cardiomegaly]
1        [Cardiomegaly, Emphysema]
2         [Cardiomegaly, Effusion]
3                              []
4                         [Hernia]
5                         [Hernia]
6                         [Hernia]
7           [Hernia, Infiltration]
```

结果中第 1 列的数字是 Python 中 dataframe 模型输出的，是自动添加的行 ID；第 2 列是每个样本的标签，是列表类型，表示所患疾病的名称。[　] 表示没有患病。

2. 应用图像生成器

在创建了 **Pandas** 对象的标签列之后，就可以应用图像生成器生成数据集了，具体代码如下。

代码文件：code_08_densenet121.py（续）

```
48  # 生成训练数据集
49  train_generator = datagen.flow_from_dataframe(
50      dataframe=dataset_df,
51      directory=data_dir,
52      x_col="Image Index",            # 图片 ID
53      y_col='trueLabels',             # 标签列名
54      has_ext=True,                   # 指定 csv 中文件名是否带扩展名
55      target_size=(image_dimension, image_dimension),
56      batch_size=batch_size)
57
58  # 生成测试数据集
59  validation_generator = test_datagen.flow_from_dataframe(
60      dataframe=test_dataset_df,
61      directory=test_data_dir,
62      x_col="Image Index",            # 图片 ID
63      y_col="trueLabels",             # 标签列名
64      shuffle=False,
65      has_ext=True,                   # 指定 cvs 中文件名是否带扩展名
66      target_size=(image_dimension, image_dimension),
67      batch_size=1)
68
69  print("测试数据集中的 class：", validation_generator.classes[:8])
```

在第 49 ～ 56 行代码中，应用训练数据图像生成器。

在第 59 ～ 67 行代码中，应用测试数据图像生成器。

> **注意**
> 在调用方法 **flow_from_dataframe** 时，默认执行的是数据乱序操作。在生成测试数据集时需要传入 **shuffle**=False，以关闭乱序功能。
> 也可以使用 Pandas 模块中的乱序功能将数据打乱。
> 以下代码中的 random_state 可打乱数据的随机种子。
> df = dataset_df.sample(frac=1., random_state=1)

代码运行后，输出如下结果。

```
Found 1998 images belonging to 14 classes.
Found 449 images belonging to 14 classes.
测试数据集中的class：[[], [], [], [], [], [10], [], []]
```

在输出结果中，第 1 行表示训练数据有 1998 条，分为 14 个类别；第 2 行表示测试数据有 449 条，分为 14 个类别；第 3 行表示测试数据集中前 8 条数据所对应的类别。空方括号表示没有患病，[10] 表示第 6 个测试样本患有第 10 种疾病。关于疾病的 ID 及其对应名称后面会输出。

> **提示**
> 如果使用 TensorFlow 1.11 及以前的版本，则在 Windows 系统中运行时 flow_from_dataframe 方法会报错误，如图 5-6 所示。 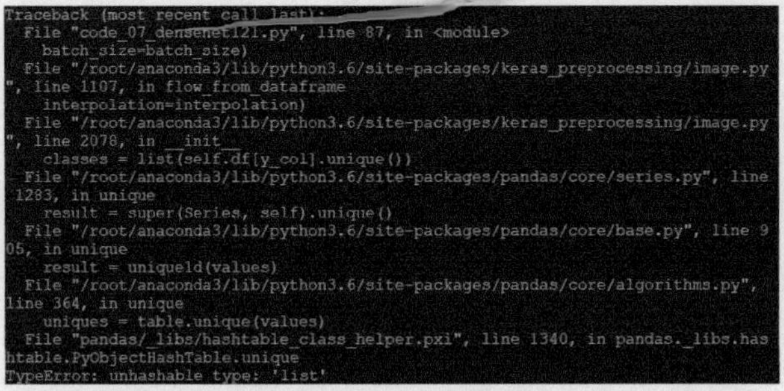
>
> 图5-6 运行错误
>
> 原因是这个版本的 tf.keras 接口中含有 bug。可以将配套资源中的代码复制到路径 C:\local\anaconda3\lib\site-packages\keras_preprocessing 中。
> 对于 Linux 系统，路径是 /root/anaconda3/lib/python3.6/site-packages/keras_preprocessing。

3. 从数据集中获取数据

可以从图像生成器对象中获取样本数量、类别数量、类别名称、每个批次的数据量。具体代码如下。

代码文件：code_08_densenet121.py（续）

```
70  print(train_generator.filenames[:2])    #输出两张图片的名称
71
```

```
72  #输出样本分析后的结果
73  print(f"共{train_generator.n}条样本, 共分为\
74          {len(train_generator.class_indices)}类,\
75          分别是{train_generator.class_indices},\
76          批次大小为{train_generator.batch_size}。")
77
78  #显示数据
79  for X_batch, y_batch in train_generator:
80      print(y_batch[:2])                  #输出两个标签, 以独热码表示
81      for i in range(0, 6):
82          plt.subplot(330 + 1 + i)    #绘制子图
83          plt.axis('off')             #不显示坐标轴
84          plt.imshow(X_batch[i].reshape(224, 224, 3))
85      plt.show()
86      break
```

第 73 ～ 76 行代码输出了样本数量、类别数量、类别名称、批次大小。

注意　　这里介绍一个调试技巧, 即第 70 行代码用于输出数据集中的文件名称。利用该代码的输出结果, 可以检查数据的路径是否正确。如果指定的路径有错误, 则第 70 行代码在运行时输出空值。

第 79 ～ 86 行代码用于绘制 6 张预处理之后的图片。
第 84 行代码用 224×224 的尺寸显示预处理之后的图片。
代码运行后, 输出如下结果。

```
1  ['00000001_000.png', '00000001_001.png']
2  共1998条样本,共分为14类,分别是{'Atelectasis': 0, 'Cardiomegaly': 1, 'Consolidation':
3  2, 'Edema': 3, 'Effusion': 4, 'Emphysema': 5, 'Fibrosis': 6, 'Hernia': 7,
4  'Infiltration': 8, 'Mass': 9, 'Nodule': 10, 'Pleural_Thickening': 11, 'Pneumonia':
5  12, 'Pneumothorax': 13}, 批次大小为12。
6  [[1. 0. 0. 0. 0. 0. 0. 0. 0. 0. 0. 0. 0. 0.]
7   [0. 0. 0. 0. 0. 0. 0. 0. 0. 0. 0. 0. 0. 0.]]
```

在输出结果中, 第 1 行是图片名称, 第 2 ～ 5 行分别是样本数量、类别数量、类别名称、批次大小, 第 6 ～ 7 行是类别标签, 这里用独热码来表示。
同时, 输出了数据经过预处理的图像, 如图 5-7 所示。

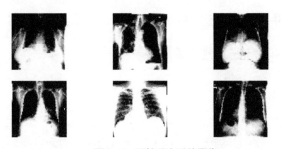

图5-7　预处理之后的图像

注意

如果代码在运行过程中输出如下错误，则表明没有安装 Pillow 库。

ImportError: Could not import PIL.Image. The use of 'load_img' requires PIL.

在命令行里，需要手动输入如下命令进行安装。

```
pip install pillow
```

5.2 分类任务与样本均衡

分类任务是指为数据指定一个或多个标签，这些标签来自事先给定的类别标签集合。分类任务是一种监督学习任务。

由于本实例根据给定的医疗影像判断所患疾病的名称（这些疾病名称是已经给定的），因此这是一个分类任务。

5.2.1 二分类任务

如果类别标签集合只有两个元素，则对应的分类任务称为二分类任务。例如，判断一封电子邮件是否为垃圾邮件，就是二分类任务，这时的标签集合是 {"是垃圾邮件","不是垃圾邮件"}。

如果类别标签集合至少有 3 个元素，则对应的分类任务称为多分类任务。

完成分类任务的常用方法有逻辑回归、支持向量机、神经网络、随机森林、朴素贝叶斯、决策树等。这些方法对于二分类任务和多分类任务都适用。

由于本实例的样本标签中有 14 种疾病名称，因此它是一个多分类任务。

5.2.2 互斥多分类任务与互斥分类任务

如果类别标签集合中的类别个数大于或等于 3 且每个样本只属于其中一个类别，则对应的分类任务称为互斥多分类任务。

互斥分类任务是指类别标签集合只有两个类别，且彼此互斥，即一个样本只能属于其中一类，不能既属于此类，又属于彼类。例如，垃圾邮件分类就是互斥分类，一封电子邮件要么是垃圾邮件，要么不是垃圾邮件。

5.2.3 非互斥分类任务

非互斥分类任务是指一个样本可以同时属于多个类别标签，不同类别之间是有关联的。这与互斥多分类任务不同。例如，一条新闻"AlphaGo 大战李世石"既可以是科技类，也可以是体育类。

本实例需要对一张图片进行多种病灶的筛查，属于非互斥多分类任务。

5.2.4 训练过程中的样本均衡问题

样本均衡是指每个类别的样本数量相等或相差不大。

1. 样本不均衡

如果每个类别的样本数量相差很大，则称为样本不均衡，或数据倾斜。例如，判断病人是否患了某种罕见疾病，但在历史数据中，患该病的比例可能很低（如 0.1%）。如果分类器总是预测一个人未患该病，那么依然有高达 99.9% 的预测准确率。

样本不均衡会带来很多问题。一是训练出好的分类器变得很困难，二是使用该分类器预测出的结果往往有迷惑性。

2．样本不均衡的解决方法

一般解决样本不均衡问题有以下几种方法。

- 欠采样。从样本较多的类中抽取出部分样本，使得各个类别的样本数量相差不大，使用这部分样本参与模型训练。
- 过采样。复制类别数量少的样本，使其与类别多的样本数量相当。
- 生成数据。从少数类别中创建新的合成数据，以增加样本数量。例如，对数量少的样本数据进行数据增强或利用对抗网络生成该类数据。

3．样本不均衡与分类任务间的关系

需要注意的是，只有互斥分类任务才需要考虑样本是否均衡。

本实例属于非互斥多分类任务，因此需要考虑每个子分类任务中的样本是否均衡。

5.2.5　代码实现：为 ChestX-ray14 数据集进行样本均衡

检查数据集是否有样本均衡问题的直接方法是计算每个类别的样本数量，或每个类别的数量比例，然后将其输入 tf.keras 接口中，利用 tf.keras 自带的样本均衡功能进行训练。

下面计算每种疾病的样本数量及其占比，具体代码如下。

代码文件：code_08_densenet121.py（续）

```
87  print(train_generator.filenames[:2])  #输出两张图片的名称
88  #统计每类病例中正样本的个数
89  countclass = Counter(np.concatenate(train_generator.classes))  #类别数
90  for oneclass in sorted(train_generator.class_indices.keys()):
91      countkey = train_generator.class_indices[oneclass]
92      print(oneclass, countclass[countkey])  #病灶名称及样本数量
93
94  #只有互斥时才会考虑均衡。因为第1~14个类彼此不互斥，所以没有均衡问题
95  def get_single_class_weight(pos_counts, total_counts):
96      denominator = (total_counts - pos_counts) + pos_counts
97      return {
98          0: pos_counts / denominator,  #计算正样本比例
99          1: (denominator - pos_counts) / denominator,  #计算负样本比例
100     }
101
102 class_weights = [get_single_class_weight(countclass[key],
103                     train_generator.n) for key in sorted(countclass.keys())]
104
105 #输出每个分类的正负样本比例
106 for oneclass in sorted(train_generator.class_indices.keys()):
107     print(oneclass, class_weights[train_generator.class_indices[oneclass]])
```

第 90 ～ 92 行代码输出疾病名称及样本数量。

第 98 行和第 99 行代码分别计算正样本和负样本的比例。其中"0"表示正样本，"1"表示负样本。

第 106 行和第 107 行代码输出正样本和负样本的比例。

代码运行后，输出如下结果。

```
Atelectasis 181
Cardiomegaly 131
Consolidation 79
Edema 48
Effusion 251
Emphysema 62
Fibrosis 84
Hernia 17
Infiltration 350
Mass 73
Nodule 80
Pleural_Thickening 68
Pneumonia 24
Pneumothorax 94
Atelectasis {0: 0.09059059059059059, 1: 0.9094094094094094}
Cardiomegaly {0: 0.06556556556556556, 1: 0.9344344344344344}
Consolidation {0: 0.03953953953953954, 1: 0.9604604604604604}
Edema {0: 0.024024024024024024, 1: 0.975975975975976}
Effusion {0: 0.12562562562562563, 1: 0.8743743743743744}
Emphysema {0: 0.0310310310310031032, 1: 0.968968968968969}
Fibrosis {0: 0.042042042042042045, 1: 0.9579579579579579}
Hernia {0: 0.00850850850850851, 1: 0.9914914914914915}
Infiltration {0: 0.17517517517517517, 1: 0.8248248248248248}
Mass {0: 0.03653653653653654, 1: 0.9634634634634635}
Nodule {0: 0.04004004004004004, 1: 0.95995995995996}
Pleural_Thickening {0: 0.03403403403403404, 1: 0.965965965965966}
Pneumonia {0: 0.012012012012012012, 1: 0.987987987987988}
Pneumothorax {0: 0.04704704704704705, 1: 0.9529529529529529}
```

结果中，"Atelectasis 181"表示训练数据集中"Atelectasis"出现了 181 次；"Cardiomegaly 131"表示训练数据集中"Cardiomegaly"出现了 131 次；其他条目的含义以此类推。

在字典类型"Atelectasis {0: 0.09059059059059059, 1: 0.9094094094094094}"中，字典中的键"0"表示测试的样本患有疾病"Atelectasis"，是正样本；键"1"表示测试的样本没有患疾病"Atelectasis"，是负样本。字典中的值表示在训练数据集中患"Atelectasis"疾病（正样本）的比例是 0.09059059059059059，没有患"Atelectasis"疾病（负样本）的比例是 0.9094094094094094。其他字典的含义以此类推。

> **注意** 这里只计算了每个子分类中具有互斥关系的样本比例，没有在多种病灶之间执行样本均衡的比例计算。这是因为 14 个病灶类彼此不互斥，没有样本不均衡的问题。

5.3　迁移训练CheXNet模型

CheXNet 使用 ImageNet 数据集上经过训练的 DenseNet121 预训练模型进行胸部疾病的检测。在构建 CheXNet 模型之前，先介绍本实例涉及的相关知识。

5.3.1　迁移训练

迁移训练是指把在一个任务上训练完成的模型经过简单修改，再用另一个任务的数据继续训练，使之能够完成新的任务。例如，在 ImageNet 数据集上训练过的 DenseNet 模型在原任务用来进行图片分类，可以对它进行修改，使之用在目标定位任务上。

5.3.2　CheXNet模型

CheXNet 模型是吴恩达等人于 2017 年提出的用于检测肺部 14 种疾病的模型，是在 DenseNet121 模型的基础上用 ChestX-ray14 数据集进行迁移训练的密集连接的深度卷积神经网络模型。

1. CheXNet模型的结构

CheXNet 模型是一个密集连接的卷积神经网络，又叫作 DenseNet。3.9.3 节已经简单介绍过 DenseNet 模型的结构，在 DenseNet 模型中，每一个特征图都与之前所有层的特征图相连，即每一层都会以前面所有层作为输入。对于一个 L 层的网络，DenseNet 共包含 $\dfrac{L(L-1)}{2}$ 个连接。

DenseNet121 模型的原任务是对 1000 类自然或人造物的图片进行分类，CheXNet 模型的任务是对 14 类疾病对应的胸部 X 射线图片进行分类。

CheXNet 模型将 DenseNet121 模型中最后 1000 个神经元的全连接层替换为有 14 个神经元的全连接层，然后使用非线性 Sigmoid 激活函数，使之输出患 14 种疾病的概率。

2. DenseNet模型的特点

DenseNet 模型的优势主要体现在以下几个方面。

（1）DenseNet 模型的每层都与之前的层密集连接，可以直接确定最后的误差信号，加快了梯度的反向传播，缓解了梯度消失问题，使得网络更容易训练。

（2）DenseNet 模型是通过拼接特征图来实现短路连接的，实现了特征重用，并且采用了较小的增长率，每层所独有的特征图比较小。

（3）增强了特征图的传播，前面几层的特征图直接传给后面，可以充分利用不同层级的特征。

但是 DenseNet 模型也有一些不足。如果实现方式不当，则 DenseNet 模型可能耗费很多 GPU 显存，一般显卡根本容不下更深的 DenseNet 模型，需要经过精心优化。

有关 DenseNet 模型的细节，请参考原始论文 "Densely Connected Convolutional Networks"。该论文的获取方式是在 arXiv 网站中搜索论文编号 "1608.06993"。

关于 CheXNet 模型的详细情况，请参考论文 "CheXNet Radiologist-Level Pneumonia Detection on Chest X-Rays with Deep Learning"。该论文的获取方式是在 arXiv

网站中搜索论文编号"1711.05225"。

3. DenseNet模型的4个分支

DenseNet 模型根据网络结构规模又可以分为 DenseNet121、DenseNet169、DenseNet201、DenseNet264。这 4 个分支模型的详细描述如下。

- DenseNet121：由 120 个卷积层和 1 个全连接层组成，另外还有 5 个池化层。
- DenseNet169：由 168 个卷积层和 1 个全连接层组成，另外还有 5 个池化层。
- DenseNet201：由 200 个卷积层和 1 个全连接层组成，另外还有 5 个池化层。
- DenseNet264：由 263 个卷积层和最后 1 个全连接层组成，另外还有 5 个池化层。

DenseNet 的 4 个分支模型的结构如图 5-8 所示。

模块	输出大小	DenseNet121	DenseNet169	DenseNet201	DenseNet264
卷积层	112×112	7×7卷积，步长为2	7×7卷积，步长为2		7×7卷积，步长为2
池化层	56×56	3×3最大池化层，步长为2	3×3最大池化层，步长为2		3×3最大池化层，步长为2
稠密块（1）	56×56	[1×1卷积 3×3卷积]×6	[1×1卷积 3×3卷积]×6	[1×1卷积 3×3卷积]×6	[1×1卷积 3×3卷积]×6
变换层（1）	56×56	1×1卷积	1×1卷积		1×1卷积
	28×28	2×2平均池化层，步长为2	2×2平均池化层，步长为2		2×2平均池化层，步长为2
稠密块（2）	28×28	[1×1卷积 3×3卷积]×12	[1×1卷积 3×3卷积]×12	[1×1卷积 3×3卷积]×12	[1×1卷积 3×3卷积]×12
变换层（2）	28×28	1×1卷积	1×1卷积		1×1卷积
	14×14	2×2平均池化层，步长为2	2×2平均池化层，步长为2		2×2平均池化层，步长为2
稠密块（3）	14×14	[1×1卷积 3×3卷积]×24	[1×1卷积 3×3卷积]×32	[1×1卷积 3×3卷积]×48	[1×1卷积 3×3卷积]×64
变换层（3）	14×14	1×1卷积	1×1卷积		1×1卷积
	7×7	2×2平均池化层，步长为2	2×2平均池化层，步长为2		2×2平均池化层，步长为2
稠密块（4）	7×7	[1×1卷积 3×3卷积]×16	[1×1卷积 3×3卷积]×32	[1×1卷积 3×3卷积]×32	[1×1卷积 3×3卷积]×48
分类层	1×1	7×7全局平均池化层，分类输出的一维数组中包含1000个元素，使用Softmax	7×7全局平均池化层，分类输出的一维数组中包含1000个元素，使用Softmax		7×7全局平均池化层，分类输出的一维数组中包含1000个元素，使用Softmax

图5-8　DenseNet的4个分支模型的结构

从图 5-8 中可以看到，DenseNet 的 4 个分支模型具有相同的输入与输出。

- 输入是 224×224 大小的 RGB 三通道图片。
- 输出为有 1000 个元素的数组，表示 1000 个类别的概率。

4. 稠密块

稠密块是 DenseNet 模型中的特有结构。从图 5-8 中可以看出，DenseNet 模型的每种分支模型都包含 4 个稠密块。

稠密块结构中含有两个卷积层，这两个卷积层的卷积核尺寸各不相同（分别为 1×1 和 3×3）。每一个稠密块由 L 个全连接层组成。

全连接仅出现在一个稠密块里，不同稠密块之间是没有全连接的，即全连接只发生在稠密块中，如图 5-9 所示。

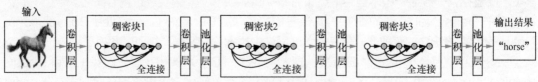

图5-9　全连接只发生在稠密块中

5.3.3　下载DenseNet121预训练模型

要下载 DenseNet121 的预训练模型，方法如下。

- 在 GitHub 网站搜索 deep-learning-model，并在 release 页面中找到下载链接。
- 在 GitHub 网站搜索 keras-applications，并在 release 页面中找到下载链接。

TensorFlow 2.0 版本的兼容性极差，建议读者尽量使用第 2 种方法，因为通过第 1 种方法找到的模型在 TensorFlow 的部分版本中无法加载。

以第 2 种方法为例，将该链接打开后可以看到模型的下载界面，如图 5-10 所示。

densenet121_weights_tf_dim_ordering_tf_kernels.h5	32.5 MB
densenet121_weights_tf_dim_ordering_tf_kernels_notop.h5	28.6 MB
densenet169_weights_tf_dim_ordering_tf_kernels.h5	57.1 MB
densenet169_weights_tf_dim_ordering_tf_kernels_notop.h5	50.7 MB
densenet201_weights_tf_dim_ordering_tf_kernels.h5	80.2 MB
densenet201_weights_tf_dim_ordering_tf_kernels_notop.h5	72.9 MB
NASNet-large-no-top.h5	328 MB
NASNet-large.h5	343 MB
NASNet-mobile-no-top.h5	19.1 MB
NASNet-mobile.h5	23.1 MB
Source code (zip)	
Source code (tar.gz)	

图5-10　在第2种方法中模型的下载界面

从图 5-10 中 可 以 看 出，有 两 种 h5 格 式 的 DenseNet121 模 型 文 件，分 别 为 denseet121_weights_tf_dim_ordering_tf_kernels.h5 和 densenet121_weights_tf_dim_ordering_tf_kernels_notop.h5。其 中 densenet121_weights_tf_dim_ordering_tf_kernels.h5 模型文件包含了输出层，densenet121_weights_tf_dim_ordering_tf_kernels_notop.h5 模型文件没有包含输出层。

本实例使用没有包含输出层的模型文件 densenet121_weights_tf_dim_ordering_tf_kernels_notop.h5。

5.3.4　代码实现：用tf.keras接口搭建预训练模型

本实例中实现的 CheXNet 模型是 DenseNet121，其结构如图 5-8 的第 3 列所示。

从图 5-8 中可以看出，DenseNet121 模型的输入是 224×224 大小的 RBG 三通道图片。该 DenseNet121 模型由 120 个卷积层和 1 个全连接层组成，另外还有 5 个池化层。

这 120 个卷积层由 4 个单独的卷积层和 4 个稠密块组成。这 4 个稠密块都由 1×1 和 3×3 这两种大小的卷积核组成，而且这 4 个稠密块的增长率分别是 6、12、24、16，分别表示有 6、12、24、16 个这样的卷积核。

加载预训练的 DenseNet121 模型，把原来有 1000 个神经元的全连接层替换为有 14

个神经元的全连接层。在代码中将 DenseNet121 模型的前 120 层网络看作一层。具体代码
如下。

代码文件：code_08_densenet121.py（续）

```
108  output_dir = "./traincpkmodel/1"              #保存训练模型的输出目录
109  output_weights_name = 'weights.h5'            #保存模型的文件名
110  epochs = 20                                   #训练次数
111  #拼接模型的路径
112  output_weights_file = os.path.join(output_dir,output_weights_name)
113  print(f"**输出的模型文件为：{output_weights_file} **")
114
115  #构建输出目录
116  if not os.path.isdir(output_dir):
117  os.makedirs(output_dir)                       #创建模型的输出目录
118
119  #定义函数，构建模型
120  def get_model(class_names, model_name="DenseNet121",
121  train_weights_path=None, input_shape=None, weights="imagenet"):
122
123  if train_weights_path is not None:            #不加载预训练模型权重
124  weights = None
125
126  #加载预训练模型，把原来有1000个神经元的全连接层替换为有14个神经元的全连接层
127  base_DenseNet121_model = DenseNet121(
128          include_top=False,                    #不加载最后一层
129          weights=weights,
130          pooling="avg")                        #平均池化
131  x = base_DenseNet121_model.output
132
133  predictions = Dense(len(class_names), activation="sigmoid",
134                  name="predictions")(x)    #有14个神经元的全连接层
135
136  model = Model(inputs=base_DenseNet121_model.input, outputs=predictions,
137                  name='my' + model_name)   #构建函数式API模型
138
139  #加载训练的模型
140  if train_weights_path is not None:
141  print(f"load model weights_path: {train_weights_path}")
142  model.load_weights(train_weights_path)
143  return model
```

第 127～130 行代码加载 DenseNet121 模型。参数 include_top=False 表示不加
载该模型的最后一个全连接层，参数 pooling="avg" 表示用平均池化层。

第 131 行代码把 DenseNet121 模型的输出层保存在变量 x 中。

第 133 行代码创建一个有 14 个神经元的全连接层，激活函数是 Sigmoid，输入是
DenseNet121 模型的输出 x。

　　第 134 行代码用函数式 API 构建一个模型，模型的输入是 DenseNet121 模型的输入，模型的输出是有 14 个神经元的全连接层。

5.3.5　代码实现：构建模型

　　调用 5.3.4 节定义的模型函数 `get_model`，并返回加载后的模型，具体代码如下。
　　代码文件：code_08_densenet121.py（续）

```
144  #定义模型的路径
145  model_weights_file = os.path.join(output_dir, output_weights_name)
146  if os.path.exists(model_weights_file) == False:
147      model_weights_file = None
148
149  print("** 加载模型:", model_weights_file)
150  model_train = get_model(
151      train_generator.class_indices.keys(),
152      weights='densenet121_weights_tf_dim_ordering_tf_kernels_notop.h5',
153      train_weights_path=model_weights_file,              #本地模型
154      input_shape=(image_dimension, image_dimension, 3))  #输入图片的大小
```

　　第 150 ～ 154 行代码调用预训练的 DenseNet121 模型。DenseNet121 模型对应的文件是 densenet121_weights_tf_dim_ordering_tf_kernels_notop.h5，该文件不包含最后的全连接层。

5.4　编译模型

　　在构建模型之后，就要训练模型。
　　在训练模型的准备阶段，需要定义反向传播的优化器、模型训练过程中的评估函数。使用模型对象的 `compile` 方法编译它们（见 5.4.6 节的代码）。
　　在模型对象的 `compile` 方法中常用的参数如下。
- `optimizer`：优化器，对损失函数进行数值优化的算法，指出使用哪种算法来计算损失函数的极小值。
- `loss`：损失函数，用来表示模型的预测值与数据真实值之间的差值，是优化器优化的对象。
- `metrics`：评估函数，用来评估模型效果的一种指标。评估函数与损失函数相似，只不过评估函数的结果不会用于训练过程中。

设置优化器有两种方式。
- 先构造一个优化器对象，设置优化器参数，然后将它传入 `compile` 方法。
- 通过名称来调用优化器，这时将使用优化器的默认参数。

5.4.1　优化器的种类与选取

　　优化器是指在模型训练过程中根据损失函数计算出的误差来修正模型权重的一套策略。优

化器的好坏决定着训练时长以及模型的精度。

1. 优化器的种类

常用的优化器有以下几种。

- SGD：随机梯度下降优化器。包含扩展功能的优化器有动量（momentum）优化器、学习率衰减优化器、Nesterov 加速梯度（Nesterov Accelerated Gradient，NAG) 优化器。
- RMSprop：均方根传播优化器，属于一种平均梯度优化器，一般使用优化器的默认参数。这个优化器适合于训练循环神经网络。
- Adagrad：适应性梯度优化器，属于一种具有特定参数学习率的优化器，它根据参数在训练期间的更新频率进行自适应调整。参数的更新次数越多，更新的值越小。
- Adadelta：Adagrad 的扩展，具有更强的鲁棒性。它不累积过去的梯度，而是根据渐变更新的移动窗口来调整学习率。即使进行了很多次更新，Adadelta 仍在继续学习。与 Adagrad 相比，Adadelta 无须设置初始学习率。
- Adam：适应性矩估计，属于随机梯度下降算法的扩展。
- Adamax：Adam 算法基于无穷范数的变体。
- Nadam：NAG 动量版本的 Adam 优化器。
- AMSGrad：使用二阶动量的 Adam 优化器。
- RAdam：带整流器的 Adam，能够利用方差的潜在散度动态地打开或关闭自适应学习率。
- LookAhead：通过迭代更新两组权重的方法，提前观察另一个优化器生成的序列来选择搜索方向。
- Ranger：RAdam 与 LookAhead 优化器的协同组合。

2. 优化器的选取

优化器的选取没有特定标准，需要根据具体任务，多次尝试不同的优化器，选择使评估函数最小的那个优化器。

根据经验，RMSprop、Adagrad、Adam、SGD 优化器是较常用的优化器。其中前 3 个优化器适合自动收敛，而最后一个优化器常用于精调模型。

在自动收敛方面，一般 Adam 优化器更常用。综合来看，Adam 优化器在收敛速度、所训练出来的模型精度方面更有优势。另外，Adam 优化器对学习率的要求相对比较宽松，更容易使用。

在精调模型方面，常常通过手动修改学习率来对模型进行二次调优。为了训练出更好的模型，一般会在使用 Adam 优化器训练的模型无法收敛之后，再使用 SGD 优化器，通过手动调节学习率的方式进一步提升模型性能。

在 2019 年 Ranger 优化器出现，它已经被公认为最好的优化器之一。无论是在性能上还是精度上，Ranger 优化器都优于以往的其他优化器。相关论文的获取方式是在 arXiv 网站中搜索论文编号"1908.00700"。

目前在 TensorFlow 2.0 版本中并没有封装的 Ranger 优化器，需要额外安装 Addons 模型才能使用。

5.4.2　tf.keras接口中的损失函数

损失函数用来表示模型的预测值与数据真实值之间的差距，是优化器优化的对象。对于分类与回归任务，有不同的损失函数。在分类任务中使用的损失函数称为分类损失函数。在回归任务中使用的损失函数称为回归损失函数。

1. 常用的损失函数

常用的分类损失函数有以下几个。

- categorical_crossentropy：分类交叉熵损失函数，用于二分类或多分类任务中，要求类别标签采用独热码，否则使用 sparse_categorical_crossentropy 损失函数。
- sparse_categorical_crossentropy：稀疏分类交叉熵损失函数，要求标签是整数。
- binary_crossentropy：二分类交叉熵损失函数，只能用在二分类任务中。

常用的回归损失函数有以下几个。

- kullback_leibler_divergence：KL 散度损失函数，KL 散度的计算公式如下。

$$kullback\_leibler\_divergence = y_i \lg \frac{y_i}{\widehat{y_i}} \tag{5-1}$$

式中，y_i 表示标签的真实值 y_true；$\widehat{y_i}$ 表示模型的预测值 y_pred。

- cosine_proximity：余弦相似性损失函数。
- mean_squared_error：均方差（MSE）损失函数，计算方法如下。

$$MSE = \sum_{i=1}^{n}(y_i - \widehat{y_i})^2 \tag{5-2}$$

式中，n 表示样本总数；y_i 表示标签的真实值 y_true；$\widehat{y_i}$ 表示模型的预测值 y_pred。

- mean_absolute_error：绝对值均方差（MAE）评估函数，计算方法如下。

$$MAE = \sum_{i=1}^{n}|y_i - \widehat{y_i}| \tag{5-3}$$

式中，n 表示样本总数；y_i 表示标签的真实值 y_true；$\widehat{y_i}$ 表示模型的预测值 y_pred。

2. 损失函数的选取

损失函数需要根据任务性质进行选取。对于分类任务，可以选取分类交叉熵损失函数 categorical_crossentropy；对于回归任务可以选取均方差损失函数 mean_squared_error。

5.4.3　学习率与退化学习率的设置

学习率也称为学习步长，是优化器中一个数值类型的超参数。学习率可以调节损失函数梯度下降的幅度。

1. 学习率在训练模型中的作用

学习率越小，损失函数的变化速度就越慢。虽然使用小的学习率可以确保不会错过局部极小值，但这意味着需要多次迭代来实现收敛。学习率越大，损失函数的变化越剧烈，可能错过极小值。

2. 退化学习率

一般在训练开始时使用较大的学习率，使得损失函数快速达到极小值。随着训练的进行，使用较小的学习率，使得损失函数在极小值附近微调，直至达到极小值。这就是退化学习率的思想。

退化学习率是指在训练过程中改变学习率的大小。退化学习率的设置方法有下面两种。

- 直接在优化器里设置，例如，opt = Adam(lr=INIT_LR, decay=INIT_LR/ EPOCHS)。
- 使用回调函数的方式（见 5.6.5 节）。

在 6.5.3 节中还有一个手动实现退化学习率的例子，读者可以参考。

> 注意   虽然退化学习率在使用时比较方便，但如果使用不当，也会带来其他问题，相关的注意事项请参考 6.7.6 节、6.7.9 节。

5.4.4 评估函数的设置

评估函数是检测训练过程中模型性能趋势的函数，可以把这些趋势用图形的方式展示出来，从而让人们对训练过程有所了解。

1. 评估函数的形式

评估函数以数组方式传入 compile 方法的 metrics 参数中，其数组元素可以是函数名或 tf.keras 接口中内置的字符串。

2. 常用的评估函数

对于分类任务或回归任务，有不同的评估函数。

分类任务中常用的评估函数有以下几个。

- binary_accuracy：二分类评估函数，只能用在二分类任务中。
- categorical_accuracy：分类交叉熵评估函数。
- sparse_categorical_accuracy：稀疏分类交叉熵评估函数。
- accuracy：分类准确率评估函数。
- Recall：召回率评估函数。
- TruePositives：真正类评估函数。
- TrueNegatives：真负类评估函数。
- FalseNegatives：假负类评估函数。
- FalsePositives：假正类评估函数。

回归任务中常用的评估函数有以下几个。

- mean_squared_error：均方差评估函数，同均方差损失函数。
- mean_absolute_error：绝对值均方差评估函数，同绝对值均方差损失函数。
- cosine_similarity：余弦相似性评估函数，同余弦相似性损失函数。

评估函数与损失函数相似，但评估函数的结果不会用于训练过程中。

5.4.5　代码实现：为模型添加自定义评估接口

由于本实例是非互斥多分类任务，因此需要评估所有样本的分类准确率函数并且评估每一个疾病类别的准确率。这两个评估函数需要自己定义。下面开始介绍这两个自定义评估函数。

1. 实现基于样本的准确率评估函数

在评估所有样本的准确率时需要自定义评估函数，并从整个样本集来考虑准确率。

本实例中评估所有样本准确率的函数是 **myacc**。该函数需要传入两个参数，分别是每批样本的真实类别标签和每批样本的预测类别标签。具体代码如下。

代码文件：code_08_densenet121.py（续）

```
155  def myacc(y_true, y_pred):                 #实现基于样本的准确率评估函数
156      threshold = 0.5                         #分类阈值
157      y_pred = tf.cast(y_pred >= threshold, y_pred.dtype)   #把布尔类型转换为浮点类型
158
159      ret = kb.mean(tf.equal(y_true, y_pred), axis=-1)
160      return kb.mean(tf.equal(ret, 1))        #统计当前批次的准确率
```

第 156 行代码定义分类的阈值为 0.5。

第 157 行代码表示如果预测值大于或等于分类阈值 0.5，则转换为 1；否则，转换为 0。

第 159 行代码判断样本的真实值和预测值是否相等，再计算均值。

第 160 行代码统计当前批次的准确率，用均值表示。

> **注意**
>
> 函数myacc只在模型训练过程中才能调用，这使得该函数在编写时无法进行方便的调试。常用的技巧是额外写一个模拟程序，对myacc进行单独调试。在保证该程序可以正确运行后，再将其移植到myacc里。例如，myacc函数的模拟程序可以写成如下形式。
>
> ```
> import tensorflow as tf
> import numpy as np
> y_true = np.array([[1, 0, 1], [1, 1, 0]])
> y_pred = np.array([[0.5, 0.6, 0.4], [0.6, 0.7, 0]])
> threshold = 0.5
> y_pred = tf.cast(y_pred >= threshold, y_pred.dtype)
> ret = kb.mean(tf.equal(y_true, y_pred), axis=-1)
> print(ret)  #输出 tf.Tensor([0.33333334 1. ], shape=(2,),dtype=float32)
> print(kb.mean(tf.equal(ret, 1)))  #输出最终结果是 tf.Tensor(0.5, shape=(),
> #dtype=float32)
> ```

2. 实现基于单个分类的准确率评估函数

在实现疾病类别的准确率评估函数时，要利用同一种疾病的样本来计算该类疾病的预测准确率。

编写代码实现 get_one_metric 函数，用于计算单类疾病的准确率。该函数在工厂函

数 ①funfactory 中创建。在创建时，需要向 funfactory 传入以下两个参数：

- 每批样本的真实类别标签；
- 每批样本的预测类别标签。

具体代码如下。

代码文件：code_08_densenet121.py（续）

```
161  def funfactory(index):#实现基于单个分类的准确率评估函数
162
163      def get_one_metric(y_true, y_pred):
164          threshold = tf.cast(0.5, y_pred.dtype)               #分类阈值
165          #如果预测值大于分类阈值，转换成1；否则，转换成0
166          y_pred = tf.cast(y_pred >threshold, y_pred.dtype)
167          #沿着index列获取切片
168          indexarray = tf.ones([batch_size], dtype=tf.int32) * index  #创建列表，其中有
169          #batch_size个元素，值全都是index
170          #堆叠成二维列表[[0 index] [1 index]···[batch_size-1 index]]的形式
171          indices = tf.stack([tf.range(batch_size), indexarray], axis=1)
172
173          it = tf.gather_nd(y_true, indices)          #根据切片索引获得真实样本的分数
174          ip = tf.gather_nd(y_pred, indices)          #根据切片索引获得预测样本的分数
175          score = kb.mean(tf.equal(it, ip), axis=-1)
176          return score
177
178      return get_one_metric                        #返回评估函数
179
180  def get_metrics():                               #所有评估函数
181      funlist = []                                 #列表，用于保存函数
182      for i in range(len(train_generator.class_indices)):
183          onefun = funfactory(i)                  #调用自定义的基于单个分类的准确率评估函数
184          onefun.__name__ = onefun.__name__ + str(i)     #添加函数名称
185          funlist.append(onefun)                   #追加到列表中
186      funlist.append('accuracy')                   #添加准确率评估函数
187      funlist.append(myacc)                        #添加自定义的评估函数
188      return funlist
189
190  funlist = get_metrics()                          #调用评估函数
191  print(funlist)
```

第 161 行代码定义了一个工厂函数，它需要传入参数 index 以表示类别的编号（从 0 开始）。

第 163 行代码定义基于单个分类的准确率评估函数，需要传入两个参数 y_true、y_pred，分别表示每批样本的真实类别和每批样本的预测类别。

第 168 行代码创建一个列表，其中有 batch_size 个元素，值全都是 index。

① 工厂函数的相关知识见《Python 带我起飞——入门、进阶、商业实战》的 6.10 节。

第 171 行代码创建一个二维列表，其形式是 [[0 index] [1 index]…[batch_size-1 idex]]，有 **batch_size** 个元素，**batch_size** 是每个批次的大小。其中 **index** 是传入类别的编号，从 0 开始。

第 175 行代码计算评估的均值。

第 182 ～ 187 行代码调用评估函数并把它们保存到变量 **funlist** 中。

代码运行后，输出如下结果。

```
[<function funfactory.<locals>.get_one_metric at 0x000001E604B2B620>,
<function funfactory.<locals>.get_one_metric at 0x000001E604B2B1E0>,
<function funfactory.<locals>.get_one_metric at 0x000001E604B2B400>,
<function funfactory.<locals>.get_one_metric at 0x000001E604B2B378>,
<function funfactory.<locals>.get_one_metric at 0x000001E604B2B488>,
<function funfactory.<locals>.get_one_metric at 0x000001E604B2B510>,
<function funfactory.<locals>.get_one_metric at 0x000001E604B2B730>,
<function funfactory.<locals>.get_one_metric at 0x000001E604B2B8C8>,
<function funfactory.<locals>.get_one_metric at 0x000001E604B2B268>,
<function funfactory.<locals>.get_one_metric at 0x000001E604B2BB70>,
<function funfactory.<locals>.get_one_metric at 0x000001E604B85C80>,
<function funfactory.<locals>.get_one_metric at 0x000001E604B85A60>,
<function funfactory.<locals>.get_one_metric at 0x000001E604B85F28>,
<function funfactory.<locals>.get_one_metric at 0x000001E604B85620>,'accuracy',
<function myacc at 0x000001E67DB40E18>]
```

从输出结果中可以看到，一共输出了 15 个评估函数。其中前 14 个是自定义的基于单个分类的准确率评估函数。

function funfactory.<locals>.get_one_metric at 0x000001E604B2B620 中的 **function funfactory.<locals>.get_one_metric** 表示函数的完整名称。**0x000001E604B2B620** 表示函数的内存入口地址。第 14 个是 tf.keras 接口提供的准确率评估函数 accuracy。第 15 个是自定义的基于样本的准确率评估函数 myacc。

5.4.6　代码实现：编译模型

将评估函数的函数列表 funlist 以及学习率与优化器一起传入模型的 compile 方法，编译模型，具体代码如下。

代码文件：code_08_densenet121.py（续）

```
192  initial_learning_rate = 0.01              #学习率
193  optimizer = Adam(lr=initial_learning_rate)#使用Adam优化器
194  model_train.compile(optimizer=optimizer, loss="binary_crossentropy",
195                      metrics=funlist)       #多个二分类
```

第 194 ～ 195 行代码编译模型。损失函数 **binary_crossentropy** 是二分类交叉熵损失函数。这里只设置了一个初始的学习率。退化学习率采用回调方式来实现，见 5.7.2 节。

5.5   tf.keras 接口中训练模型的方法

在原生的 tf.keras 接口中训练模型的方法有 fit、fit_generator 和 train_on_batch，这 3 个方法都可以通过模型对象进行调用。

- fit：模型对象的普通训练方法。支持从内存数据、tf.data.Dataset 数据集对象中读取数据进行训练。
- fit_generator：模型对象的迭代器训练方法。支持从迭代器对象中读取数据进行训练。
- train_on_batch：模型对象的单次训练方法。它是一个底层的 API，在使用时可以手动在外层构建循环，并获取数据，然后传入模型中进行训练。

fit 方法与 fit_generator 方法的功能及参数很相似，只是传入的输入数据不同。而 train_on_batch 相对比较底层，使用起来更加灵活。

本节重点介绍 fit 方法与 fit_generator 方法，有关 train_on_batch 的实例可以参考 8.2.9 节。

5.5.1　fit 方法的使用

fit 方法的作用是以固定的次数（数据集上的迭代）训练模型。
该方法的原型如下。

```
fit(x=None,y=None,batch_size=None,epochs=1,verbose=1, callbacks=None,
validation_split=0.0, validation_data=None,shuffle=True,class_weight=None,
sample_weight=None, initial_epoch=0,steps_per_epoch=None, validation_steps=None)
```

该方法中具体参数的解释如下。

- x：训练模型的样本数据，该参数可以接收 Numpy 数组、tf.data.Dataset 对象、TensorFlow 中的张量、Python 的内存对象（字典和列表类型）。
- y：训练模型的目标（标签）数据，该参数可以接收的数据类型与 x 一样。
- batch_size：每个批次输入数据的样本数，默认值是 32。
- epochs：模型迭代训练的最终次数，模型迭代训练到第 epochs 次之后，将会停止训练。
- verbose：日志信息的显示模式，可以设置为 0（不输出日志信息的安静模式）、1（进度条模式）、2（每次迭代显示一行日志信息）。
- callbacks：向训练过程注册回调函数，以便在某个训练环节实现指定的操作。
- validation_split：用作验证数据集的训练数据的比例，模型将拆分出一部分不参与训练的验证数据，并在每一轮结束时评估这些验证数据的误差和模型的其他指标。其取值范围为 0 ～ 1。
- validation_data：输入的验证数据集，形状为元组 (x_val，y_val) 或元组 (x_val，y_val，val_sample_weights)。该数据集用来评估损失，以及在每轮结束时模型的任何度量指标。模型将不会在验证数据集上进行训练。这个参数会覆盖 validation_split。

- shuffle：可以设置为布尔值（指定是否在每轮迭代之前打乱数据）或者字符串
  (batch)。batch 是处理 HDF5 数据格式的特殊选项，它会打乱 batch 内部的数据。
  当 `steps_per_epoch` 不是 `None` 时，这个参数无效。
- class_weight：可选的字典，用来把类索引（整数）映射到权重值（浮点数），用
  于加权损失函数（仅在训练期间）。在训练数据中，当不同类别的样本数量相差过大
  时，可以使用该参数进行调节。当该值为 **auto** 时，模型会对每个类别的样本进行自
  动调节。
- sample_weight：训练样本的可选 Numpy 权重数组，用于对损失函数进行加权
  （仅在训练期间）。可以传递与输入样本长度相同的平坦（一维）的 Numpy 数组（权
  重和样本之间有 1：1 的映射关系）。对于时序数据，可以传递尺寸为 (**samples**,
  sequence_length) 的二维数组以对每个样本的每个时间步施加不同的权重。在
  这种情况下，应该确保在 `compile` 方法中指定 `sample_weight_mode="tem-`
  `poral"`。
- initial_epoch：开始训练的次数，有助于恢复之前的训练。
- steps_per_epoch：一次训练完成并开始下一次训练之前的总步数（样本批次）。
  使用 TensorFlow 数据张量等输入张量进行训练时，默认值 None 等于数据集中样
  本数量除以批次大小。如果无法确定，则为 1。
- validation_steps：只有在指定了 `steps_per_epoch` 时该参数才有用，表示
  停止前要验证的总步数（样本批次）。

5.5.2　fit_generator 方法的使用

`fit_generator` 方法使用 Python 生成器或 Sequence 实例逐批生成数据，按批次训练
模型。生成器与模型并行运行以提高效率。例如，该方法可以在 CPU 上对图像进行实时数据
增强，以在 GPU 上训练模型。

该方法的原型如下。

```
fit_generator(generator,steps_per_epoch=None,epochs=1,verbose=1,callbacks=
None,validation_data=None,validation_steps=None,class_weight=None,max_
queue_size=10,workers=1,use_multiprocessing=False,shuffle=True, initial_
epoch=0)
```

`keras.utils.Sequence` 的使用可以保证数据的顺序，当 `use_multiprocess-`
`ing=True` 时，可以保证每个输入在每次训练中只使用一次。fit_generator 方法中具体参数
的解释如下。

- generator：一个生成器或 Sequence (**keras.utils.Sequence**) 对象的实例，
  可以避免在使用多进程时出现重复数据。生成器的输出是一个 (**inputs**, **targets**)
  元组或一个 (**inputs**, **targets**, **sample_weights**) 元组。这个元组（生成器的单
  个输出）表示一个独立批次。因此，此元组中的所有数组必须具有相同的长度（等于
  此批次的大小）。不同的批次可能具有不同的大小。例如，如果数据集的大小不能被
  批次大小整除，则最后一批的数据量通常小于其他批次。生成器将在数据集上无限循

环。当运行到第 `steps_per_epoch` 次时，一次迭代结束。

- `steps_per_epoch`：整数，声明一次迭代完成并开始下一次迭代之前从迭代器中产生的总步数（样本批次）。它通常应等于数据集的样本数量除以批次大小。如果未指定可选参数 Sequence，则将使用 `len(generator)` 作为步数。
- `epochs`：模型迭代训练的最终次数，模型迭代训练到第 epochs 次之后，将会停止训练。
- `verbose`：日志信息的显示模式，可以设置为 0（不输出日志的安静模式）、1（进度条模式）、2（每个批次显示一行的模式）。
- `callbacks`：向训练过程注册回调函数，以便在某个训练环节实现指定的操作，详见 5.6 节。
- `validation_data`：可以设置为验证数据的生成器或 Sequence 实例，一个 (`inputs`, `targets`) 元组，一个 (`inputs`, `targets`, `sample_weights`) 元组。
- `validation_steps`：仅当 `validation_data` 是一个生成器时才可用。每次迭代结束时验证生成器产生的步数。它通常应该等于数据集的样本数量除以批次大小。如果未指定可选参数 Sequence，将使用 `len(generator)` 作为步数。
- `class_weight`：可选的字典，用来映射类索引（整数）到权重值（浮点数），用于加权损失函数（仅在训练期间）。在训练数据中，当不同类别的样本数量相差过大时，可以使用该参数进行调节。当该值为 `auto` 时，模型会对每个类别的样本进行自动调节。
- `max_queue_size`：整数，表示生成器队列的最大尺寸，默认值为 10。
- `workers`：整数，表示在使用基于进程的多线程时，启动的最大进程数。如果未指定，将默认为 1；如果为 0，则将在主线程上执行生成器。
- `use_multiprocessing`：如果是 True，则使用基于进程的多线程；如果未指定，其将默认为 False。注意，此实现依赖于多进程，所以不应将不可传递的参数传递给生成器，因为它们不能轻易地传递给子进程。
- `shuffle`：布尔值，用于指定是否在每次迭代之前打乱批次的顺序。只能与 `Sequencekeras.utils.Sequence)` 实例同用。在 `steps_per_epoch` 不为 None 时无效。
- `initial_epoch`：整数，表示开始训练的次数，有助于恢复之前的训练。

5.6　tf.keras 训练模型中的 Callbacks 方法

`Callbacks` 方法是指在被调函数或方法里回调主调函数的方法。即由主调函数提供回调函数的实现，然后由被调函数选择时机去执行。

5.5 节介绍的 `fit` 方法与 `fit_generator` 方法使训练模型的操作变得简单，但它们背后所完成的功能很复杂。二者要执行创建循环、从迭代器中取出数据、传入模型、计算损失等一系列动作。

在设计接口时，对于高度封装的方法，一般会对外提供一个回调方法以保证使用该接口时的灵活性。tf.keras 接口也不例外，在模型对象的 `fit` 方法和 `fit_generator` 方法中，

支持 `Callbacks` 参数。在使用 tf.keras 接口训练模型时，可以通过设置 `Callbacks` 参数来实现 `Callbacks` 方法。有了 `Callbacks` 方法，便可以对模型训练过程中的各个环节进行控制。

在 tf.keras 接口中定义了很多实用的 `Callbacks` 类，在使用时，将这些 `Callbacks` 类实例化并传入 `fit` 方法或 `fit_generator` 方法的 `Callbacks` 参数中即可。下面介绍几个常用的 Callbacks 类。

5.6.1 输出训练过程中的指定数据

使用 `ProgbarLogger` 类可以将训练过程中的指定数据输出到屏幕上。指定的输出数据需要放到 `Metrics` 中。`Metrics` 是训练过程中存放检测信息的对象。

5.6.2 将训练过程中的指定数据输出到 TensorBoard 上

TensorBoard 类是 TensorFlow 框架中一个可视化训练信息的工具，可以将训练过程中的概要日志以 Web 页面方式展现出来。

TensorBoard 类的初始化参数有下面的两个。

- `log_dir`：所要保存的日志路径。
- `histogram_freq`：指定一个训练次数，在每进行指定次数的训练后，就以直方图的形式显示每个层的激活值和权重。如果该参数设置为 0，则不计算。

> **注意** TensorBoard 的使用不是本书的重点，这里不会展开讨论[①]。

5.6.3 保存训练过程中的检查点文件

`ModelCheckpoint` 类可以保存训练过程中的检查点文件。该类的实例化参数具体如下。

- `filename`：字符串，保存模型的路径。
- `monitor`：需要监控的值。
- `verbose`：信息展示模式，取 0 或 1。
- `save_best_only`：用于指定是否只保存在验证数据集上性能最好的模型。默认值是 False。
- `mode`：在 `save_best_only` 设置为 True 时，判断性能最佳模型的模式。该参数可以设置成 `auto`、`min`、`max` 中的一个。例如，如果监测值是 `val_acc`，则模式应为 `max`；如果检测值是 `val_loss`，则模式应为 `min`；如果模式被设置为 `auto`，则表示系统会根据被监测值的名字自动推断。
- `save_weights_only`：指定保存模型中的哪些信息。如果该参数为 True，则只保存模型权重；否则，将保存整个模型（包括模型结构、配置信息等）。
- `period`：指定训练次数。模型将在迭代训练指定次数后保存一次模型的文件。

---

① TensorBoard 的详细用法请参见《深度学习之 TensorFlow 工程化项目实战》的 12.4.2 节。

5.6.4　设置训练模型的早停功能

EarlyStopping 类可以实现模型的早停功能，即在训练次数未到指定的迭代次数之前，可以根据训练过程中的监测信息，判断是否需要提前停止训练。该类的实例化参数具体如下。

- monitor：需要监测的对象。
- patience：当满足早停条件（如发现损失相比上一次迭代训练没有下降）时，需要再进行 patience 次迭代才能停止训练。
- verbose：信息展示模式。
- mode：判断早停条件的模式。该值可以设置成 auto、min、max 中的一个。如果取值为 min，则出现检测值停止下降的情况就满足早停条件；如果取值为 max，则出现检测值不再上升的情况就满足早停条件。

5.6.5　设置退化学习率

退化学习率是指模型每次训练之后，反向优化时调节学习率的幅度。在训练开始时，一般设置较大的值以便模型可以快速收敛。在训练到达某一程度时，将退化学习率设置为较小值以便可以对模型参数进行精细化调整，从而找到最优参数。

ReduceLROnPlateau 类可用于在评价指标不再提升时减小学习率。该类的初始化参数如下。

- monitor：被监测的对象。
- factor：每次降低学习率的因子，学习率将以 factor 指定的比例减小。
- patience：触发退化学习率事件的判定次数。如果连续迭代训练 patience 次后，模型性能仍没有提升，则会触发退化学习率事件。
- mode：判定退化学习率的条件。该值可以设置成 auto、min、max 中的一个。如果取值为 min，则检测值不再下降时会触发退化学习率事件；如果取值为 max，则当检测值不再上升时会触发退化学习率事件。
- epsilon：阈值，用来确定是否进入检测值的"平原区"。
- cooldown：学习率减小后，会经过 cooldown 次迭代才重新进行正常操作。
- min_lr：学习率的下限。

在训练过程中，当模型的精度停滞时，减小学习率常常能获得较好的效果。根据被监测对象的情况，如果在 patience 次训练中看不到模型性能提升，则减小学习率。

> **注意**　退化学习率还有另一种设置方式。
> opt = Adam(lr=INIT_LR, decay=INIT_LR / EPOCHS)

5.6.6　自定义 Callbacks 方法

通过继承 keras.callbacks.Callback 类，可以实现自定义的 Callbacks 方法。自定义的 Callbacks 方法可以更灵活地控制训练过程。

keras.callbacks.Callback 类将训练过程的调用时机封装到成员函数中。在实现子类时，只需要重载对应的成员函数，即可在指定的时机实现自定义方法的调用。这些成员函数如下。

- on_epoch_begin：在每次迭代开始时调用。
- on_epoch_end：在每次迭代结束时调用。
- on_batch_begin：在每个批次开始时调用。
- on_batch_end：在每个批次结束时调用。
- on_train_begin：在训练开始时调用。
- on_train_end：在训练结束时调用。

有关自定义 Callbacks 的实例可以参考 7.5.7 节。

5.7　添加回调函数并训练模型

本章中的实例使用两个回调函数 ModelCheckpoint 和 ReduceLROnPlateau，前者用于保存训练过程中的检查点文件，后者用于设置退化学习率。

5.7.1　代码实现：添加检查点回调函数

本实例中使用第一个回调函数 ModelCheckpoint，并传入输出模型的文件名，只保存权重，用进度条显示训练进度，迭代两次保存一次文件，以便保存训练过程中的检查点文件。

具体代码如下。

代码文件：code_08_densenet121.py（续）

```
196 checkpoint = ModelCheckpoint(
197     output_weights_file,          #输出模型的文件名
198     #monitor = 'val_loss',         #默认的监测值就是val_loss，可以直接注释掉
199     save_weights_only=True,        #只保存权重
200     save_best_only=True,           #只保存验证数据集上性能最好的模型
201     verbose=1,                     #用进度条显示
202     period=2)                      #迭代两次，保存一次文件
```

该代码定义的回调函数会在训练模型时使用。

5.7.2　代码实现：添加退化学习率回调函数

本实例中使用第二个回调函数 ReduceLROnPlateau，来添加退化学习率。设置监测对象的损失是 "val_loss"，每次降低的学习率因子是 0.5，触发退化学习率事件的判定次数是 1，最小学习率是 2e-6 等。具体代码如下。

具体代码如下。

代码文件：code_08_densenet121.py（续）

```
203 patience_reduce_lr = 1             #触发退化学习率事件的判断次数
204 min_lr = 2e-6                      #最小学习率
```

```
205  callbacks = [                                        #回调函数列表
206      checkpoint,                                      #检查点回调函数
207      ReduceLROnPlateau(monitor='val_loss',            #监测对象
208                        factor=0.5,                    #学习率降低因子
209                        patience=patience_reduce_lr,   #触发退化学习率事件的判断次数
210                        verbose=1,                     #用进度条显示
211                        mode="auto",                   #判定退化学习率事件的条件
212                        min_lr=min_lr), ]              #最小学习率
```

第 206 行代码添加回调函数 checkpoint。

第 207~212 行代码定义回调函数 ReduceLROnPlateau，监测对象是 val_loss。

5.7.3 代码实现：训练模型并可视化训练过程

经过前面的准备工作，现在可以用 fit_generator 函数训练 CheXNet 模型了。需要指定训练数据集生成器、训练次数、测试数据集生成器、回调函数列表、类别比例等参数。

具体代码如下。

代码文件：code_08_densenet121.py（续）

```
213  print("** 开始训练 **")
214
215  H = model_train.fit_generator(
216      generator=train_generator,                   #训练数据集生成器
217      epochs=epochs,                               #训练次数
218      validation_data=validation_generator,        #测试数据集生成器
219      callbacks=callbacks,                         #回调函数列表
220      class_weight=class_weights                   #类别比例
221  )
222
223  plt.style.use("ggplot")                          #绘图样式
224  plt.figure()
225  N = epochs
226  #显示训练数据集的损失
227  plt.plot(np.arange(0, N), H.history["loss"], label="train_loss")
228  #显示验证数据集的损失
229  plt.plot(np.arange(0, N), H.history["val_loss"], label="val_loss")
230  #显示训练数据集的准确率
231  plt.plot(np.arange(0, N), H.history["accuracy"], label="train_acc")
232  #显示验证数据集的准确率
233  plt.plot(np.arange(0, N), H.history["val_accuracy"], label="val_acc")
234
235  plt.title("Training Loss and Accuracy")  #图片的标题
236  plt.xlabel("Epoch #")                    #x轴的标签
```

```
237 plt.ylabel("Loss/Accuracy")     #y轴的标签
238 plt.legend(loc="upper left")    #添加图例
239 plt.savefig("plot.jpg")  #保存图片
240 plt.show()   #显示图形
```

第 215 ~ 221 行代码使用 `fit_generator` 函数开始训练模型。传入的参数分别是训练数据集生成器、训练次数、测试数据集生成器、回调函数列表、类别比例。

> **注意**　在训练模型时，通过向 `fit_generator` 函数传入类别比例 class_weights 可以实现多分类中每个子类的样本均衡处理。
>
> 如果模型处理的任务是互斥多分类任务，则直接向参数传入字符串 **auto** 即可。

第 223 行代码使用 `plt.style.use` 来指定绘图样式。Matplotlib 自带了许多样式，可以通过代码 `print(plt.style.available)` 来查看。利用 `plt.style.available` 中的样式，可以绘制各种风格的图形。

第 227 ~ 233 行代码绘制训练过程中的监测指标。这些监测指标分别是训练数据集的损失、验证数据集的损失、训练数据集的准确率、验证数据集的准确率。

第 235 ~ 240 行代码设置图形的显示样式，如图例、轴的名称等。

代码运行后，输出结果如下所示。

```
......
37/38 [===========================>.] - ETA: 0s - loss: 0.1392 - accuracy: 0.9573
- myacc: 0.5748
Epoch 00006: val_loss improved from 0.17427 to 0.15058, saving model to ./traincpkmodel/1\
weights.h5
......
Epoch 19/20
37/38 [===========================>.] - ETA: 0s - loss: 0.1392 - accuracy:
0.9575 - myacc: 0.5761
Epoch 00019: ReduceLROnPlateau reducing learning rate to 0.0003124999930150807.
38/38 [============================] - 56s 1s/step - loss: 0.1396 - accuracy:
0.9575 - myacc: 0.5763 - val_loss: 0.1362 - val_accuracy: 0.9575 - val_myacc: 0.5791
Epoch 20/20
37/38 [===========================>.] - ETA: 0s - loss: 0.1351 - accuracy:
0.9582 - myacc: 0.5806
Epoch 00020: val_loss improved from 0.13569 to 0.13557, saving model to ./
traincpkmodel/1\weights.h5
38/38 [============================] - 57s 2s/step - loss: 0.1375 - accuracy:
0.9575 - myacc: 0.5763 - val_loss: 0.1356 - val_accuracy: 0.9575 - val_myacc: 0.5791
```

训练模型的损失和准确率如图 5-11 所示。

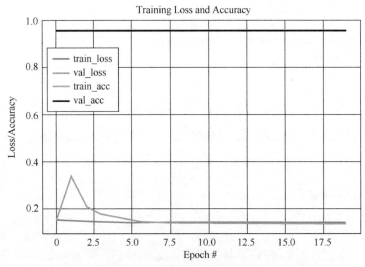

图 5-11　训练模型的损失和准确率

其中，表示 train_acc 与 val_acc 的两条直线重合了。

这里使用手动方法来实现训练过程的可视化，还可以使用 5.6 节中的回调方法为模型添加概要（summary）日志，在 TensorBoard 中查看结果。

5.8　使用基于梯度定位的深度网络可视化方法显示病灶区域

计算影像图片的病灶区域属于模型的可视化部分，即找出模型，判断该病灶，并将其显示在影像上。

5.8.1　Grad-CAM方法

Grad-CAM 方法是乔治亚理工学院等研究单位在 2017 年提出的一种基于梯度定位的深度网络可视化方法。

Grad-CAM 以热力图形式解释深度神经网络模型的分类依据，也就是通过图片中的某些像素进行类别判断，如图 5-12 所示。

（a）原始图片　　　　　　　　　　　　　　　（b）原始图片上的关键像素

图 5-12　分类依据

图 5-12（a）是原始图片，图 5-12（b）是人物识别模型在原始图片上标出的关键像素。从图 5-12 中可以看出，该人物识别模型是以与人脸相关的像素内容进行识别的。

1. Grad-CAM 的基本原理

Grad-CAM 是一个基于梯度定位的深度网络可视化解释方法。

Grad-CAM 的基本原理是计算最后一个卷积层中每个特征图对于每个类别的权重，然后对每个特征图求加权和，最后把加权后的特征图映射到原始图片上。

应用 Grad-CAM 对图片进行分类的过程如图 5-13 所示。

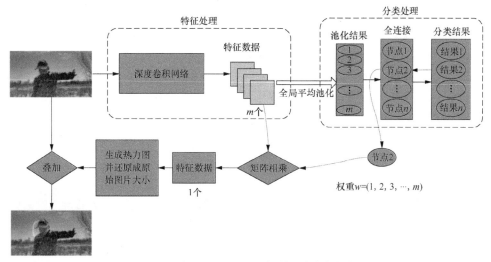

图5-13　应用Grad-CAM对原始图片分类的过程

在图 5-13 中，输入图片经过了多个 CNN 卷积层。首先，对最后一个卷积层的特征图进行全局平均池化。然后，将其展成一维，使其成为一个全连接层。接下来，通过 Softmax 激活函数预测类别。接着，计算最后一个卷积层的所有特征图对真实类别的权重，同时对这些特征图进行加权求和。最后，以热力图的形式把特征图映射到原始图片中。

2. Grad-CAM 实现的具体步骤

Grad-CAM 方法对深度卷积神经网络进行可视化的基本步骤如下。

（1）把模型的全连接层全部移除。

（2）在最后一个卷积层后面接上 GAP。

（3）再接上一个不带偏置的 Softmax 全连接层直接作为分类预测结果。

（4）计算最后一个卷积层中所有特征图对图片类别的权重。

（5）计算最后一个卷积层中所有特征图的加权和。

（6）把加权后的特征图映射到原始图片中。

在实现 Grad-CAM 的第（4）步中，第 k 个特征图对类别 c 的权重记为 α_k^c，其计算公式如下。

$$\alpha_k^c = \frac{1}{Z}\sum_{i \in w}\sum_{j \in h}\frac{\partial y^c}{\partial A_{ij}^k} \tag{5-4}$$

式中，w、h 分别表示特征图的宽度和高度；Z 表示特征图中的像素个数；y^c 代表未经过

Softmax 处理时类 c 的得分，是输入 Softmax 全连接层之前的值；A_{ij}^k 代表第 k 个特征图在位置 (i, j) 处的像素值。

在第（5）步中，计算出所有特征图对类别 c 的权重后，求特征图的加权和就可以得到热力图，计算公式如下。

$$L_{\text{Grad-CAM}}^c = \text{ReLU}\left(\sum_{k \in K} \alpha_k^c A^k\right) \tag{5-5}$$

式中，ReLU 是激活函数；A^k 代表第 k 个特征图；$L_{\text{Grad-CAM}}^c \in \mathbf{R}^{u \times v}$，$u$、$v$ 分别表示特征图的宽度和高度。

Grad-CAM 的一个优势就是不必重新训练网络。Grad-CAM 不仅可以用在可视化图片分类任务中，也可以用在图片描述、视觉问答等任务中。

详细情况请参阅论文"Grad-CAM: Visual Explanations from Deep Networks via Gradient-based Localization"。该论文的获取方式是在 arXiv 网站中搜索论文编号"1610.02391"。

5.8.2　代码实现：计算病灶区域

编写代码，实现如下功能。

（1）创建有一个输入、两个输出的 DenseNet121 模型，并加载 5.7 节训练的模型权重参数。

（2）读取测试影像图的标注文件和图片。

（3）在测试影像图上绘制病灶区域的热力图。

具体代码如下。

代码文件：code_08_draw（扩展）.py

```
1  import cv2                                      #导入基础模块
2  import numpy as np
3  import os
4  import pandas as pd
5  from tensorflow.python.keras.applications.densenet import DenseNet121,
6  preprocess_input
7  from tensorflow.keras.layers import Dense
8  from tensorflow.keras.models import Model
9
10 model_weights_file = './traincpkmodel/1/weights.h5'#模型权重文件
11 image_dimension = 224                             #图片大小
12 class_names = 'Atelectasis,Cardiomegaly,Consolidation,Edema,Effusion,\
13 Emphysema,Fibrosis,Hernia,Infiltration,Mass,Nodule,Pleural_Thickening,\
14 Pneumonia,Pneumothorax'.split(",")                #类别名称
15
16 base_DenseNet121_model = DenseNet121(include_top=False, weights=None,
17 pooling="avg")#创建模型
18 m_output = base_DenseNet121_model.output
```

```
19  predictions = Dense(len(class_names), activation="sigmoid",
20                  name="predictions")(m_output)    #创建1个全连接层，用于预测类别
21  #获取模型的最后一个卷积层
22  final_conv_layer = base_DenseNet121_model.get_layer("bn")
23  model = Model(inputs=base_DenseNet121_model.input,
24                  outputs=[predictions, final_conv_layer.output],
25                  name='myDenseNet121')   #一个输入，两个输出
26
27  if os.path.exists(model_weights_file) == False:
28      print("____wrong!!!___no model___:", model_weights_file)
29      raise ("wrong")
30
31  model.load_weights(model_weights_file)                   #加载模型的权重
32  class_weights = model.layers[-1].get_weights()[0]
33
34  def get_output_layer(model, layer_name):#定义函数，根据名字获取网络层
35      layer_dict = dict([(layer.name, layer) for layer in model.layers])
36      layer = layer_dict[layer_name]
37      return layer
38
39  #在测试影像图上绘制病灶热力图
40  def plotCMD(photoname, output_file, predictions, conv_outputs):
41      img_ori = cv2.imread(photoname)                      #读取原始测试图片
42      if img_ori is None:
43          raise ("no file!")
44          return
45      #conv_outputs的形状为[ 1, 7, 7, 1024]
46      cam = np.reshape(conv_outputs, (-1, 1024))
47      class_weights_w = np.reshape(class_weights[:, predictions],
48                      (class_weights.shape[0], 1))   #输出形状(1024, 1)
49      cam = cam @ class_weights_w                          #两个矩阵相乘
50      cam = np.reshape(cam, (7, 7))                        #变成7×7矩阵
51      cam /= np.max(cam)                                   #归一化到[0, 1]
52      #从特征图变到原始图片大小
53      cam = cv2.resize(cam, (img_ori.shape[1], img_ori.shape[0]))
54      #绘制热力图
55      heatmap = cv2.applyColorMap(np.uint8(255 * cam), cv2.COLORMAP_JET)
56      heatmap[np.where(cam <0.2)] = 0                      #病灶热力图的阈值为0.2
57      img = heatmap * 0.5 + img_ori                        #在原影像图上叠加病灶热力图
58      cv2.imwrite(output_file, img)                        #保存图片
59      return
60
61  from PIL import Image
62  output_dir = './traincpkmodel/1/cam/'                    #输出病灶图片目录
63  os.makedirs(output_dir, exist_ok=True)                   #创建路径
64
65  def show_cam(data_dir, file_name):                       #用CAM方法在原影像图上显示病灶热力图
```

```
66        print(f"process image: {file_name}")
67        #带标签的多个子图
68        imageone = Image.open(os.path.join(data_dir,
69        file_name)).resize((image_dimension, image_dimension))     #调整图片大小
70        image_array = np.asarray(imageone.convert("RGB"))        #变成RGB格式
71        #在前面扩展一维，变成 [1 …]的形式
72        image_array = preprocess_input(np.expand_dims(image_array, axis=0))
73        img_transformed = image_array
74        logits, final_conv_layer = model(img_transformed)   #使用前面创建的模型
75        predictions = list(filter(lambda x: logits[0][x] >0.45,
76                        range(0, len(logits[0]))))   #阈值是 0.45
77        if len(predictions) == 0:
78            return
79        print(predictions)
80        for i in predictions[:3]:
81            output_file = os.path.join(output_dir,
82     f"{i}_{class_names[i]}.{file_name}")
83            print('output:', output_file)
84            plotCMD(os.path.join(data_dir, file_name), output_file, i,
85     final_conv_layer)                                #调用绘制病灶热力图的函数
86
87   #测试影像图的标注文件路径
88   test_dataset_csv_file = os.path.join(r'./data/default_split', "test.csv")
89   test_data_dir = r'./data/images'                   #测试影像图
90
91   #读取测试影像图的标注内容
92   df_images = pd.read_csv(test_dataset_csv_file, header=None, skiprows=1)
93   #测试影像图的图像索引
94   col = df_images.iloc[:, 0]
95   #取表中第 0 列的所有值
96   filenames = col.values
97   #输出结果
98   for name in filenames:
99        a = show_cam(test_data_dir, name)               #调用病灶绘图函数
```

第 16 ～ 17 行代码创建 DenseNet121 模型，参数 include_top=False 表示不创建最后一个全连接层。

第 19 ～ 20 行代码创建 1 个全连接层，用于预测类别。神经元数量等于疾病种类数量，激活函数是 Sigmoid。该层的输入是第 18 行创建的 DenseNet121 模型的输出。

第 22 行代码获取 DenseNet121 模型的批量归一化层，用于得到最后一个卷积层的输出。

第 23 ～ 25 行代码用函数式 API 创建一个模型。该模型的输入是 DenseNet121 模型的输入。该模型有两个输出——predictions 和 final_conv_layer.output，分别表示模型的预测输出和最后一个卷积层的输出。

第 31 行代码加载 5.7 节中训练的模型权重。

第 32 行代码获得疾病类别的权重。

第 41 ～ 51 行代码读取原始测试图片并进行预处理，把特征图归一化到 [0 , 1]。

第 57 行代码在原影像图上叠加病灶热力图。

第 75 ～ 76 行代码调用模型得到两个输出，分别是模型预测的输出和最后一个卷积层的输出。

第 98 ～ 99 行代码循环测试每一张影像图。

代码运行后，输出如下结果。

```
......
process image: 00000559_000.png
[0]
output: ./traincpkmodel/1/cam/0_Atelectasis.00000559_000.png
process image: 00000560_000.png
process image: 00000560_001.png
process image: 00000560_002.png
[4, 8]
output: ./traincpkmodel/1/cam/4_Effusion.00000560_002.png
output: ./traincpkmodel/1/cam/8_Infiltration.00000560_002.png
......
```

打开保存影像图可视化文件的路径 ./traincpkmodel/1/cam/，可以看到图 5-14 所示的结果。

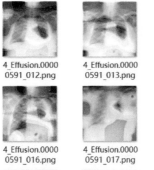

图5-14　测试影像图上的病灶区域

5.9　扩展实例：多模型融合

5.9.1　多模型融合

多模型融合是指把不同结构的神经网络模型融合在一起，进行训练和预测。例如，把

DenseNet121 模型和 Xception 模型融合，融合过程如图 5-15 所示。

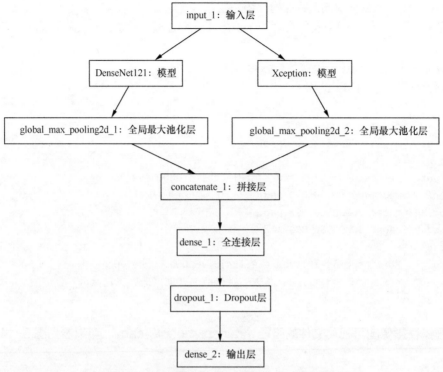

图5-15　DenseNet121和Xception模型的融合

DenseNet121 和 Xception 模型融合的步骤如下。

（1）使用同一个输入层 input_1。

（2）分别创建 DenseNet121 模型和 Xception 模型。

（3）分别创建全局最大池化层。

（4）拼接这两个模型后得到拼接层。

（5）添加一个全连接层。

（6）添加一个 Dropout 层。

（7）添加一个输出层。

多模型融合的优点是可通过不同的模型提取不同的特征，这样能得到不同的特征表达方式，有利于提高任务的准确率。

但多模型融合也有以下缺点。

（1）融合后的模型比较复杂，导致训练速度比较慢，消耗的资源较多，而且增加了模型调参的难度。

（2）需要更大规模的数据集，容易陷入过拟合。

5.9.2　使用八度卷积来替换模型中的普通卷积

八度卷积 (octave convolution) 是一种基于高低分辨率交叉卷积特征的卷积方法，可用于增大模型的感受野，从而提高识别能力。该卷积方法能够解决传统 CNN 模型中普遍存在的空间冗余问题，提升模型效率。其中，octave 一词表示"八音阶"或"八度"，在音乐里降 8 个音阶表示频率减半。

3.9.6 节介绍过主流卷积模型的通用结构。八度卷积主要针对卷积模型中每阶段的单元处理中的卷积进行了结构优化。

在八度卷积中，将每个处理环节中的数据流改成了高分辨率和低分辨率两个部分，并在初始和结束的环节进行特殊处理，将高、低分辨率部分的结果融合成一部分，使其与普通卷积的输出形状相同。在八度卷积结构中，共有 3 种类型的模块。

- 初始模块：对输入数据先进行卷积，再进行下采样操作。卷积的结果可作为高分辨率特征，下采样的结果可作为低分辨率特征。
- 普通模块：根据输入的高、低分辨率特征，按照指定的通道比例分别进行处理，将处理后的低分辨率特征上采样并与高分辨率特征融合，输出最终的高分辨率特征，将高分辨率特征下采样并与低分辨率特征融合，输出最终的低分辨率特征。
- 结尾模块：直接将高分辨率特征下采样，与低分辨率特征融合，输出最终的卷积结果。

在实际实现时，这 3 种模块可以归纳成一种结构，并统一由参数 a 进行调节。具体如图 5-16 所示。

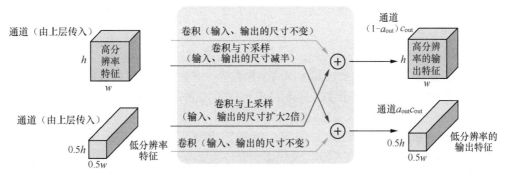

图5-16　八度卷积的结构

图 5-16 中的参数 a_{out} 代表输出结果中低分辨率的占比；c_{out} 代表卷积运算中输出的通道数。

在初始模块，只以高分辨率数据（低分辨率的通道数为 0）作为输入，并按照指定的参数 a，来分配高、低分辨率特征的输出通道数量。

在结尾模块，不再对高分辨率特征下采样，而直接将其卷积后的结果与低分辨率特征卷积后的结果进行融合。

> **注意**　下采样的实现方式并没有使用步长为 2 的卷积运算，而是使用平均池化完成的。这么做的原因如下。对于步长为 2 的卷积特征（高分辨率到低分辨率），当进行上采样（低频到高频）时，会出现中心偏移的错位（misalignment）情况。如果此时继续进行特征图融合，会造成特征错位，进而影响性能，所以最终选择了平均池化来进行下采样。

对于八度卷积而言，对低分辨率特征进行卷积，实际上增大了模型的感受野。相对于普通的卷积操作，八度卷积几乎等价于将感受野扩大 2 倍，这可以进一步帮助八度卷积层捕捉远距离的上下文信息从而提升性能。

经过实验，利用八度卷积的结构来代替任意模型（除了本例中的 DenseNet 模型之外，还有 ResNet、ResNeXt、MobileNet，以及 SE-Net）中的传统卷积，会对性能和精度有很大的提升。

相关论文的获取方式是在 arXiv 网站中搜索论文编号"1904.05049"。

在 GitHub 网站搜索 tensorflow_octConv，即可查看在 ResNet 模型上用八度卷积改造过的源代码，里面有八度卷积的相关基础模块。

读者可以把该源代码套用在 DenseNet 模型的结构上，进一步优化本实例中模型的性能和精度。

5.9.3 使用随机数据增强方法训练模型

在目前分类效果最好的 EfficientNet 系列模型中，EfficientNet-B7 版本的模型就是使用随机数据增强方法训练而成的。RandAugment 也是目前主流的数据增强方法，用 RandAugment 方法进行训练，会使模型的精度得到提升。

RandAugment 方法是一种新的数据增强方法，比 AutoAugment 方法更简单、更好用。RandAugment 方法可以在原有的训练框架中直接替换 AutoAugment 方法。

> **提示** AutoAugment 方法包含了 30 多个参数，可以对图片数据进行各种变换（可以参考 arXiv 网站上编号为"1805.09501"的论文）。

RandAugment 方法在 AutoAugment 方法的基础之上，对 30 多个参数进行策略级的优化管理，使这 30 多个参数被简化成两个参数——图像的变换次数 N 和每个变换的强度 M。其中参数 M 是 $0 \sim 10$ 的整数，表示使原有图片增强失真 (augmentation distortion) 的程度。

RandAugment 方法以结果为导向，使数据增强过程更加"面向用户"。在减少 AutoAugment 方法的运算量的同时，又使增强的效果变得可控。详细内容可以参考 arXiv 网站上编号是"1909.13719"的论文。

有关 RandAugment 方法实现的代码可以在训练 EfficientNet 系列模型的源代码中找到（见 3.9.5 节）。

5.9.4 使用 AdvProp 方法训练模型

在目前分类效果最好的 EfficientNet 系列模型中，EfficientNet-B8 版本的模型就是使用 AdvProp（对抗样本）方法训练而成的。EfficientNet-B8 版本的模型在 ImageNet 数据集上获得了 85.5% 的 Top-1 准确率。

AdvProp 方法是一种使用对抗样本来减少过拟合的训练方法，即，首先使用攻击的方法对已有模型进行攻击，并制作出对抗样本，然后将对抗样本用于训练，提升模型的精度。

在使用对抗样本和真实样本进行模型训练时，AdvProp 方法对这两种样本做了区分，即在正常的逐层计算之外，额外使用了 1 个独立的辅助 BN 层，单独对对抗样本进行处理。

> **提示** 对抗样本是指通过在图像上添加不可察觉的扰动噪声而形成的样本，这种扰动噪声可以通过神经网络不断训练和调整，所生成的对抗样本可以使可能导致卷积神经网络做出错误的预测。

1. AdvProp方法中所使用的对抗样本算法

在 AdvProp 中，使用了 3 种生成对抗样本的算法，三者都属于 FGSM 攻击模型方法的变体。

> **提示**　快速梯度符号法（Fast Gradient Sign Method，FGSM）是一种生成对抗样本的方法，更多细节可参考论文 arXiv 网站上编号为"1607.02533"的论文。

这类算法分别如下。

- 投影梯度下降（Project Gradient Descent，PGD）是一种迭代攻击模型的方法，即带多次迭代的 FGSM——K-FGSM（K 表示迭代的次数）。FGSM 仅仅做一次迭代，并且走一大步；而 PGD 做多次迭代，每次走一小步，并且每次迭代都会将扰动投影（project）到规定范围内。在 AdvProp 中，PGD 的扰动级别分为 0 ～ 4，生成扰动的迭代次数 n 按照扰动级别 +1 进行计算。攻击的步长固定为 1。请参考 arXiv 网站上编号是"1706.06083"的论文。
- I-FGSM：在 PGD 的基础上，将随机初始化的步骤去掉，直接基于原始样本实现扰动。同时将扰动级别设置为 4，迭代次数设置为 5，攻击步长设置为 1。以这种方式生成的对抗样本针对性更强，泛化攻击的能力较弱。
- GD：在 PGD 基础之上，将投影的环节去掉，不再对扰动大小进行限制，直接将扰动级别设置为 4，迭代次数设置为 5，攻击步长设置为 1。以这种方式生成的对抗样本更宽松，但有可能失真更大（对原有样本的分布空间的改变更大）。

总体来说，3 种算法的效果相差不大。在模型规模较小时 FGSM 的效果更好，在模型规模较大时 GD 的效果更好。

2. AdvProp方法的原理

使用对抗样本进行训练的方法并不是绝对有效的，因为普通样本和对抗性样本之间的分布不匹配，在训练过程中，有可能会改变模型所适应的样本空间。一旦模型适应了对抗样本的分布，在真实样本中就无法取得很好的效果。这种情况会导致模型的精度下降。

AdvProp 方法将对抗样本与真实的样本做了区分，使用了两个独立的 BN 层分别对它们进行处理。可以在归一化层上正确分解这两个分布，以便进行准确的特征计算。AdvProp 方法使模型能够通过对抗样本成功地改进，而又不会降低性能。

3. AdvProp方法的实现步骤

AdvProp 方法的具体实现步骤如下。

（1）在训练时，取出一批原数据。

（2）用该批原数据攻击网络，生成对应的对抗样本。

（3）将该批原数据和对抗样本一起输入网络，其中，把该批原数据输入主 BN 层进行处理，把对抗样本输入辅助 BN 层进行处理。而网络中的其他层同时处理二者的联合数据。

（4）分别计算该批原数据和对抗样本的损失值，再将它们累加，作为总的损失值进行迭代优化。

（5）在测试时，将所有的辅助 BN 层丢弃，保留主 BN 层，验证模型的性能。

有关 AdvProp 方法的更多内容请参考 arXiv 网站上编号是"1911.09665"的论文。

5.9.5　使用自训练框架 Noisy Student 训练模型

在目前分类效果最好的 EfficientNet 系列模型中，Noisy Student 版本的模型就是使用自训练框架的方法训练而成的。该版本模型的精度超过了使用 AdvProp 方法训练的 EfficientNet-B8 版本。

Noisy Student 版本的模型所使用的自训练框架的搭建可以分为以下几个步骤。

（1）用常规方法在带标注的数据集（ImageNet）上训练一个模型，将其当作教师模型。

（2）利用该教师模型对一些未标注过的图像进行分类（在 arXiv 网站上编号为"1911.04252"的论文中，该论文的作者直接使用了 JFT 数据集的图像，忽略其标签部分），并将分类分数大于指定阈值（0.3）的样本收集起来，作为伪标注数据集。

（3）在标注和伪标注混合数据集上重新训练一个学生模型。

（4）将训练好的学生模型当作教师模型，重复第（2）步和第（3）步，进行多次迭代，最终得到的学生模型便是目标模型。

> **提示**
>
> Noisy Student 版本在实际的训练细节上也用了一些技巧，具体如下。
> - 第（2）步可以直接用模型输出的分数结果当作数据集的标签（软标签），这种效果会比直接使用独热码的标注（硬标签）效果更好。
> - 在训练学生模型时，为其增加了更多的噪声源，使用了诸如数据增强、Dropout、随机深度等方法，使得学生模型在用伪标签进行训练的过程变得更加艰难。这种方法使训练出来的学生模型更加稳定，能够生成质量更高的伪标注数据集。
> - 在制作伪标签数据集时，需要按照每个分类相同的数量提取伪标签数据（arXiv 网站上编号为"1911.04252"的论文中的做法是对于每个类别，挑选具有最高信任度的 13 万张图片，对于不足 13 万张的类别，随机再复制一些），这样做可以保证样本均衡。
> - 引入了一个修复训练与测试分辨率差异的技术来训练学生模型，首先在低分辨率图片下训练 350 个周期，然后基于未进行数据增强的高分辨率图片训练 1.5 个周期。更多细节可以参考论文 arXiv 网站上编号是"1906.06423"的论文。
>
> 另外，Noisy Student 版本的模型精度不依赖于训练过程的批次大小，可以根据实际内存进行调节。

Noisy Student 版本所使用的自训练框架具有一定的通用性。在实际应用时，对于大模型，在无标注数据集上的批次是有标注数据集的 3 倍，在小模型上则可以使用相同批次。该方法对 EfficientNet 系列模型的各个版本都能带来 0.8% 左右的性能提升。

经过自训练框架所训练出来的 Noisy Student 版本模型是鲁棒性最好的模型之一。该模型在 Image-A 数据集上可以达到 74.2% 的 Top-1 准确率。

> **提示**
>
> Image-A 数据集堪称最难数据集，也是目前在 ImageNet 上训练的众多分类模型的试金石。Image-A 数据集包含了来自现实世界的 7500 张图片，这些图片的类别与 ImageNet 数据集的标签一致。这些图片未经过任何的修改，却具有与对抗样本等同的效果。
>
> 对于许多在 ImageNet 上训练好的知名模型，经过 Image-A 数据集的测试后，准确率大幅下降。以 DenseNet 121 为例，其测试准确率仅为 2%，准确率下降了约 90%。所以，Image-A 数据集能够很好地测试出分类模型的泛化能力，详见 arXiv 网站上编号是"1907.07174"的论文。

有关 Noisy Student 版本模型的更多详细内容请参考 arXiv 网站上编号是"1911.04252"的论文。

5.9.6　关于更多训练方法的展望

自训练方法是一种半监督的模型训练方法，它拓展了训练高精度模型的思路。沿着这个思路，很多以监督方式训练模型的方法可以进行融合，比如，使用对抗样本、RandAugment方法等。而对于挑选伪标签样本过程，还可以更加精确一些，例如，在候选样本中进行特征提取并进行聚类，剔除特征相同的伪标签样本，使学生模型的训练更高效，所学习的特征更全面。

为了提高模型的精度，扩充数据集已经是一个主流的思想。如何更有效地扩充数据集则是训练方法未来优化的空间。

其实在优化模型过程中，不要仅盯着技术这一个方向，要充分利用任务的周边信息，将可以利用的优势条件融入技术，从多个角度来提升模型。

例如，在训练一个鉴别不雅图片的模型时，可以根据业务特点直接爬取具有定向标签的样本（从普通网站爬取的一定是没有问题的图片）。有了源源不断的标注数据，就可以用教师模型中出错的样本来制作伪标注数据集，将这种数据集用于自训练框架则会取得更好的效果。

5.10　在衣服数据集上处理多标签非互斥分类任务

读者可以尝试使用其他数据集来完成非互斥分类任务。这里给出一组衣服图片的数据集，该数据集的内容请参见 pyimagesearch 网站的文章"Keras : Multiple Outputs and Multipe Losses"。

1.　数据集的获取

在 pyimagesearch 网站的文章"Keras : Multiple Outputs and Multiple Losses"中，单击"DOWNLOAD THE　CODE!"按钮进行下载，如图 5-17 所示。

图5-17　下载界面

注意，在下载之前，需要使用一个电子邮箱进行注册。注册完成之后，可以将自己的电子邮箱名输入图 5-17 所示的"Email address"栏中，并单击"DOWNLOAD THE CODE！"按钮进行下载。

单击图 5-17 中的"DOWNLOAD THE CODE！"按钮后，系统会将代码链接发送到注册的电子邮箱中，如图 5-18 所示。

Hello,

Download the source code to How to (quickly) build a deep learning image dataset
Click here to download the code

Download your free Image Search Engine Resource Guide PDF
Click here to download the PDF

If this email was placed in your spam folder, please add adrian@pyimagesearch.com to your whitelist or contact list to ensure you receive emails from me in the future.

I hope you enjoy the resource guide and source code! I'll be in touch soon with more tips and tricks, unpublished hacks, and techniques I never publish to my blog.

Until then,

图5-18　电子邮箱收到代码链接

单击图 5-18 中的 "Click here to download the code" 链接后，便会开始下载数据集，该数据集大小是 541MB。

2. 数据集的介绍

该衣服图片数据集共有 2525 张图片，分成 7 个类别，分别是黑色裤子、蓝色裤子、红色连衣裙、蓝色连衣裙、蓝色衬衫、红色衬衫、黑色鞋。

有以下两个类别标签。

- 衣服类别：衬衫（shirt）、连衣裙（dress）、裤子（jeans）、鞋（shoes）。
- 衣服颜色：红色（red）、蓝色（blue）、黑色（black）。

部分衣服的图片如图 5-19（a）～（f）所示。

（a）黑色裤子　　　　　　（b）蓝色裤子

（c）红色连衣裙　　　　　（d）蓝色连衣裙

（e）红色衬衫　　　　　　（f）蓝色衬衫

图5-19　衣服数据集中的部分图片

这 7 个类别分别存放在 7 个子文件夹中。每个类别中的衣服图片数量如表 5-1 所示。

表5-1　每个类别中的图片数量

类别名称	文件夹	图片数量
黑色裤子	black_jeans	344
蓝色裤子	blue_jeans	356
红色连衣裙	red_dress	380
蓝色连衣裙	blue_dress	386
蓝色衬衫	blue_shirt	369
红色衬衫	red_shirt	332
黑色鞋	black_shoes	358

在了解了数据集之后，可以自己搭建一个深度卷积神经网络来尝试完成非互斥分类任务。

第三篇　高级应用

本篇主要以 OCR 实例为主线，介绍机器视觉方面的一些算法以及模型的优化技巧。这些内容都是在 TensorFlow 框架下以实例的形式进行演示的。本篇同时还会介绍使用 TensorFlow 框架开发模型的一些方法和调试技巧。

第6章

用 Anchor-Free
模型检测文字

Anchor-Free 模型属于目标识别模型中的一种。在目标识别模型中，
还有一种 Anchor 模型，它们都属于基于图片内容的处理模型。Anchor-
Free 模型比 Anchor 模型更简单，而且效果更好。

本章使用光学字符识别（Optical Charater Recognition，OCR）中的文字检测实例来介绍 Anchor-Free 模型的实现。

实例描述　　*编写一个目标识别模型，使其能够识别出图片中文字的位置。*

文字检测在 OCR 任务中很常见。通常，在进行 OCR 时，一般会先对图片进行文字检测，然后再识别。

本章将从基本理论开始系统地介绍相关知识。本实例使用 TensorFlow 2.0.0a0 版本。

6.1　基于图片内容的处理任务

基于图片内容的处理任务主要包括目标识别、图片分割两大任务。二者的对比如下。

- 目标识别任务的精度相对较粗，主要以矩形框找出图片中目标物体所在的坐标。该模型运算量相对较小，速度相对较快。
- 图片分割任务的精度相对较细，主要使用像素点集合的方式找出图片中目标物体边缘所在的具体像素点。该模型运算量相对较大，速度相对较慢。

在实际应用中，会根据硬件条件、精度要求、运行速度等因素来权衡该使用哪种模型。

6.1.1　目标识别任务

目标识别任务是视觉处理中的常见任务，该任务要求模型能检测出图片中特定的目标，并获得这一目标的类别信息和位置信息。

在目标识别任务中，模型输出的是一个列表，列表中的每一项都使用一组数据给出已检测出目标的类别和位置（常用矩形检测框的坐标来表示）。

目标识别任务的模型大概可以分为以下两类。

- 单阶段（1-stage）检测模型：直接从图片中获得预测结果，也称为 Region-free 方法。相关的模型有 YOLO[①]、SSD、RetinaNet 等。
- 两阶段（2-stage）检测模型：先检测包含实物的区域，再对该区域内的实物进行分类识别。相关的模型有 R-CNN、Faster R-CNN 等。

在实际工作中，两阶段检测模型在检测位置框方面的精度更高一些，而单阶段检测模型在实现分类方面的精度更高一些。

6.1.2　图片分割任务

图片分割指对图片中的每个像素点进行分类，这适用于对像素要求较高的场景（例如，在无人驾驶中对道路和非道路进行分割）。

图片分割包括语义分割（semantic segmentation）和实例分割（instance segmentation），具体如下。

- 语义分割：能将图片中具有不同语义的部分分开。

---

① 关于 YOLO V 3 模型的实例请参见《深度学习之 TensorFlow 工程化项目实战》的 8.5 节。

- 实例分割：能描述出目标的轮廓（比检测框更精细）。

目标检测、语义分割、实例分割三者的关系如图 6-1 所示。

（a）目标检测　　　　　（b）语义分割　　　　　（c）实例分割

图6-1　图片分割任务

在图 6-1 中，3 个子图的意义如下。

- 图 6-1（a）所示为目标检测的结果，该任务用于在原图上找到目标物体的矩形框（见 6.1.1 节）。
- 图 6-1（b）所示为语义分割的结果，该任务用于在原图上找到目标物体所在的像素点，例如，使用 Mask R-CNN 模型[①]。
- 图 6-1（c）所示为实例分割的结果，该任务用于在语义分割的基础上识别出具体个体。

图片分割任务需要对图片内容进行更高精度的识别，其模型的实现过程大多是两阶段模型。

6.1.3　Anchor-Free 模型

目前在目标识别模型中，无论是单阶段算法（如 RetinaNet、SSD、YOLO V 3）还是两阶段算法（如 Faster R-CNN），都依赖于预定义的锚框（anchor box）来实现。

通过预定义锚框所实现的模型叫作 Anchor 模型。相反，没有使用预定义锚框所实现的模型叫作 Anchor-Free 模型。

Anchor-Free 模型在传统的目标识别模型基础上去掉了预定义的锚框，避免了与锚框相关的复杂计算，使其在训练过程中不需要使用非极大值抑制（Non-Maximum Suppression, NMS）算法。同时该模型还减少了训练用的内存，也不需要设置所有与锚框相关的超参数。

目前主流的 Anchor-Free 模型有 FCOS 模型、CornerNet-Lite 模型、Fovea 模型、CenterNet 模型、DuBox 模型等。这些模型的思路大致相同，只在具体的处理细节上略有差别。它们的效果优于基于锚框的单阶段检测模型。

> 提示　YOLO V1 模型可以算作较早的 Anchor-Free 模型。该模型在预测边界框的过程中，使用了逐像素回归策略，即针对每个指定像素中心点进行边框预测。该方法的缺点是预测出的边框偏少，它只能预测出目标物体中心点附近的点的边界框。为了改善这一状况，在 YOLO V2、V3 中才加入了 Anchor 策略。

---

① 关于 Mask R-CNN 模型的实例见《深度学习之 TensorFlow 工程化项目实战》的 8.7 节。

衡量目标检测最重要的两个性能指标就是平均精度（mean Average Precision，mAP）和帧/秒（Frames per Second，FPS）。目前效果最好的模型是 Matrix Net（xNet），它是一个矩阵网络，具有参数少、效果好、训练快、显存占用率低等特点。

在 GitHub 网站上可以找到 Anchor-Free 模型。GitHub 网站上对应的网页中会列出所有的 Anchor-Free 模型名称，以及该模型所对应的论文，如图 6-2 所示。

Paper list

- |CornerNet|CornerNet: Keypoint Triplets for Object Detection |[arXiv' 18] [pdf] |1808|
- |ExtremeNet|Bottom-up Object Detection by Grouping Extreme and Center Points|[arXiv' 19]|| [pdf] |1901|
- |CornerNet-Lite| CornerNet-Lite: Efficient Keypoint Based Object Detection |[arXiv' 19]|| [pdf] |1904|
- ||Segmentations is All You Need |[arXiv' 19]|| [pdf] |1904|
- |FCOS| FCOS: Fully Convolutional One-Stage Object Detection|[arXiv' 19]|| [pdf] |1904|
- |Fovea|FoveaBox: Beyond Anchor-based Object Detector|[arXiv' 19]|| [pdf] |1904|
- |CenterNet^1| Objects as Points|[arXiv' 19]|| [pdf] |1904|
- |CenterNet^2|CenterNet: Keypoint Triplets for Object Detection|[arXiv' 19]|| [pdf] |1904|
- |DuBox|DuBox: No-Prior Box Objection Detection via Residual Dual Scale Detectors|[arXiv' 19]|| [pdf] |1904|
- |RepPoints|RepPoints: Point Set Representation for Object Detection|[arXiv' 19]| [pdf] |1904|
- |FSAF|Feature Selective Anchor-Free Module for Single-Shot Object Detection|[arXiv' 19]| [pdf] |1903|
- |Matrix Nets|Matrix Nets: A New Deep Architecture for Object Detection|[arXiv'19]|| [pdf] |1908|

图6-2 Anchor-Free模型的名称以及相关的论文

本章会以 CenterNet 为例详细介绍 Anchor-Free 模型的原理及实现，同时还对图 6-2 中的部分模型进行简单介绍。

6.1.4 非极大值抑制算法

在目标检测任务中，通常模型会从一张图片中检测出很多个结果，很有可能会出现物体重复（中心和大小略有不同）的情况。为了能够保证检测结果的唯一性，需要使用非极大值抑制算法对检测结果进行去重。

非极大值抑制算法的实现过程如下。

（1）从所有的检测框中找到置信度较大（置信度大于某个阈值）的那个框。

（2）逐个计算该框与剩余框的区域面积的交并比（Intersection Over Union，IOU），即重叠率。

（3）按照 IOU 阈值进行过滤。如果 IOU 大于一定阈值（重合度过高），则将该框剔除。

（4）对剩余的检测框重复上述过程，直到处理完所有检测框。

在整个过程中，用到的置信度阈值与 IOU 阈值需要提前给定。在 TensorFlow 中，直接调用 `tf.image.non_max_suppression` 函数即可实现。

6.1.5 FCOS模型

FCOS 模型的思想与 YOLO V1 模型非常相似，都是在特征金字塔网络（Feature Pyramid Network，FPN）[1] 模型的基础上实现的。先连接一个骨干网络（ResNet101 或 ResNext），再连接一个 FPN 模型，最后在模型的输出部分生成一些检测头，如图6-3所示。

---

[1] 特征金字塔网络参见《深度学习之 TensorFlow 工程化项目实战》的 8.7.9 节。

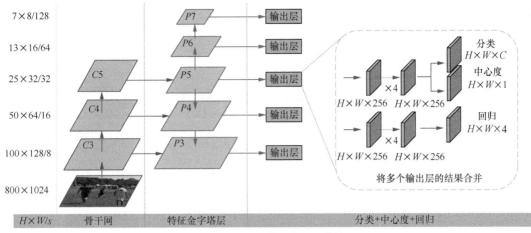

图6-3　FCOS模型的FPN结构

FCOS 模型与 YOLO V1 模型唯一不同的是，FCOS 模型不是只考虑中心附近的点，而是利用了真实（ground truth）边框（样本中的标注边框）中所有的点来预测边框。具体如下。

（1）为原图上的每个点分别制作标签。

（2）如果某个点落在了真实边框内，则它可以当作正样本来训练。

（3）为图片样本中的一个目标制作两个标签，分类标签的形状为 $[H,W,C]$（C 代表类别个数），坐标标签的形状为 $[H,W,4]$。

（4）在计算损失部分时，除了对分类损失、坐标损失进行计算之外，还会对中心度的损失进行计算。

（5）在对分类损失进行计算时，使用了 focal loss 算法（见 6.1.6 节），从而解决了正负样本分布不均衡的问题。

（6）计算中心度的损失使距离真实边框中心点越近的值越接近于 1，越远的值越接近于 0。

（7）在输出预测边框时，使用 NMS 算法根据中心度的值对距离目标中心较远的低质量检测边框进行抑制。这种做法解决了 YOLO V1 模型总会漏掉部分检测边框的问题。

关于 FCOS 模型的论文的获取方式是在 arXiv 网站中搜索论文编号"1904.01355"。

6.1.6　focal loss算法

focal loss 算法是对交叉熵损失算法的一个优化，用于解决由于样本不均衡导致对模型训练效果造成影响的问题。

1. 样本不均衡的情况

训练过程中的样本不均衡主要分为两种情况。

- 正负样本不均衡：由于正向样本和负向样本的比例不均，因此会导致模型对比例较大的样本数据更敏感。
- 难易样本不均衡：大量具有相似特征的样本（易样本）会将少量具有同样分类但具有不同特征的样本（难样本）淹没，使得模型将难样本当作噪声来处理，而无法正确识别。

focal loss 算法在原有的交叉熵算法中加了一个权重，通过该权重来降低样本不均衡性对模型损失值所带来的影响。

2. focal loss算法的原理

要了解 focal loss 算法，应先从交叉熵开始。以二分类为例，交叉熵（Cross Entropy，CE）的公式如下。

$$\text{CE}(p,y)=\begin{cases}-\lg(p) & ,\ p=1\\ -\lg(1-p), & p\neq 1\end{cases} \tag{6-1}$$

式中，$y\in\{+1,-1\}$ 为真实类别；$p\in[0,1]$，是模型对类别 $y=1$ 的预测概率。

为了便于表示，定义 p_t。

$$p_t=\begin{cases}p & ,\ p=1\\ 1-p, & p\neq 1\end{cases} \tag{6-2}$$

可以得到

$$\text{CE}(p,y)=\text{CE}(p_t)=-\lg(p_t) \tag{6-3}$$

为交叉熵添加一个权重来降低负样本过多对正样本产生的影响。

$$\text{FL}(p_t)=-\alpha_t\lg(p_t) \tag{6-4}$$

式中，FL 代表 focal loss；权重因子 α_t 一般为相反类的比值。负样本越多，它的权重就越小，从而降低负样本的影响。

解决难易样本不均衡的问题可以使用式（6-5）。

$$\text{FL}(p_t)=-(1-p_t)^{\gamma}\lg(p_t) \tag{6-5}$$

式中，γ 值一般介于 0 ～ 5。对于 p_t 较大的易样本，权重会较小；对于 p_t 较小的难样本，权重会较大。这个权重是动态变化的，如果难样本逐渐易分类，则它的影响也会逐渐下降。

对式（6-3）中的交叉熵添加权重因子 α_t 来平衡负样本的影响，再按式（6-5）对交叉熵进行难易样本均衡，便可以得到 focal loss 算法最终的公式。

$$\text{FL}(p_t)=-\alpha_t(1-p_t)^{\gamma}\lg(p_t) \tag{6-6}$$

这样，focal loss 算法既解决了正负样本不均衡的问题，又解决了难易样本不均衡的问题。

在实际应用中，focal loss 算法配合 Sigmoid 激活函数会有更好的效果，但其中的参数 α_t、γ 还需要额外微调才可以得到最优的效果。

3. focal loss算法的应用

在单阶段检测模型中，由于存在大量的负样本（属于背景的样本），因此在模型训练过程中，影响了梯度的更新方向，导致 Anchor-Free 模型学不到有用的信息，无法对物体进行准确分类。

focal loss 算法的出现，使得实现 Anchor-Free 模型变成可能。该算法在 FCOS、CenterNet 等模型中都广泛应用。

6.4.4 节还会介绍 focal loss 算法的具体使用。

6.1.7　CornerNet与CornerNet-Lite模型

CornerNet 模型的思想是检测边框的两个拐角（左上角和右下角）上的点，将这两个拐角组成一组以形成最终的检测边框。CornerNet 模型需要复杂的后处理过程，要将同一实例的拐角分组。为了学习如何分组，需要学习额外的用于分组的距离度量指标。

相关论文的获取方式是在 arXiv 网站中搜索论文编号"1808.01244"。

之后该论文的作者又对模型进行了升级，提出了 CornerNet-Lite 模型。该模型使用注意力机制来避免穷举处理图像中的所有像素，同时又使用了更紧凑的模型框架。在不降低准确率的情况下提高了效率。

CornerNet-Lite 模型中的骨干网络使用的是沙漏网络模型（见 6.3.1 节），沙漏模型由 3 个沙漏模块组成，有 54 层，即 Hourglass-54。

相关论文的获取方式是在 arXiv 网站中搜索论文编号"1904.08900"。

6.1.8　CenterNet 模型

CenterNet 模型采用关键点估计方法来找到目标中心点，然后在中心点位置回归出目标的一些属性，如尺寸、三维位置、方向，甚至姿态。

CenterNet 模型将目标检测问题变成标准的关键点估计问题。在具体实现中，将图像传入骨干网络（可以是沙漏网络模型——Hourglass，残差网络模型——ResNet，带多级跳跃连接的图像分类网络模型——DLA）以得到一个特征图，并将特征图矩阵中的元素作为检测目标的中心点，然后基于该中心点预测目标的宽、高以及分类信息。该模型不仅可用于目标检测，还可在每个中心点输出 3D 目标框、多人姿态估计所需的结果。

- 对于 3D BBox 检测，直接回归可得到目标的深度信息、3D 框尺寸、目标朝向。
- 对于人姿态估计，以 2D 关节（2D joint）的位置作为中心点的偏移量，直接在中心点位置处回归出这些偏移量。

在训练阶段，CenterNet 模型采用数据集的标注信息、目标物体的中心点坐标、目标尺寸和分类索引作为训练标签，采用高斯核函数和 focal loss 交叉熵计算方式来计算关键点的损失。在目标检测任务中，还用 L_1 范数计算尺寸和偏移量，从而一起完成 CenterNet 模型的有监督训练。

相关论文的获取方式是在 arXiv 网站中搜索论文编号"1904.07850"。

本章的实例将实现 CenterNet 模型，并用它检测图片中的文字区域。

> **提示**
> 除了本节介绍的 CenterNet 模型之外，另一种 CenterNet 模型是对 CornerNet 改进的模型。该模型在 CornerNet 模型的基础上，增加一个关键点来探索候选框内中间区域（靠近几何中心的位置）的信息。这种做法可以避免 CornerNet 的一个缺陷——缺乏对物体全局信息的识别能力，即用两个拐角点来表示物体的算法对待识别物体的边界框很敏感，但是很难确定哪两个关键点属于同一个物体。在这种情况下经常会导致模型产生一些错误边界框。
> 相关论文的获取方式是在 arXiv 网站中搜索论文编号"1904.08189"。

6.1.9　高斯核函数

在 CenterNet 模型中计算损失部分时，会用到高斯核函数。本节介绍高斯核函数。

1. 核函数

核函数本质是一种映射计算，即将数据集中的值映射到另一个空间中。当数据集不是线性可分的时候，可以通过将它映射到高维空间，使它变成线性可分的。这一原理与全连接网络的拟合原理相似。而核函数的作用就是将数据集映射到高维空间，使其线性可分。

2. 高斯核函数

高斯核函数（Gaussian kernel）也称径向基（Radial Basis Function，RBF）函数，是常用的一种核函数。高斯核函数可以将有限维度内的数据映射到高维空间，其定义如下。

$$k(x,x') = \mathrm{e}^{-\frac{\|x-x'\|^2}{2\sigma^2}} \qquad (6\text{-}7)$$

式中，x 为自由变量；x' 为核函数的中心；$k(x, x')$ 表示新的样本；σ 是带宽，控制高斯核函数的局部作用范围。

根据指数函数的特征，分析高斯核函数的几何意义。

- x 与 x' 的欧氏距离越小，指数部分越接近 0，$k(x, x')$ 就越接近 1。
- x 与 x' 的欧氏距离越大，指数部分越小，$k(x, x')$ 就越接近 0。

高斯核函数是关于两个向量欧氏距离的单调函数，利用这个特性，根据向量间的距离可对空间中的多维数据进行分类。

3. 高斯核函数的应用

为了更形象地理解高斯核函数的应用，现通过下列代码进行可视化演示。

```
1  import numpy as np
2  import matplotlib.pyplot as plt
3  import math
4  import mpl_toolkits.mplot3d
5  from matplotlib import cm
6  from mpl_toolkits.mplot3d import Axes3D
7
8  x = np.arange(0, 5, 0.25)   #定义x轴的数据
9  y = np.arange(-0, 5, 0.25)  #定义y轴的数据
10 x, y = np.meshgrid(x, y)    #生成网格
11
12 #定义高斯核函数
13 z = np.exp((-1) * ((x - 2) ** 2 + (y - 3) ** 2) / (2 * 1.5))
14
15 fig = plt.figure()
16 ax = Axes3D(fig)
17 ax.plot_surface(x, y, z, rstride=1, cstride=1, alpha=0.5, cmap=cm.coolwarm)
18 #绘制投影，并将曲线分成5份
19 cset = ax.contour(x, y, z, 5, zdir='z', offset=0, cmap=cm.coolwarm)
20 ax.set_xlabel('x')
21 ax.set_ylabel('y')
22 ax.set_zlabel('z')
23 plt.show()
```

上述代码实现了一个二维数据的高斯核函数（见第 13 行代码）。该高斯核的 σ^2 为 1.5，中心点坐标为（2，3）。代码运行后输出的图像如图 6-4 所示。

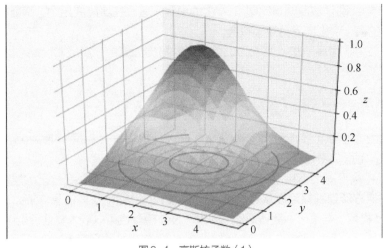

图6-4　高斯核函数（1）

图 6-4 中的钟形图形以三维方式显示了高斯核函数的输出结果 z 与输入参数 x、y 之间的关系。这对应于第 17 行代码。

图 6-4 底部的环形椭圆图案的中心点坐标为（2，3，1）。从图中可以看到，对于 xOy 平面上的任意点，它在 z 轴上的坐标都小于 1，并且大于 0。

图 6-4 底部的环形椭圆图案是钟形图形在 x、y 坐标轴上的投影。因为第 19 行代码将投影分为 5 份，所以该环形椭圆图案将 x、y 坐标轴上的投影分成了 5 个封闭区间，实现了对二维平面数据的非线性分类。

4．高斯核函数的参数设置

式（6-7）中的带宽 σ 决定了高斯核函数的坡度。σ 值越小，坡度越陡。例如，如果将本节的第 13 行代码改成如下形式，那么高斯核的 σ^2 由 1.5 变为 0.5。

```
z = np.exp((-1) * ((x - 2) ** 2 + (y - 3) ** 2) / (2 * 0.5))
```

第 1 ～ 23 行代码运行后所生成的结果如图 6-5 所示。

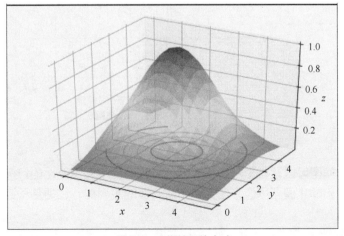

图6-5　高斯核函数（2）

在图 6-5 中，图像坡度明显比图 6-4 中的更陡一些。在实际应用中，高斯核的带宽尽量不要选择过小的值，否则容易导致过拟合。

在 6.4.4 节中，将高斯核函数引入训练模型的损失计算中，实现 CenterNet 模型的有监督训练。

6.1.10　Matrix Net 模型

Matrix Net（xNet）模型引入了一种新的 CNN 架构——Matrix Network，该网络拥有若干个矩阵层，每层负责处理一种特定大小和宽高比的目标。

Matrix Net 将不同大小和宽高比的目标分配到各个层，以确保在分配的层中目标大小接近一致。这使得方形卷积核可以从各种宽高比和大小的目标中收集信息。Matrix Net 模型的效果优于 FPN 模型。与 FPN 模型类似，Matrix Net 模型也可以嵌入其他模型中。

图 6-6（a）所示为原始的 FPN 架构，这一架构对每种尺度都分配了不同的输出层。图 6-6（b）所示为 Matrix Net 架构，这个架构将 5 个 FPN 层视为矩阵中的对角层，通过下采样这些层来填充矩阵的其余部分。

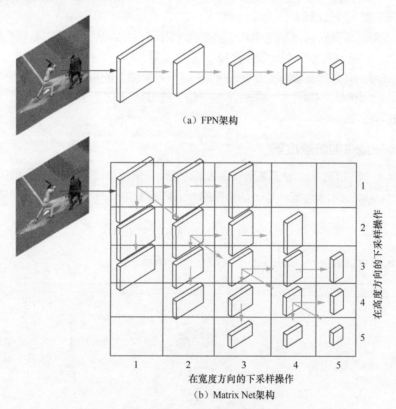

（a）FPN架构

（b）Matrix Net架构

图6-6　FPN与Matrix Net

Matrix Net 模型可以让方形卷积核准确地收集具有不同宽高比的目标中的信息。基于这个特点，Matrix Net 模型可作为任何目标检测器的主架构，包括基于锚点或关键点的一步或两步检测器。

相关论文的获取方式是在 arXiv 网站中搜索论文编号"1908.04646"。

该论文介绍了 Matrix Net 模型在基于关键点的目标检测中的应用。在目标检测任务中，无论是在精度还是在性能上，该模型都优于其他模型。

6.1.11 目标检测中的上采样与下采样

接触过视觉模型源代码的读者会发现，在类似于 NASNet、Inception-V*x*、ResNet 等模型的代码中，会经常出现 upsampling（上采样）与 downsampling（下采样）这样的函数。这里来解释一下上采样和下采样的意义。

上采样与下采样是指对图像调整大小的操作。其中，上采样用于将图像放大；下采样用于将图像缩小。

上采样与下采样操作并不能给图片带来更多的信息，但会对图像质量产生影响。在深度卷积神经网络模型的运算中，通过上采样与下采样操作可实现本层数据与上下层的维度匹配。

在模型以外，当使用上采样或下采样直接对图片进行操作时，常会使用一些特定的算法以优化缩放后的图片质量。

6.1.12 卷积运算与补零间的关系

在 TensorFlow 中，所有的卷积函数都会用到一个叫作 Padding 的参数。该参数主要用于在卷积运算之前对数据进行补零，以便保证输出结果可控。

为了方便演示，先定义几个变量。

- 输入尺寸中的高度和宽度分别定义成 input_height、input_width。
- 卷积核的高度和宽度分别定义成 filter_height、filter_width。
- 输出尺寸中的高度和宽度分别定义成 output_height、output_width。
- 高度和宽度方向的步长分别定义成 strides_height、strides_ width。

参数 Padding 的值为 valid 或 same，具体的含义和操作规则如下。

若 Padding 设置为 valid，输出的宽度和高度分别如下。

```
output_width = (input_width - filter_width + 1) / strides_width (结果向上取整)
output_height= (input_height-filter_height + 1) / strides_height(结果向上取整)
```

若 Padding 设置为 same，输出的宽度和高度与卷积核没有关系，具体公式如下。

```
output_height = input_height / strides_height(结果向上取整)
output_width= input_width / strides_width(结果向上取整)
```

这里有一个很重要的知识点——补零的规则，如下所示。

```
pad_height = max((output_height - 1) × strides_height +filter_height - input_height, 0)
pad_width = max((output_width - 1) × strides_ width +filter_width - input_width, 0)
pad_top = pad_height / 2
pad_bottom = padput_height - pad_top
pad_left = padput_width / 2
pad_right = padput_width - pad_left
```

上面的代码中，**pad_height** 代表高度方向要补零的行数；**pad_width** 代表宽度方向要补零的列数；**pad_top**、**pad_bottom**、**pad_left**、**pad_right** 分别代表上下左右 4 个方向补零的行数、列数。

6.2　处理样本

　　处理样本这个环节是本章的重点内容之一。该环节主要涉及在目标识别任务中对标签的处理方法。该方法比分类任务中的样本处理更复杂，要求一张图片可以对应多个标签，而图片又是分批传入的，如图 6-7 所示。

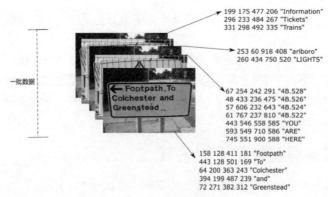

　　　　　　　　　　　　　图 6-7　样本和标签

6.2.1　样本

　　本实例中的样本来自国际文档分析与识别大会（International Conference on Document Analysis and Recognition，ICDAR）的一个竞赛数据集，从 Google Drive 网站可以下载该数据集。将该数据集下载到本地并解压后，从中取出 359 张图片并放到 train 目录下，作为训练数据集。然后将剩下的图片放到 test 目录下，作为测试数据集。最终的文件结构如图 6-8 所示。

　　　　　　　　　　　　图 6-8　样本文件的结构

　　从图 6-8 中可以看到，在 data 文件夹下有两个子文件夹 test 和 train，分别存放测试样本和训练样本。

提示　　ICDAR 是全球文档分析以及模式识别领域最重要的国际学术会议之一，由国际模式识别协会（International Association of Pattern Recognition, IAPR）主办。该会议每两年举办 1 次，从 1991 年第 1 届开始，到 2015 年已成功举办了 13 届。"鲁棒阅读竞赛"在历届大会中出现过 5 次，一直被视为评价和检验自然场景/网络图片/复杂视频文本自动提取与智能识别最新技术的最重要国际赛事及标准之一，在计算机视觉、图像处理以及多媒体等领域也具有广泛的影响。

两个文件夹（test 和 train）中的样本结构是一样的，每个文件夹都包括了样本标注和样本图片。其中样本标注存放在 ground_truth 文件夹中，样本图片存放在 images 文件夹中。以 train 文件夹为例，其内部样本的具体内容如图 6-9 所示。

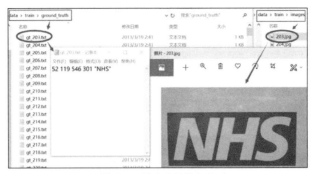

图6-9　样本文件的内容

从图 6-9 中可以看到，左侧的样本标注文件名以"gt_"开头，"gt_"后面的名字与右侧图片文件的名字相同。

样本标注内容由坐标和文本字符两部分组成。在本章的实例中，将使用坐标作为标签来训练文字检测模型。

> 提示　在该数据集中，样本标注文件有两种格式：一种是图6-9左侧的格式，坐标和文本字符之间使用空格字符进行分隔；另一种是使用逗号进行分隔的格式。在编写代码进行读取时，应考虑这个问题。

6.2.2　代码实现：用tf.data.Dataset接口开发版本兼容的数据集

编写代码实现下面 3 个功能。
（1）获取当前样本的文件名列表。
（2）调用 tf.data.Dataset 接口，将文件名称列表制作成数据集。
（3）对制作好的数据集进行测试，以保证代码正确。

1. 定义函数获取文件名

TensorFlow 的不同版本间兼容性很差，为了保证数据集代码的多版本通用性，有必要根据不同版本的 TensorFlow 进行适配。以下代码会以 TensorFlow 1.13 版本作为分界线来进行兼容性适配。

代码文件: code_09_mydataset.py

```
1  #导入基础模块
2  import os
3  import numpy as np
4  from matplotlib import pyplot as plt
5  import tensorflow as tf
6  from tensorflow.python.ops import array_ops
7  from distutils.version import LooseVersion
8
9  isNewAPI = True
```

```
10   if LooseVersion(tf.__version__) >= LooseVersion("1.13"):
11       print("new version API")
12   else:
13       print('old version API')
14       isNewAPI = False
15
16   def get_img_lab_files(gt_path, image_path):   #定义函数，获取文件名
17       img_lab_files = []
18       #在不同的平台，顺序不一样。分类很有必要，有助于在调试时统一数据
19       dirlist = sorted(os.listdir(gt_path))
20       print(dirlist[:6])
21       for new_file in dirlist:
22           name_split = new_file.split('.')
23           image_name = name_split[0][3:]
24           image_name = image_name + '.jpg'
25           if 'gt' in new_file:
26               image_name = name_split[0][3:]
27               image_name = image_name + '.jpg'
28               img_file = os.path.join(image_path, image_name)
29               lab_file = os.path.join(gt_path, new_file)
30               img_lab_files.append((img_file, lab_file))
31       return img_lab_files
```

第 9～14 行代码对当前版本进行判断，并根据判断结果设置标志变量 isNewAPI，该变量用于指导其他代码选用正确版本的 API。

> 注意 第19行代码对指定目录下的文件名列表进行了排序。该操作与主体功能无关，属于一个经验性的编程习惯。这么做的目的是使代码在不同平台上运行的结果一致，方便调试和跟踪错误。

2. 用tf.data.Dataset接口构建数据集

定义函数 get_dataset 对数据集进行封装。该函数的内部逻辑可以分为如下几个部分。

（1）获取样本的文件名列表。

（2）将样本的文件名列表制作成数据集，并根据需要对其进行乱序。

（3）对数据集中的文件名进行二次加工，将其转换成图片数据和图片所对应的标签数据。

（4）为了将文件名转换成图片数据，根据图片名称打开图片文件，并根据指定的尺寸进行设置，然后对图片文件进行调整。

（5）为了将文件名转换成标签数据，根据标注文件的名称打开文件，并按行读取，将每行的坐标数据保存起来以形成一个标签记录。

> 注意 在调整图片尺寸的过程中使用了双线性插值算法。在测试模型的阶段，调整测试图片时选取的算法也需要与调整图片尺寸的算法一致，不然会导致模型精度下降。

从上面的步骤可以看出，图片和标签是一对多的关系，如图 6-10 所示。在编写代码时需要注意这部分的技术应用。

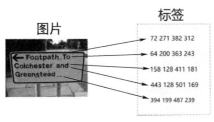

图6-10 图片和标签是一对多的关系

具体代码如下。

代码文件：code_09_mydataset.py（续）

```
32  def get_dataset(config, shuffle=True):   #制作数据集
33      #获取样本文件和标签列表
34      img_lab_files = get_img_lab_files(config['gt_path'], config['image_path'])
35
36      def _parse_function(filename, config):   #定义图像解码函数
37
38          #读取图片
39          image_string = tf.io.read_file(filename[0])
40          if isNewAPI == True:#适用于TensorFlow 1.13、2.0及之后的版本
41              img = tf.io.decode_jpeg(image_string, channels=3)
42          else:#适用于 1.12及之前的版本
43              img = tf.image.decode_jpeg(image_string, channels=3)
44
45          #获取图片形状，该方法的兼容性更强
46          h, w, c = array_ops.unstack(array_ops.shape(img), 3)
47          img = tf.reshape(img, [h, w, c])
48
49          #对图片尺寸进行调整
50          if isNewAPI == True:
51              img = tf.image.resize(img, config['tagsize'],
52              tf.image.ResizeMethod.BILINEAR)
53          else:
54              img = tf.image.resize_images(img, config['tagsize'],
55              tf.image.ResizeMethod.BILINEAR)
56
57      def my_py_func(filename):   #定义函数，用于制作标签
58
59          if isNewAPI == True:   #新的API中传入的是张量，需要转换
60              filename = filename.numpy()
61
62          #打开文件，读取样本的标注文件
63          filestr = open(filename, "r", encoding='utf-8')
64          filelines = filestr.readlines()
65          filestr.close()
66
67          Y = []          #定义列表，用于存放样本的标签
```

```
68              if len(filelines) != 0:
69                  for i, line in enumerate(filelines):
70                      #标注文件中有两种格式，一种用空格分隔，一种用逗号分隔
71                      if 'img' in filename.decode():
72                          file_data = line.split(', ')
73                      else:
74                          file_data = line.split(' ')
75                      if len(file_data) <= 4:   #排除无效行
76                          continue
77
78                      #计算变形后区域框的坐标
79                      xmin = int(file_data[0])
80                      xmax = int(file_data[2])
81                      ymin = int(file_data[1])
82                      ymax = int(file_data[3])
83                      Y.append([xmin, ymin, xmax, ymax, 1])
84              return np.asarray(Y, dtype=np.float32)
85
86          #构建自动图，处理样本标签
87          if isNewAPI == True:
88              threefun = tf.py_function
89          else:
90              threefun = tf.py_func
91          ground_truth = threefun(my_py_func,
92                                      [filename[1]], tf.float32)
93
94          return img, ground_truth   #返回处理过的样本图片和标签
95
96  #将列表数据转换成数据集形式
97  dataset = tf.data.Dataset.from_tensor_slices(img_lab_files)
98
99  if shuffle == True:   #将样本的顺序打乱
100     dataset = dataset.shuffle(buffer_size=len(img_lab_files))
101
102  #对每个样本进行再加工
103     dataset = dataset.map(lambda x: _parse_function(x, config))
104
105     #不能使用下面的代码，因为标签是变长的，所以导致批次数据没有严格对齐，这种情况下会发生错误
106     #dataset.batch( config['batchsize'], drop_remainder=True)
107
108     #根据指定的批次大小，对数据集进行填充
109     dataset = dataset.padded_batch(config['batchsize'], padded_shapes=([None, None,
110     None], [None, None]), drop_remainder=True)
111
112     #设置数据集的缓冲区大小
113     if isNewAPI == True:
114         dataset = dataset.prefetch(tf.data.experimental.AUTOTUNE)
```

```
115     else:
116         dataset = dataset.prefetch(1)
117     return dataset
```

第 36 行代码定义的函数 `_parse_function` 将样本的文件名列表转换成具体的样本数据。该函数由数据集对象 dataset 的 **map** 方法调用，见第 103 行代码。

> **注意**　第 103 行代码使用匿名函数[1]为 tf.data.Dataset 接口的 **map** 方法添加了参数 config。该技巧非常实用，可以为任意 API 扩充参数。

虽然在 TensorFlow 2.0 版本之后，系统默认的是动态图工作模式，但是在 tf.data.Dataset 接口中，在使用 **map** 方法调用函数时，其内部只能由静态图来实现。

第 57 行代码在函数 `_parse_function` 中定义了嵌套函数 `my_py_func`，该函数能够在静态图中构建动态图[2]。

> **注意**　第 46 行代码获取了输入图片的形状，由于 TensorFlow 的不同版本对 **decode_jpeg** 函数的实现方式不一样，因此导致在某些情况下 **decode_jpeg** 函数所返回的张量没有形状，即 img.shape 的值为 None。

使用 **array_ops.unstack** 函数可以将张量图片当作一个数组，从而直接获取形状，这提高了程序的兼容性。这是非常实用的技巧，读者在调试程序时可以用该方法解决类似的问题。

第 83 行、第 84 行代码将标注内容中的坐标数据放到数组 Y 中，并返回。在该实例中，将所有的文字信息当作一类来处理。该类的值设置为 1（在预测中，也可以用它表示目标区域属于该类的概率），放在数组 Y 的最后一个元素所在的位置，于是数组 Y 的长度就变成 5。

第 109 ～ 110 行代码调用数据集对象 dataset 的 **padded_batch** 方法进行批量处理。**padded_batch** 方法可以根据设置的指定批次对变长样本数据进行自动填充。该部分的知识在 6.7.1 节会有更详细的介绍。

3. 编写测试代码并运行程序

在训练模型之前，使用简单的几行代码对数据集进行测试是很好的习惯。这种做法可以保证数据集中部分代码的准确性。一旦测试成功，便可以专心去做后面的事情。具体代码如下。

代码文件：code_09_mydataset.py（续）

```
118  if __name__ == '__main__':
119      from PIL import Image
120
121      #TensorFlow 2.0以下版本中需要手动打开动态图
122      assert LooseVersion(tf.__version__) >= LooseVersion("2.0")
123
124      dataset_config = {                    #设置数据集的参数
```

---

① 有关匿名函数的更多介绍可参见《Python 带我起飞——入门、进阶、商业实战》一书的 6.3 节。
② 有关在静态图中构建动态图的更多应用可以参见《深度学习之 TensorFlow 工程化项目实战》的 6.3.9 节。

```
125            'batchsize': 4,                    #设置数据集的批次大小
126            'image_path': r'data/test/images/',      #设置样本中图片的路径
127            'gt_path': r'data/test/ground_truth/',   #设置样本中标注的路径
128            'tagsize': [384, 384]             #设置数据集输出的图片的大小
129        }
130
131        #生成图片数据集
132        image_dataset = get_dataset(dataset_config, shuffle=False)
133
134
135        for i, j in image_dataset.take(1):           #从数据集中取出1个批次的样本
136            i = i[0]
137            j = j[0]
138            print(i)
139            img = Image.fromarray(np.uint8(i.numpy()))
140            plt.imshow(img)                     #显示样本图片
141            plt.show()
142            print(j)
```

第 122 行代码用断言语句保证当前代码使用的是 TensorFlow 2.0 以上的版本。如果是 1.x 系列版本，则需要额外开启动态图。

第 124 ～ 128 行代码指定了数据集的相关配置，包括设置样本的批次大小、样本中图片和标注的路径、经过转换后的图片大小。

第 135 行代码调用了数据集对象 image_dataset 的 **take** 方法，该方法用于从数据集中取出 1 个批次的数据。

代码运行后，首先输出载入的标注文件名称（排序后的前 6 个文件）。

```
['gt_100.txt', 'gt_101.txt', 'gt_102.txt', 'gt_103.txt', 'gt_104.txt', 'gt_105.txt']
```

然后，输出第 1 个图片文件的内容及可视化结果。

```
tf.Tensor(
[[[ 13.625 13.625 11.625 ]
[9.1259.1257.125 ]
[ 11.11.10.333333]
……
[ 30.95867232.29198526.458565]
[ 16.5 17.5 19.5 ]
[ 19.87503 20.87503 25.541656]]
……
[151.6663 133.99954133.62462 ]
[181.75 171.125167.25]
[201.20802196.37457187.95795 ]]], shape=(384, 384, 3), dtype=float32)
```

从图 6-11 中可以看到，该图片的尺寸为 384×384。

接下来，输出第 1 幅图片对应的标注内容。

```
tf.Tensor(
[[158. 128. 411. 181. 1.]
[443. 128. 501. 169. 1.]
[ 64. 200. 363. 243. 1.]
[394. 199. 487. 239. 1.]
[ 72. 271. 382. 312. 1.]
[0. 0. 0. 0. 0.]
[0. 0. 0. 0. 0.]], shape=(7, 5), dtype=float32)
```

从结果中可以看到图片的标注信息与样本中的标注信息完全一致。该图片对应的标注文件为 gt_100.txt，其内容如图 6-12 所示。

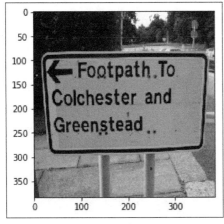

图6-11 数据集中的图片

gt_100.txt - 记事本
文件(F) 编辑(E) 格式(O) 查看(V) 帮助(H)
158 128 411 181 "Footpath"
443 128 501 169 "To"
64 200 363 243 "Colchester"
394 199 487 239 "and"
72 271 382 312 "Greenstead"

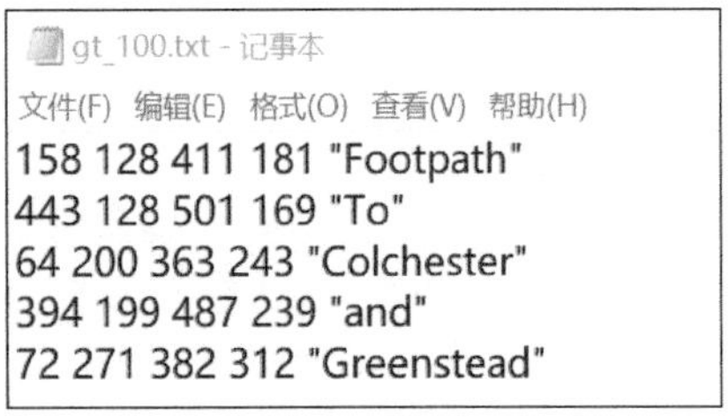

图6-12 gt_100.txt 中的内容

从输出结果中可以看到，该信息比图 6-12 所示的信息多了两行 0。这是由于第 109 ~ 110 行代码调用了数据集对象 dataset 的 **padded_batch** 方法所导致的。该方法会对同批次中的数据进行对齐，在同批次中，所有样本都按照数据量最多的样本进行对齐，不足的补零。

最后，输出第 5 张图片对应的内容、可视化结果、标注内容。（与第 1 张图片的格式一致，这里不再重复。）

```
tf.Tensor(
[[ 86.33. 376. 138. 1.]
[ 79. 155. 217. 202. 1.]
[242. 157. 382. 205. 1.]
[ 87. 221. 372. 324. 1.]
[ 74. 375. 155. 405. 1.]
[170. 375. 387. 405. 1.]
[129. 419. 329. 491. 1.]
[100. 540. 356. 598. 1.]
[0. 0. 0. 0. 0.]
[0. 0. 0. 0. 0.]
[0. 0. 0. 0. 0.]
[0. 0. 0. 0. 0.]
[0. 0. 0. 0. 0.]
[0. 0. 0. 0. 0.]], shape=(14, 5), dtype=float32)
```

该标注内容的长度与第 1 张图片的标注内容的长度不同。再次证明了 tf.data.Dataset 接口的 `padded_batch` 方法是按照单批次样本进行对齐的，而非对数据集中的所有样本进行对齐，即多个批次之间的长度是不同的。

6.2.3　代码实现：为尺寸调整后的样本图片同步标注坐标

在 6.2.2 节中，所有图片的尺寸都已经调整为 384×384。为了保持标注的一致，还需要将标注中的坐标按照新调整后的图片进行调整。

在实现时，可以直接在代码文件 code_09_mydataset.py 的基础上进行调整，具体做法如下。

1. 修改单个样本的处理函数

修改 `get_dataset` 函数，根据图片调整的比例重新计算标注中的区域坐标，并将其追加到标签中。具体的处理方式如下。

- 计算调整尺寸的压缩比见第 58 行、第 59 行代码。
- 修改函数 `my_py_func` 的参数，传入压缩比，见第 61 行代码。
- 根据传入的压缩比重新计算区域坐标，见第 83 ~ 87 行代码。
- 修改函数 `my_py_func` 的调用方式，见第 97 ~ 98 行代码。

具体代码如下。

代码文件：code_10_mydataset.py

```
50      ......                #前50行代码与code_09_mydataset.py的前50行代码相同
51      if isNewAPI == True:      #对图片尺寸进行调整
52          img = tf.image.resize(img, config['tagsize'],
53          tf.image.ResizeMethod.BILINEAR)
54      else:
55          img = tf.image.resize_images(img, config['tagsize'],
56          tf.image.ResizeMethod.BILINEAR)
57      #获得调整尺寸的压缩比
58      x_sl = config['tagsize'][1] / tf.cast(w, dtype=tf.float32)#宽度的压缩比
59      y_sl = config['tagsize'][0] / tf.cast(h, dtype=tf.float32)#高度的压缩比
60
61      def my_py_func(x_sl, y_sl, filename):        #定义函数，用于制作标签
62
63          if isNewAPI == True:                        #新的API中传入的是张量
64              x_sl, y_sl, filename = x_sl.numpy(), y_sl.numpy(),
65                          filename.numpy()        #对张量参数进行转换
66
67          #打开文件，读取样本的标注文件
68          filestr = open(filename, "r", encoding='utf-8')
69          filelines = filestr.readlines()
70          filestr.close()
71
72          Y = [] #定义列表，存放样本的标签
73          if len(filelines)!= 0:
74              for i, line in enumerate(filelines):
```

```
75                         #文件有两种格式，一种用空格分隔，一种用逗号分隔
76                    if 'img' in filename.decode():
77                        file_data = line.split(', ')
78                    else:
79                        file_data = line.split(' ')
80                    if len(file_data) <= 4:
81                        continue
82
83                    #计算区域在尺寸调整后的坐标
84                    xmin = int(file_data[0]) * x_sl
85                    xmax = int(file_data[2]) * x_sl
86                    ymin = int(file_data[1]) * y_sl
87                    ymax = int(file_data[3]) * y_sl
88                #合成标签记录
89                    Y.append([xmin, ymin, xmax, ymax, 1])
90            return np.asarray(Y, dtype=np.float32)
91
92            #构建自动图，处理样本标签
93        if isNewAPI == True:
94            threefun = tf.py_function
95        else:
96            threefun = tf.py_func
97        ground_truth = threefun(my_py_func,
98                                [x_sl, y_sl, filename[1]], tf.float32)
99
100        return img, ground_truth        #返回处理过的样本图片和标签
101
102    dataset = tf.data.Dataset.from_tensor_slices(img_lab_files)
```

第 97 ～ 98 行代码以自动图方式在静态图中调用函数 my_py_func。在该调用方式中第 2 个参数要与函数 my_py_func 中的参数完全一致；第 3 个参数要与函数 my_py_func 的返回值类型一致。

2. 编写测试代码并运行程序

为了验证区域坐标转换的正确性，需要将转换后的区域坐标在图片上显示出来。定义函数 getboxesbythreshold 以从标签中提取出区域坐标和分类概率，定义函数 showimgwithbox 以合成图片并显示。具体代码如下。

```
1   ……   #前面的代码与code_09_mydataset.py的前30行代码相同
2   #从标签中提取出区域坐标和分类概率
3   def getboxesbythreshold(gt, threshold):
4       gtmask = gt[gt[..., -1] >threshold]    #过滤掉无效的标签区域
5       scores = gtmask[..., -1]
6       boxes = np.int32(gtmask[..., 0:4])
7       return boxes, scores
8
```

```
9    #将区域坐标、分类概率合并到一张图中，并显示
10   def showimgwithbox(img, boxes, scores, y_first=False):
11       from PIL import ImageDraw
12       color = tuple(np.random.randint(0, 256, 3))
13
14       draw = ImageDraw.Draw(img)        #定义Draw对象，用于合成图片
15       for i in range(len(boxes)):
16           #支持两种坐标格式
17           if y_first == True:          #处理坐标格式为[y,x,y2,x2]的坐标
18               box = (boxes[i][1], boxes[i][0], boxes[i][3], boxes[i][2])
19           else:                        #处理坐标格式为[x,y,x2,y2]的坐标
20               box = (boxes[i][0], boxes[i][1], boxes[i][2], boxes[i][3])
21           draw.rectangle(xy=box, outline=color, width=4) #在Draw对象上画矩形框
22           #在指定区域显示文本
23           plt.text(box[0], box[1], str(scores[i]), color='red', fontsize=12)
24       plt.imshow(img)                              #显示合成的图片
25       plt.show()
26
27   if __name__ == '__main__':
28       from PIL import Image
29       #TensorFlow 2.0以下版本中需要手动打开动态图
30       assert LooseVersion(tf.__version__) >= LooseVersion("2.0")
31
32       dataset_config = {
33           'batchsize': 4,
34           'image_path': r'data/test/images/',
35           'gt_path': r'data/test/ground_truth/',
36           'tagsize': [384, 384]
37       }
38
39       #制作图片数据集
40       image_dataset = get_dataset(dataset_config, shuffle=False)
41
42       for i, gt in image_dataset.take(1):   #取出1个批次的数据
43           i = i[0]   #取出批次中的第1张图片
44           #取出批次中第1张图片所对应的标注，形状为[x,y,x2,y2,score]
45           gt = gt[0].numpy()
46           img = Image.fromarray(np.uint8(i.numpy()))
47
48           #将图片与标注合成后显示出来
49           boxes, scores = getboxesbythreshold(gt, 0)
50           showimgwithbox(img, boxes, scores)
```

第 3 行的函数 getboxesbythreshold 还可以在模型预测环节使用，该函数的第 2 个参数可以当作阈值来使用，用于过滤概率比较低的区域。

代码运行后，输出了带标注框的图片，如图 6-13 所示。

图6-13　带标注框的图片

6.2.4　代码实现：将标签改为"中心点、高、宽"的形式

为了配合模型训练，需要将样本的标注标签改为"中心点、高、宽"的形式。

在实现时，直接在代码文件 code_10_mydataset.py 的基础上进行调整，具体做法如下。

1. 修改单个样本的处理函数

修改 `get_dataset` 函数，在计算调整后的区域坐标之后，计算其中心点、高、宽。具体的处理步骤如下。

- 在根据图片的调整尺寸计算出新的区域坐标之后，添加代码，计算该区域新的高度、宽度、中心点，见第 90 ～ 93 行代码。
- 为批次数据增加指定的填充长度，见第 115 行代码。

具体代码如下。

代码文件：code_11_mydataset.py

```
83                    #前82行代码与6.2.3节的code_10_mydataset.py的前82行代码相同
84                    #计算区域在尺寸调整后的坐标
85                    xmin = int(file_data[0]) * x_sl
86                    xmax = int(file_data[2]) * x_sl
87                    ymin = int(file_data[1]) * y_sl
88                    ymax = int(file_data[3]) * y_sl
89
90                    w = (xmax - xmin)     #计算新坐标下的宽度
91                    h = (ymax - ymin)     #计算新坐标下的高度
92                    x = ((xmax + xmin) / 2)        #计算新坐标下的中心点
93                    y = ((ymax + ymin) / 2)
94
95                    Y.append( [y,x,h,w,1])        #将计算的结果组合成标签
96            return np.asarray(Y, dtype=np.float32)
97
98        #构建自动图，处理样本标签
99        if isNewAPI == True:
```

```
100            threefun = tf.py_function
101        else:
102            threefun = tf.py_func
103        ground_truth = threefun(my_py_func,
104                                [x_sl, y_sl, filename[1]], tf.float32)
105
106        return img, ground_truth        #返回处理过的样本图片和标签
107
108    dataset = tf.data.Dataset.from_tensor_slices(img_lab_files)
109    if shuffle == True:#将样本顺序打乱
110        dataset = dataset.shuffle(buffer_size=len(img_lab_files))
111    #对每个样本进行再加工
112    dataset = dataset.map(lambda x: _parse_function(x, config))
113
114    #统一指定批次样本的填充形状
115    padded_shapes = ([None, None, None], [60, None])
116    #对批次样本按照指定形状进行填充
117    dataset = dataset.padded_batch(config['batchsize'],
118                        padded_shapes=padded_shapes,
119                    padding_values=(tf.constant(-1, dtype=tf.float32),
120                                    tf.constant(-1, dtype=tf.float32)
121                                    ),
122                        drop_remainder=True)#舍弃不足1个批次的数据
123    ......
```

第 115 行代码定义了形状变量 **padded_shapes**，该变量用于统一所有批次样本中的标签长度，使其按照长度为 60 进行填充。

> **注意**   第115行代码的扩展操作非常关键。它与模型计算损失的方式息息相关，如果处理不当，很容易会使模型训练错误。这部分知识将在6.7.3节和6.7.4节展开介绍。

第 117 ~ 122 行代码调用了对象 dataset 的 **padded_batch** 方法，对批次数据的形状进行设置，同时又指定默认填充值为 –1。虽然使用默认填充值 0 也可以正常运行，但是从经验角度来看，设置为 –1 会更加安全（将填充值设置得离正常值越远，越不容易出错）。假如样本中真会有 0 出现，那么默认的填充值 0 势必会对真实数据产生干扰。

2. 为数据集添加初始化函数

因为本实例使用静态图的方式来训练模型，所以需要先对数据集进行初始化。定义函数 **gen_dataset**，用于初始化数据集。具体代码如下。

```
1    ......
2    #定义函数以在静态图中初始化数据集
3    def gen_dataset(dataset_config, shuffle=True):
4        dataset = get_dataset(dataset_config, shuffle)
5
```

```
6      if isNewAPI == True:#对于TensorFlow 1.13及以后版本, 需要使用tf.compat.v1接口
7          iterator = tf.compat.v1.data.make_initializable_iterator(dataset)
8          init_op = iterator.initializer
9      else:              #对于TensorFlow 1.12及以前的版本, 可以直接生成迭代器
10         iterator = dataset.make_initializable_iterator()
11         init_op = iterator.initializer
12
13     return init_op, iterator
```

该部分代码仅在训练模型时使用，如果使用动态图进行训练，则可以省略。

3. 编写测试代码并运行程序

在函数 gen_dataset 之后定义 centerbox2xybox 函数，用于将格式为"中心点、高、宽"的标签转换为区域坐标。

从数据集中取出某一批次数据，并将其显示出来。具体代码如下。

```
14   ......              #接函数gen_dataset的定义
15   #将格式为"中心点、高、宽"的标签转换为区域坐标
16   def centerbox2xybox(centbox):   #参数centbox的形状为[centy,centx,h,w]
17       yx1 = centbox[..., 0:2] - centbox[..., 2:4] / 2.
18       yx2 = centbox[..., 0:2] + centbox[..., 2:4] / 2.
19       #依次提取
20       x1 = np.expand_dims(yx1[..., 1], -1)
21       y1 = np.expand_dims(yx1[..., 0], -1)
22       x2 = np.expand_dims(yx2[..., 1], -1)
23       y2 = np.expand_dims(yx2[..., 0], -1)
24
25       score = np.expand_dims(centbox[..., 4], -1)
26       #组合成坐标标签并返回
27       return np.concatenate([x1, y1, x2, y2, score], axis=-1)
28
29   if __name__ == '__main__':
30       from PIL import Image
31
32       #TensorFlow 2.0以下版本中需要手动打开动态图
33       assert LooseVersion(tf.__version__) >= LooseVersion("2.0")
34
35       dataset_config = {
36           'batchsize': 2,
37           'image_path': r'data/test/images/',
38           'gt_path': r'data/test/ground_truth/',
39           'tagsize': [384, 384]
40       }
41
42       #制作图片数据集
```

```
43    image_dataset = get_dataset(dataset_config, shuffle=False)
44
45    for i, gt in image_dataset.take(1):      #从数据集中取出某一批次数据
46        print(i[0])
47        i = i[0]
48        print(gt[0].numpy(), gt[1].numpy())
49        gt = gt[0].numpy()
50        print(gt)
51
52        img = Image.fromarray(np.uint8(i.numpy()))
53        gt = centerbox2xybox(gt)                      #将标签转换成区域坐标的格式
54        #从标签中提取标注框和分类概率
55        boxes, scores = getboxesbythreshold(gt, 0)
56        showimgwithbox(img, boxes, scores)            #显示带有标注框的样本图片
```

代码运行后，可以看到与图 6-13 一致的效果。

6.3　构建堆叠式沙漏网络模型

CenterNet 模型中使用沙漏网络模型来进行图片特征提取。沙漏网络模型原本是估计人体姿态时使用的，即输出图片中人体关键点的精确像素位置。沙漏网络模型更擅长捕捉图片中各个关键点的空间位置信息，如图 6-14 所示。

图6-14　沙漏网络模型在人体姿态估计任务中的应用

6.3.1　沙漏网络模型

沙漏网络模型由密歇根大学的研究团队提出。该模型使用了自顶向下和自底向上的结构，该结构的形状很像沙漏，所以叫作堆叠式沙漏（stacked hourglass）模型。

　　沙漏网络模型中的沙漏结构是通过全卷积实现的，可称为堆叠式沙漏模块。完整的沙漏网络模型是由多个沙漏结构堆叠而成的，如图 6-15 所示。

　　堆叠式沙漏网络模块可以自己形成一个独立的单元。

　　单个堆叠式沙漏网络模块则是由多个"下采样到上采样"的处理结构嵌套而成的。以一个两层嵌套的堆叠式沙漏网络模块为例，其内部结构如图 6-16 所示（其中 ch 表示通道数量）。

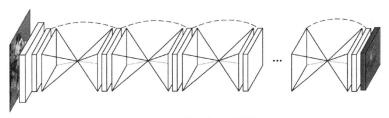

图6-15　完整的沙漏网络模型

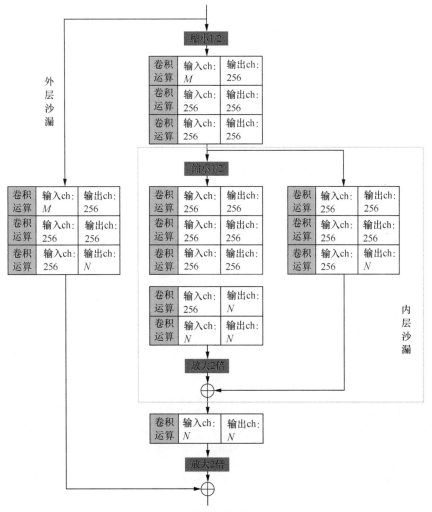

图6-16　堆叠式沙漏网络模块

　　参考图 6-16 所示结构，堆叠式沙漏网络模块中的操作可以分为 6 个步骤。

（1）输入数据分为两个分支进行处理，一个进行下采样，另一个对原尺度进行处理。

（2）下采样分支在处理完之后，还会进行上采样。应保持整个堆叠式沙漏网络模块的输入 / 输出尺寸不变。

（3）每次上采样之后，与原尺度的数据进行相加。上采样也有很多种方式，包括直接用最近邻插值法、双线性插值法，也有使用反卷积的方式。

（4）两次下采样之间，使用 3 个残差层进行提取特征。

（5）两次相加之间，使用 1 个残差层进行提取特征。

（6）最后的输出（通道数为 N）根据需要检测的关键点数量来决定。

相关论文的获取方式是在 arXiv 网站中搜索论文编号"1603.06937"。

6.3.2　代码实现：构建沙漏网络模型的基础结构

沙漏网络模型的基础结构包括如下 3 个部分：

- 带归一化功能的卷积层；
- 带残差结构的残差网络层；
- 带补零结构的卷积归一化层。

以上 3 层分别对应函数 _conv_bn、residual 和 convolution。具体代码如下。

代码文件：code_12_hourglass.py

```
1  #导入基础模块
2  from tensorflow.keras.models import *
3  from tensorflow.keras.layers import *
4  import tensorflow.keras.backend as K
5  import numpy as np
6
7  #定义函数，实现带卷积的BN层
8  def _conv_bn(_inter, filters, kernel_size, name, strides=(1, 1),
9  padding='valid'):
10     conv = Conv2D(filters=filters, kernel_size=kernel_size, strides=strides,
11                 padding=padding, use_bias=False, name=name[0])(_inter)
12     bn = BatchNormalization(epsilon=1e-5, name=name[1], renorm=True)(conv)
13     return bn
14
15  #定义残差结构
16  def residual(_x, out_dim, name, stride=1):
17     shortcut = _x
18     num_channels = K.int_shape(shortcut)[-1]
19     #3×3的same卷积
20     _x = ZeroPadding2D(padding=1, name=name + '.pad1')(_x)
21     _x = _conv_bn(_x, out_dim, 3, strides=stride, name=[name + '.conv1', name +
22     '.bn1'])
23
24     _x = Activation('relu', name=name + '.relu1')(_x)
25     _x = _conv_bn(_x, out_dim, 3, padding='same', name=[name + '.conv2', name +
26     '.bn2'])
```

```
27
28      if num_channels != out_dim or stride != 1:   #按照步长进行下采样
29         shortcut = _conv_bn(shortcut, out_dim, 1, strides=stride, name=[name +
30         '.shortcut.0', name + '.shortcut.1'])
31
32      _x = Add(name=name + '.add')([_x, shortcut])   #将特征数据进行相加，形成残差结构
33      _x = Activation('relu', name=name + '.relu')(_x)
34      return _x
35
36 #定义函数，实现带补零结构的卷积层（same）
37 def convolution(_x, k, out_dim, name, stride=1):
38      padding = (k - 1) // 2
39      _x = ZeroPadding2D(padding=padding, name=name + '.pad')(_x)
40      s_x = _conv_bn(_x, out_dim, k, strides=stride, name=[name + '.conv', name +
41      '.bn'])
42      _x = Activation('relu', name=name + '.relu')(_x)
43      return _x
```

第 8 ～ 13 行代码定义了函数 **_conv_bn**，该函数实现了卷积层的归一化。

第 20 行、第 21 行代码使用 **ZeroPadding2D** 对输入特征先手动补零再进行卷积（padding 参数为 valid）运算。这相当于一个 3×3 的 same 卷积，其原理可以参考 6.7.12 节。

第 37 ～ 43 行代码定义了函数 convolution。该函数以手动补零的方式实现了带激活函数的 same 卷积运算。若将该函数替换为直接调用 **Conv2D** 函数并将 padding 参数设置为 same，效果也是一样的。Conv2D 函数的意义可以参考 6.7.12 节。

6.3.3　代码实现：构建沙漏网络模型的前置结构

沙漏网络模型的前置结构的主要任务是下采样，通过定义函数 pre 可完成该操作。在函数 pre 中，先用 7×7 卷积核进行一次下采样，再用定义的残差网络 residual 进行一次下采样，以使输出尺寸变为原来的 1/4。具体代码如下。

代码文件：code_12_hourglass.py（续）

```
44 def pre(_x, num_channels):   #定义函数，对原始图片进行两次下采样
45      _x = convolution(_x, 7, 128, name='pre.0', stride=2) #用大卷积核（7）下采样
46      _x = residual(_x, num_channels, name='pre.1', stride=2)   #用残差网络下采样
47      return _x
```

以尺寸为 384×384 的输入图片为例，经过函数 pre 处理之后，所形成的沙漏网络模型的前置结构如图 6-17 所示。

从图 6-17 中可以看到，函数 pre 将原始图片由 384×384 变成 96×96。

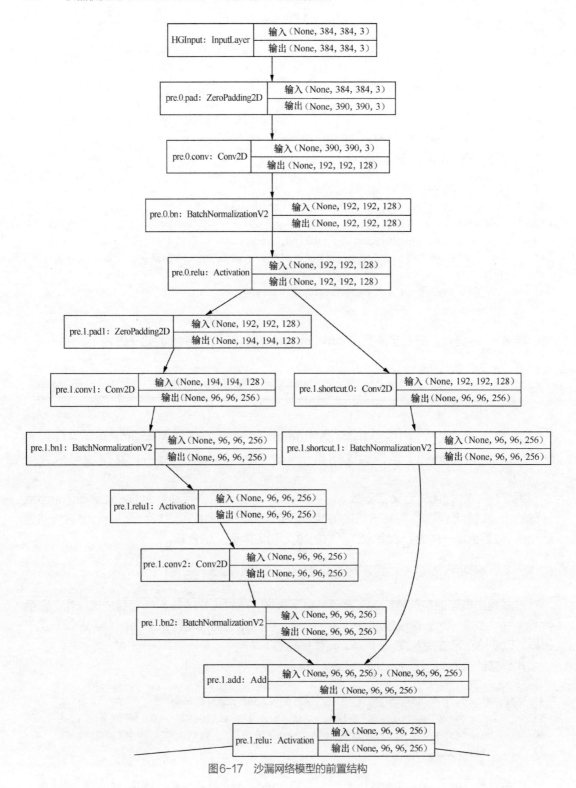

图6-17　沙漏网络模型的前置结构

6.3.4　代码实现：构建沙漏网络模型的主体结构

沙漏网络模型的主体结构为 6.3.1 节所介绍的堆叠式沙漏网络模块。该模块使用了 5 层嵌套的沙漏，如图 6-18 所示。

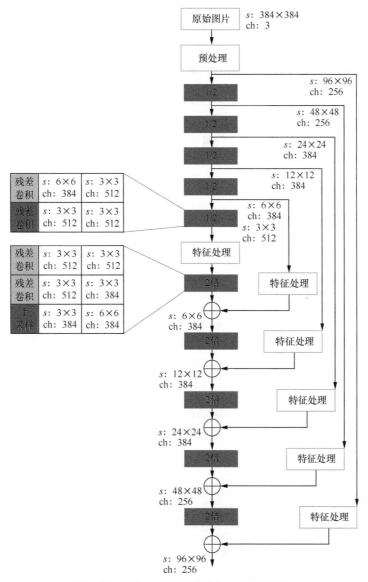

图6-18　堆叠式沙漏网络模块中5层嵌套的沙漏

图 6-18 中的 ch 代表通道数量，s 表示形状。对于左侧的残差卷积和中间的上采样操作，s 指卷积核的形状；对于右侧部分，s 指整个图片的形状。

除了嵌套 5 层沙漏之外，还需要为该堆叠式沙漏网络模块创建输出节点。具体代码如下。

代码文件：code_12_hourglass.py（续）

```
48  #定义函数,处理原数据特征,并作为右侧特征
49  def right_features(bottom, hgid, dims):
50      features = [bottom]
51      for kk, nh in enumerate(dims):    #按照指定维度,对嵌套沙漏的原数据进行特征处理
52          pow_str = ''
53          for _ in range(kk):
54              pow_str += '.center'
55          #按照指定维度,对原始数据进行下采样
56          _x = residual(features[-1], nh, name='kps.%d%s.down.0' % (hgid, pow_str),
57          stride=2)
58          _x = residual(_x, nh, name='kps.%d%s.down.1' % (hgid, pow_str))
59          features.append(_x)
60      return features
61
62  #定义函数,将右侧的原尺寸特征与左侧的沙漏特征相加,并返回结果
63  def connect_left_right(right, left, num_channels, num_channels_next, name):
64      #右侧分支:对原始尺度数据进行特征处理
65      right = residual(right, num_channels_next, name=name + 'skip.0')
66      right = residual(right, num_channels_next, name=name + 'skip.1')
67
68      #左侧分支: 执行两次残差处理,再上采样
69      out = residual(left, num_channels, name=name + 'out.0')
70      out = residual(out, num_channels_next, name=name + 'out.1')
71      out = UpSampling2D(name=name + 'out.upsampleNN')(out)
72
73      #左右两侧合并
74      out = Add(name=name + 'out.add')([ right, out])
75      return out
76
77  #定义瓶颈层,用4个残差层进行特征处理
78  def bottleneck_layer(_x, num_channels, hgid):
79      pow_str = 'center.' * 5
80      _x = residual(_x, num_channels, name='kps.%d.%s0' % (hgid, pow_str))
81      _x = residual(_x, num_channels, name='kps.%d.%s1' % (hgid, pow_str))
82      _x = residual(_x, num_channels, name='kps.%d.%s2' % (hgid, pow_str))
83      _x = residual(_x, num_channels, name='kps.%d.%s3' % (hgid, pow_str))
84      return _x
85
86  #定义函数,对左侧沙漏进行特征处理
87  def left_features(rightfeatures, hgid, dims):
88      #对最里侧的沙漏进行特征处理
89      lf = bottleneck_layer(rightfeatures[-1], dims[-1], hgid)
90      for kk in reversed(range(len(dims))):    #按照嵌套顺序叠加左右侧特征的残差
91          pow_str = ''
92          for _ in range(kk):
```

```
93                  pow_str += 'center.'
94          lf = connect_left_right(rightfeatures[kk], lf, dims[kk],
95                      dims[max(kk - 1, 0)],  name='kps.%d.%s' % (hgid, pow_str))
96      return lf
97
98  def create_heads(heads, lf1, hgid):  #定义函数，创建输出节点
99      _heads = []
100 for head in sorted(heads):
101     num_channels = heads[head]
102     _x = Conv2D(256, 3, use_bias=True, padding='same', name=head +
103     '.%d.0.conv' % hgid)(lf1)
104     _x = Activation('relu', name=head + '.%d.0.relu' % hgid)(_x)
105     #用1×1的卷积进行维度变换，生成指定通道的特征
106     _x = Conv2D(num_channels, 1, use_bias=True, name=head + '.%d.1' %
107     hgid)(_x)
108     _heads.append(_x)
109     return _heads
110
111 #按照指定的维度搭建堆叠式沙漏模块
112 def hourglass_module(heads, bottom, cnv_dim, hgid, dims):
113     rfs = right_features(bottom, hgid, dims)  #按照指定维度，创建右侧特征
114     #将右侧特征与左侧的沙漏结构相加，得到最终特征
115     lf1 = right_features(rfs, hgid, dims)
116     #对最终特征进行卷积处理
117     lf1 = convolution(lf1, 3, cnv_dim, name='cnvs.%d' % hgid)
118     heads = create_heads(heads, lf1, hgid)  #生成沙漏的输出节点
119     return heads, lf1
```

第 49 行的函数 right_features 按照指定维度对原始输入进行下采样，下采样后的数据将被分配给左右两个分支进行计算。

左右分支计算过程是在函数 left_features 中完成的，具体步骤如下。

（1）以下采样的最低维度作为最内层沙漏，并对其进行处理（见函数 bottleneck_layer）。

（2）对该处理结果进行上采样，并与右侧特征合并。

（3）对步骤（2）的结果继续上采样，并与对应的右侧特征合并。

（4）循环该操作，直到与最后一个右侧特征合并。

以上步骤可以参考图 6-18。其中，最内层的内层沙漏的结构与代码中函数的关系如图 6-19 所示。

第 98 行的函数 create_heads 实现了沙漏模块的输出层。在调用该函数时，可以在传入的参数 heads 中指定字典名称和输出维度。函数内部会根据配置生成指定的输出节点。例如，若传入的 heads 参数值为 heads = {'hm': 80,'reg': 2,'wh': 2}，则生成的输出节点如图 6-20 所示。

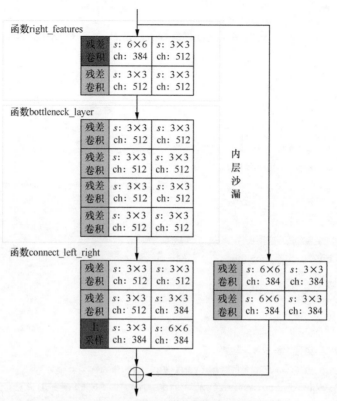

图6-19   内层沙漏的结构与代码中函数的关系

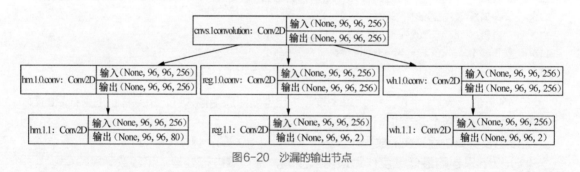

图6-20   沙漏的输出节点

第106行代码使用1×1卷积进行维度变换，按指定要求输出对应维度。这是一个常用的技巧。

6.3.5   代码实现：搭建堆叠式沙漏网络模型

以堆叠式结构将多个沙漏模块组合起来，形成完整的模型结构。具体代码如下。

代码文件：code_12_hourglass.py（续）

```
120  #实现沙漏模型
121  def HourglassNetwork(heads, num_stacks, cnv_dim=256, inputsize=(512, 512),
122                       dims=[256, 384, 384, 384, 512]):
123      #定义输入节点
124      input_layer = Input(shape=(inputsize[0], inputsize[1], 3), name='HGInput')
```

```
125        inter = pre(input_layer, cnv_dim)        #用前置结构处理输入
126        prev_inter = None
127        outputs = []
128        for i in range(num_stacks):                        #按照指定的沙漏模块进行叠加
129            prev_inter = inter
130            _heads, inter = hourglass_module(heads, inter, cnv_dim, i, dims)
131            outputs.extend(_heads)
132            if i <num_stacks - 1:    #如果后面还有沙漏，则进行残差处理后再输入下一个沙漏
133
134                inter_ = _conv_bn(prev_inter, cnv_dim, 1, name=['inter_.%d.0' % i,
135                'inter_.%d.1' % i])
136
137                cnv_ = _conv_bn(inter, cnv_dim, 1, name=['cnv_.%d.0' % i,
138                'cnv_.%d.1' % i])
139
140                inter = Add(name='inters.%d.inters.add' % i)([inter_, cnv_])
141                inter = Activation('relu', name='inters.%d.inters.relu' % i)(inter)
142                inter = residual(inter, cnv_dim, 'inters.%d' % i)
143
144        model = Model(inputs=input_layer, outputs=outputs)#组合成模型并返回
145        return model
```

第 121 行的参数 **num_stacks** 代表堆叠的沙漏模块的个数。

在多个沙漏模块的堆叠过程中，应将前一个堆叠的沙漏模块经过残差处理之后，再连接下一个堆叠的沙漏模块。每个堆叠的沙漏模块都会生成一个输出节点，把这些节点统一放到变量 **outputs** 中，作为整个模型的输出。

6.3.6　代码实现：对沙漏网络模型进行单元测试

在沙漏网络模型搭建好后，可以通过简单的几行代码对模型进行单元测试。

具体代码如下。

代码文件：code_12_hourglass.py（续）

```
146    if __name__ == '__main__':
147        kwargs = {
148            'num_stacks': 2,
149            'cnv_dim': 256,
150            'inres': (512, 512),
151
152        }
153        heads = {
154            'hm': 80,
155            'reg': 2,
156            'wh': 2
157        }
158        model = HourglassNetwork(heads=heads, **kwargs)
159        print(model.summary(line_length=200))
160        print(model.outputs)
```

第 147 行代码定义的字典 `kwargs` 用于配置模型参数。

第 153 行代码定义的字典 `heads` 用于指定模型的输出节点。

代码运行后，可以显示模型的结构信息以及输出节点的信息。

6.4　构建 CenterNet 模型类

CenterNet 模型类使用沙漏网络模型作为主干网对图片进行特征计算，并使用高斯核、focal loss 等算法对沙漏网络模型输出的特征图进行有监督训练，使模型可以输出所识别物体的正确分类、尺寸和偏移数据。

6.4.1　代码实现：定义 CenterNet 模型类并实现初始化方法

本实例在 TensorFlow 2.*x* 版本上通过 TensorFlow 1.*x* 中的方式（静态图方式）训练和使用模型。

定义模型类 `MyCenterNet` 并完成该类的初始化方法。具体代码如下。

代码文件：code_13_MyCenterNet.py

```
1  #导入基础模块
2  import tensorflow as tf
3  import numpy as np
4  import sys
5  import os
6  from tensorflow.keras.layers import *
7  from distutils.version import LooseVersion
8  from code_12_hourglass import *#导入本项目模块
9
10  isNewAPI = True   #获得当前版本
11  if LooseVersion((tf.__version__) >= LooseVersion("1.13"):
12      print("new version API")
13  else:
14      print('old version API')
15      isNewAPI = False
16
17  #定义CenterNet模型类
18  class MyCenterNet:
19      def __init__(self, config, dataset_gen):          #定义初始化方法
20          self.mode = config['mode']                    #获得运行方式
21          self.input_size = config['input_size']        #获得输入尺寸
22          self.num_classes = config['num_classes']      #获得分类数
23          self.batch_size = config['batch_size']        #获得批次大小
24          if dataset_gen != None:                       #初始化数据集张量
25              self.train_initializer, self.train_iterator = dataset_gen
26          self.score_threshold = config['score_threshold']   #预测结果的阈值
```

```
27          #处理预测结果的最大个数
28          self.top_k_results_output = config['top_k_results_output']
29
30          if isNewAPI == True:        #定义迭代训练的计步张量
31              self.global_step = tf.compat.v1.get_variable(name='global_step',
32                              initializer=tf.constant(0),trainable=False)
33          else:
34              self.global_step = tf.get_variable(name='global_step',
35                              initializer=tf.constant(0), trainable=False)
36
37          self._define_inputs()          #定义输入节点
38          self._build_graph()            #搭建网络模型
39          #定义保存模型的张量
40          if isNewAPI == True:
41              self.saver = tf.compat.v1.train.Saver()
42          else:
43              self.saver = tf.train.Saver()
44          self._init_session()    #初始化会话
45
46      def _init_session(self):    #定义初始化会话
47          if isNewAPI == True:
48              self.sess = tf.compat.v1.InteractiveSession()
49              self.sess.run(tf.compat.v1.global_variables_initializer())
50          else:
51              self.sess = tf.InteractiveSession()
52              self.sess.run(tf.global_variables_initializer())
53
54          if self.mode == 'train':
55              self.sess.run(self.train_initializer)
56
57      def close_session(self):#关闭会话
58          self.sess.close()
```

第 31 ～ 32 行代码定义了模型训练所使用的计步张量 **global_step**。其中前缀为 *tf. compat.v1* 的 API 表示这是 TensorFlow 2.*x* 版本中的 TensorFlow 1.*x* 函数。

6.4.2　代码实现：定义模型的输入节点

在 **MyCenterNet** 类中定义的 **_define_inputs** 方法在训练和使用两种场景下定义了输入节点。

- 在训练场景下，从数据集获取样本和标签，同时对样本图片进行归一化处理，并定义学习率占位符。
- 在使用场景下，定义输入图片和标签的占位符，并对图片进行归一化处理。

具体代码如下。

代码文件：code_13_MyCenterNet.py（续）

```
59      def _define_inputs(self):  #定义函数，实现模型的输入节点
60          #定义图片预处理常量
61          std = tf.constant([0.229, 0.224, 0.225])  #用于归一化的方差
62          mean = tf.constant([0.485, 0.456, 0.406]) #用于归一化的均值
63          #对均值和方差进行变形
64          mean = tf.reshape(mean, [1, 1, 1, 3])
65          std = tf.reshape(std, [1, 1, 1, 3])
66          #根据版本定义相应的操作函数
67          if isNewAPI == True:
68              placeholder = tf.compat.v1.placeholder
69              decode_base64 = tf.io.decode_base64
70              decode_jpeg = tf.io.decode_jpeg
71          else:
72              placeholder = tf.placeholder
73              decode_base64 = tf.decode_base64
74              decode_jpeg = tf.image.decode_jpeg
75
76          #使用不同的输入节点进行训练和测试
77          if self.mode == 'train':
78              #从数据集中获取样本和标签
79              self.imgs, self.ground_truth = self.train_iterator.get_next()
80              self.imgs.set_shape([self.batch_size, self.input_size[0],
81              self.input_size[1], 3])
82              self.images = (self.imgs / 255. - mean) / std  #对样本进行归一化
83              #定义学习率的输入节点
84              self.lr = placeholder(dtype=tf.float32, shape=[], name='lr')
85          else:
86              #以base64编码方式获取图片数据
87              self.imgs = placeholder(shape=None, dtype=tf.string)
88              decoded = decode_jpeg(decode_base64(self.imgs), channels=3)
89              image = tf.expand_dims(decoded, 0)
90              if isNewAPI == True:
91                  image = tf.image.resize(image, self.input_size,
92                                           tf.image.ResizeMethod.BILINEAR)
93              else:
94                  image = tf.image.resize_images(image, self.input_size,
95                                           tf.image.ResizeMethod.BILINEAR)
96
97              self.images = (image / 255. - mean) / std  #对图片进行归一化
98              #定义标签占位符（支持测试功能）
99          self.ground_truth = placeholder(tf.float32, [self.batch_size, None, 5],
100         name='labels')
```

第 61 ~ 62 行代码调用 **tf.constant** 函数将常量转换为 TensorFlow 张量。**std** 与 **mean** 分别代表图片数据的方差与均值，这两个张量在对输入数据进行归一化处理时使用。

> **注意** 在 TensorFlow 中，用于把其他数据类型转换为张量的函数还有 tf.convert_to_tensor 函数。该函数比 tf.constant 函数更强大，不仅可以将标量转换为张量，还可以将 Python 中的基础变量对象转换成张量。

第 79 行代码直接将训练数据集迭代器中 `get_next` 方法返回的张量传给输入节点 `self.imgs` 和 `self.ground_truth`。这种做法与定义占位符然后向其注入数据的效果一样。

第 87 ～ 97 行代码在预测场景下定义占位符，接收 base64 格式的图片数据。这种方式更有助于模型的线上部署（见第 3 章的部署实例）。当然，这部分代码也可以改成接收正常格式的图片数据，代码如下。

```
self.imgs = placeholder(tf.float32, [self.batch_size,self.input_size[0], self.input_
size[1], 3], name='images')
self.images = (self.imgs / 255. - mean) / std
```

6.4.3 代码实现：构建模型的网络结构

`MyCenterNet` 类的网络结构可以分成 3 部分：

- 通用的沙漏模型部分；
- 训练场景下的损失计算部分；
- 预测场景下的结果输出部分。

这 3 个部分都是在类方法 `_build_graph` 内完成的。本节介绍这 3 个部分。

1. 通用的沙漏模型部分

仿照 6.3.6 节中的代码，定义沙漏模型的配置参数，实现沙漏模型的结构。具体代码如下。
代码文件：code_13_MyCenterNet.py（续）

```
101    def _build_graph(self):              #定义函数，搭建网络
102        kwargs = {                       #配置沙漏模型
103            'num_stacks': 2,             #使用两个堆叠式沙漏模块
104            'cnv_dim': 256,
105            'inres': self.input_size,
106        }
107        heads = {                        #配置输出节点
108            'hm': self.num_classes,      #预测目标的分类
109            'reg': 2,                     #预测目标的尺寸
110            'wh': 2,                      #预测目标的中心点偏移
111        }
112        #生成沙漏模型
113        self.model = HourglassNetwork(heads=heads, **kwargs)
114        #根据运行方式，设置模型是否可以训练
115        if self.mode == 'train':
116            self.model.trainable = True
117        else:
118            self.model.trainable = False
119        #将输入节点传入模型
```

```
120        outputs = self.model(self.images)
121        #取第二个沙漏的输出节点
122        keypoints, size, offset = outputs[3], outputs[4], outputs[5]
123        keypoints = tf.nn.sigmoid(keypoints) #对关键点进行Sigmoid变换
124        #获得输出特征图的尺寸 [96,96]
125        pshape = [tf.shape(offset)[1], tf.shape(offset)[2]]
126
127        #生成网格
128        h = tf.range(0., tf.cast(pshape[0], tf.float32), dtype=tf.float32)
129        w = tf.range(0., tf.cast(pshape[1], tf.float32), dtype=tf.float32)
130        [meshgrid_x, meshgrid_y] = tf.meshgrid(w, h)   #两个变量的形状均为 [96,96]
131
132        stride = 4.0   #定义特征图对比输入图片的缩小比例
```

第 113 行代码生成了沙漏模型。

第 120 行代码调用生成的沙漏模型对象 self.model 对输入节点 self.images 进行处理，并生成输出节点 outputs。该节点的结构与图 6-20 相同。

第 122 行代码对沙漏模型的输出节点 outputs 进行拆分，得到关键点（keypoints）、目标尺寸（size）、中心点偏移量（offset）。这 3 个对象的尺寸为 [96,96]，该尺寸值保存于对象 pshape 中。

第 128 ～ 130 行代码根据输出结果的尺寸生成网格（meshgrid_x, meshgrid_y），该网格对象可当作输出结果的索引，用于取值。

2. 训练场景下的损失计算部分

训练场景下主要是对沙漏网络模型的输出结果进行损失计算，并根据所得到的损失值进行训练。具体代码如下。

代码文件：code_13_MyCenterNet.py（续）

```
133    if self.mode == 'train':   #在训练模式下，计算损失
134        total_loss = []#定义变量，用于存放总损失
135        #定义变量，用于存放每个子损失（包括关键点损失、尺寸损失、偏移量损失）
136        kloss, sizeloss, offloss = [], [], []
137        #展开批次数据，依次计算每个样本的损失
138        for i in range(self.batch_size):
139            #调用函数计算损失
140            loss = self._compute_one_image_loss(keypoints[i, ...],
141                offset[i, ...], size[i, ...],  self.ground_truth[i, ...],
142                meshgrid_y, meshgrid_x,  stride, pshape)
143            #获取每个子损失的值，并保存
144            kloss.append(loss[0])
145            sizeloss.append(loss[1])
146            offloss.append(loss[2])
147            #获取总损失的值，并保存
148            total_loss.append(loss[0] + loss[1] + loss[2])
149        #收集损失值以显示
150        self.lossinfo = [tf.reduce_mean(kloss), tf.reduce_mean(sizeloss),
```

```
151                           tf.reduce_mean(offloss),tf.reduce_mean(total_loss)]
152         #对3个损失取平均值，作为模型训练的损失
153         self.loss = tf.reduce_mean(total_loss)
154         #定义优化器
155         if isNewAPI == True:
156             optimizer = tf.compat.v1.train.AdamOptimizer(self.lr)
157         else:
158             optimizer = tf.train.AdamOptimizer(self.lr)
159         #定义模型的训练操作符
160         self.train_op = optimizer.minimize(self.loss,
161             global_step=self.global_step)
```

第 140 ～ 142 行代码调用模型的内部方法 self._compute_one_image_loss 对损失值进行计算。该方法会返回一个数组，其中包括关键点损失、尺寸损失、偏移量损失。损失的计算方法是该模型的核心，在 6.4.4 节会详细介绍。

第 155 ～ 161 行代码定义了优化器和训练模型的操作符 self.train_op。有了损失值、优化器以及运行模型的操作符便可以训练模型了。

3. 预测场景下的结果输出部分

预测场景下的结果输出部分主要对特征图中的每个点进行过滤，在找到适合的预测点之后，根据中心点及偏移量算出目标边框。具体步骤如下。

（1）根据特征图生成网格索引。

（2）依据网格索引从关键点结果中获取每个网格的预测类别和该类别的预测分数。

（3）在整体的特征图中，在每个 3×3 区域内选出一个分数最大的网格点作为预处理数据。

（4）这些预处理网格点将按照指定阈值（config['score_threshold']）进行过滤，保留分数大于阈值的网格。

（5）在步骤（4）的结果中，对网格按照从大到小的顺序再次进行过滤，保留前 N 个网格点。N 为当前网格点个数与设置的最大处理个数（config['top_k_results_output']）中的较小值。

（6）使用 NMS 算法对步骤（5）的结果进行处理，最终得到网格点，这便是预测结果。

（7）根据最终网格点预测输出，计算出目标边框中 4 个点的坐标，并将分类索引与分类分数作为最终结果返回。

具体代码如下。

代码文件: code_13_MyCenterNet.py（续）

```
162     else:#在预测模式下，计算预测结果
163         meshgrid_y = tf.expand_dims(meshgrid_y, axis=-1)
164         meshgrid_x = tf.expand_dims(meshgrid_x, axis=-1)
165         center = tf.concat([meshgrid_y, meshgrid_x], axis=-1)    #生成网格
166         #获取每个网格的分类索引
167         category = tf.expand_dims(tf.squeeze(tf.argmax(keypoints, axis=-1,
168         output_type=tf.int32)), axis=-1)
169         meshgrid_xyz = tf.concat([tf.zeros_like(category), tf.cast(center, tf.int32),
170         category], axis=-1(
171         #根据索引获取每个网格的分类分数
```

```
172         keypoints = tf.gather_nd(keypoints, meshgrid_xyz)
173         keypoints = tf.expand_dims(keypoints, axis=0)
174         keypoints = tf.expand_dims(keypoints, axis=-1)
175         #在网格中，将3×3区域内的最大分类分数取出，其他分数变为0
176         keypoints_peak = MaxPool2D(pool_size=3,
177                                     strides=1, padding='same')(keypoints)
178         keypoints_mask = tf.cast(
179                         tf.equal(keypoints, keypoints_peak), tf.float32)
180         keypoints = keypoints * keypoints_mask
181
182         scores = tf.reshape(keypoints, [-1])   #每个网格的分类分数
183         class_id = tf.reshape(category, [-1])  #每个网格的分类类别索引
184         bbox_yx = tf.reshape(center + offset, [-1, 2])   #每个网格的中心点偏移量
185         bbox_hw = tf.reshape(size, [-1, 2])    #每个网格预测的物体尺寸
186
187         score_mask = scores >self.score_threshold      #按照阈值定义过滤掩码
188         scores = tf.boolean_mask(scores, score_mask)   #对分数按照指定阈值进行过滤
189         class_id = tf.boolean_mask(class_id, score_mask)   #对类别索引进行过滤
190         bbox_yx = tf.boolean_mask(bbox_yx, score_mask)     #对中心点偏移量进行过滤
191         bbox_hw = tf.boolean_mask(bbox_hw, score_mask)      #对预测的物体尺寸进行过滤
192
193         #根据中心点和尺寸计算出边框中4个点的坐标
194         bbox = tf.concat([bbox_yx - bbox_hw / 2., bbox_yx + bbox_hw / 2.],
195         axis=-1) * stride
196         #计算获取的预测结果的个数
197         num_select = tf.cond(
198                         tf.shape(scores)[0] >self.top_k_results_output,
199                         lambda: self.top_k_results_output,
200                         lambda: tf.shape(scores)[0])
201         #按照指定个数获取预测结果
202         select_scores, select_indices = tf.nn.top_k(scores, num_select)
203         select_class_id = tf.gather(class_id, select_indices)
204         select_bbox = tf.gather(bbox, select_indices)
205
206         #对预测结果进行处理
207         selected_indices = tf.image.non_max_suppression(select_bbox, select_scores,
208             self.top_k_results_output)
209         #根据输出的索引，获取最终结果
210         selected_boxes = tf.gather(select_bbox, selected_indices)
211         selected_scores = tf.gather(select_scores, selected_indices)
212         selected_class_id = tf.gather(select_class_id, selected_indices)
213         self.detection_pred = [selected_boxes, selected_scores,
214             selected_class_id]
```

　　第 172 行代码调用 **tf.gather_nd** 函数从 **keypoints** 中按照索引 meshgrid_xyz 取出结果。函数 **tf.gather_nd** 是按照多维度取值的。

　　第 176 ～ 180 行代码使用最大池化函数与 **tf.equal** 函数将网格中 3×3 区域内的最大分类分数取出，其他分数变为 0。这部分代码设计得非常巧妙，读者可以借鉴该使用方式，并

在类似的场景中加以使用。

第 203 行代码调用 **tf.gather** 函数从分类 **class_id** 中按照索引 **select_indices** 取出结果。函数 **tf.gather** 是按照单维度取值的。

6.4.4　代码实现：计算模型的损失值

CenterNet 模型的损失由 3 部分组成，分别是关键点损失、尺寸损失、偏移量损失。其中关键点损失的计算最复杂，该计算是通过函数完成的。

尺寸损失与偏移量损失的计算方法较简单：直接对预测值与标签之间的差取绝对值，再对绝对值求平均值，即计算 L_1 范数。

注意　在计算尺寸损失与偏移量损失时，只针对正样本进行计算，即标签对应的像素点在对应的特征图中取值并进行计算。对于负样本（模型输出的特征图中正样本以外的点），不计算损失值。

而在计算关键点损失时，会对特征图中的每个点（包括正样本和负样本）进行损失计算。

1. 计算 CenterNet 模型的损失值

在实现时，定义类方法 **_compute_one_image_loss** 来完成 CenterNet 模型损失值的整体计算。该类方法将返回一个损失数组，在数组中包含关键点损失、尺寸损失、偏移量损失。

将这 3 个损失值分别乘以一个系数。经过实验得出关键点损失、尺寸损失与偏移量损失对应的系数分别为 1.0、0.1、1.0。具体代码如下。

代码文件：code_13_MyCenterNet.py（续）

```
215    def _compute_one_image_loss(self, keypoints, offset, size, ground_truth,
216                              meshgrid_y, meshgrid_x, stride, pshape):
217        #把填充值(-1)前面的ground_truth取出来
218        slice_index = tf.argmin(ground_truth, axis=0)[0]
219        ground_truth = tf.gather(ground_truth, tf.range(0, slice_index,
220        dtype=tf.int64))
221        #将标签坐标按照相应的比例缩小
222        ngbbox_y = ground_truth[..., 0] / stride
223        ngbbox_x = ground_truth[..., 1] / stride
224        ngbbox_h = ground_truth[..., 2] / stride
225        ngbbox_w = ground_truth[..., 3] / stride
226        #取出标签中的分类
227        class_id = tf.cast(ground_truth[..., 4], dtype=tf.int32)
228        #取出标签中的中心点
229        ngbbox_yx = ground_truth[..., 0:2] / stride
230        ngbbox_yx_round = tf.floor(ngbbox_yx)   #向下取整
231        #计算中心点缩小后的偏移量
232        offset_gt = ngbbox_yx - ngbbox_yx_round
233        #取出标签中的尺寸值
234        size_gt = ground_truth[..., 2:4] / stride
235        #计算中心点缩小后的整数值
236        ngbbox_yx_round_int = tf.cast(ngbbox_yx_round, tf.int64)
```

```
237        #计算关键点损失
238        keypoints_loss = self._keypoints_loss(keypoints, ngbbox_yx_round_int,
239                                               ngbbox_y, ngbbox_x, ngbbox_h, ngbbox_w,
240                                               class_id, meshgrid_y, meshgrid_x, pshape)
241        #将标签对应的中心点当作索引，从预测结果里取出偏移量
242        offset = tf.gather_nd(offset, ngbbox_yx_round_int)
243        size = tf.gather_nd(size, ngbbox_yx_round_int)
244        #分别计算偏移量和尺寸
245        offset_loss = tf.reduce_mean(tf.abs(offset_gt - offset))
246        size_loss = tf.reduce_mean(tf.abs(size_gt - size))
247        #将3个损失值与参数相乘，组成数组并返回
248        total_loss = [keypoints_loss, 0.1 * size_loss, offset_loss]
249        return total_loss
```

第 218 行代码调用 `tf.argmin` 函数取出标签值 `ground_truth` 中最小值所在的索引 `slice_index`。假设 `ground_truth` 的值为 [[2,3],[1,4],[0,4]]，则将其输入 `tf.argmin` 函数后，会输出结果 [2, 0]。

索引值 `slice_index` 直接应用于第 219 行代码的函数 `tf.gather` 中，将标签值 `ground_truth` 中最小值前面的所有元素取出。

第 218 行、第 219 行代码实现了从标签值 `ground_truth` 中取出非填充部分的功能。

以上代码均有详细注释，这里不再详述。下面进入 CenterNet 模型的重点部分——关键点损失计算。

2. 在计算关键点损失时高斯核函数的作用

主要通过两个核心算法（高斯核函数和修正后的 focal loss 算法）计算关键点损失。

在计算关键点损失时，不仅需要一起计算正样本和负样本的损失，这需要为特征图中的所有点制作一个标签。

在数据集输出的标签中，只有正向的点，而没有负向的点。但对所有负样本都取 0 显然不合适。

从图 6-21 中可以看到，B 点和 C 点同样都没有在样本标注中，但模型应该对二者输出不一样的值。

图6-21　标注与像素点之间的关系

关键点损失的计算部分正是基于这个需求，使用高斯核函数对没有标注的像素点进行映射的。映射后的值在区间 [0,1] 内，中心点的值为 1，离中心点越远的值越接近 0。将该组数值作为每个像素点的标签进行监督训练。

3. 在计算关键点损失时 focal loss 算法的作用

在特征图的每个点都有了标签之后，就可以进行损失计算了。这一环节使用了修正后的 focal loss 算法，将交叉熵分为正负样本两种情况进行计算，并对结果求均值，见式（6-8）。

$$
\text{loss}_k =
\begin{cases}
\dfrac{1}{N} \displaystyle\sum_{xyc} \left(1 - \hat{Y}_{xyc}\right)^{\alpha} \lg\left(\hat{Y}_{xyc}\right) & , Y_{xyc} = 1 \quad \text{（表示正样本）} \\[3ex]
\dfrac{1}{N} \displaystyle\sum_{xyc} \left(1 - Y_{xyc}\right)^{\beta} \left(\hat{Y}_{xyc}\right)^{\alpha} \lg\left(1 - \hat{Y}_{xyc}\right) & , Y_{xyc} \neq 1 \quad \text{（表示负样本）}
\end{cases}
\tag{6-8}
$$

其中，loss_k 代表关键点损失；N 代表当前图片中待检测物体的个数（标签个数）；$\hat{Y}_{xyc}$ 代表在模型输出的关键点特征图中某个像素点的分类分数；Y_{xyc} 代表用高斯核函数对像素点进行计算后的像素点标签；α 代表正样本的调节参数，在本模型中手动设置为 2；β 代表负样本的调节参数，在本模型中手动设置为 4。

从式（6-8）中可以看到，修正后的 focal loss 算法在标准的交叉熵公式基础之上，添加了 $\left(1 - \hat{Y}_{xyc}\right)^{\alpha}$ 与 $\left(1 - Y_{xyc}\right)^{\beta}$ 这两项以对正负样本信息的熵进行调节。

在负样本信息熵的调节过程中，以高斯核函数计算出的像素点标签作为调节权重，使得离中心点越远的像素点的权重值越高。

4. 编写代码计算关键点损失

关键点损失的计算主要是通过类方法 `_keypoints_loss` 来完成的。具体代码如下。

代码文件：code_13_MyCenterNet.py（续）

```
250  def _keypoints_loss(self, keypoints, gbbox_yx, gbbox_y, gbbox_x, gbbox_h,
251                      gbbox_w, classid, meshgrid_y, meshgrid_x, pshape):
252      sigma = self._gaussian_radius(gbbox_h, gbbox_w, 0.7)   #计算高斯半径
253
254      #将标签坐标扩充一个维度
255      gbbox_y = tf.reshape(gbbox_y, [-1, 1, 1])
256      gbbox_x = tf.reshape(gbbox_x, [-1, 1, 1])
257      sigma = tf.reshape(sigma, [-1, 1, 1])
258
259      num_g = tf.shape(gbbox_y)[0]   #当前图片对应的标签个数
260      meshgrid_y = tf.expand_dims(meshgrid_y, 0)
261      meshgrid_y = tf.tile(meshgrid_y, [num_g, 1, 1])
262      meshgrid_x = tf.expand_dims(meshgrid_x, 0)
263      meshgrid_x = tf.tile(meshgrid_x, [num_g, 1, 1])
264      #用高斯核函数计算出每个像素点对应中心点的映射值，生成结果的形状为[num_g,96,96]
265      keyp_penalty= tf.exp(-((gbbox_y - meshgrid_y) ** 2 + (gbbox_x -
266      meshgrid_x) ** 2) / (2 * sigma ** 2))
267      zero_like_keyp = tf.expand_dims(tf.zeros(pshape, dtype=tf.float32),
268      axis=-1)
```

```
269
270    reduction = []        #用于存储特征图上每个像素点的标签值
271    gt_keypoints = []    #计算交叉熵时，用于区分正负损失
272    #遍历每个类别，分别为每个类别制作像素值标签与中心点分类标签（用于计算交叉熵）
273    for i in range(self.num_classes):
274        #如果标签中有当前类别，则将其设置为True；否则，设置为False
275        exist_i = tf.equal(classid, i)
276        #在keyp_penalty中按照exist_i为True的索引来取值，形状为 [n,96,96]
277        reduce_i = tf.boolean_mask(keyp_penalty, exist_i, axis=0)
278        #制作当前类别的像素值标签，生成的形状为[96,96,1]
279        reduce_i = tf.cond(
280            tf.equal(tf.shape(reduce_i)[0], 0),
281            lambda: zero_like_keyp,
282            lambda: tf.expand_dims(tf.reduce_max(reduce_i, axis=0), axis=-1)
283        )
284        reduction.append(reduce_i)#保存当前类别的像素值标签
285        #从标签中取出当前类别所对应的中心点
286        gbbox_yx_i = tf.boolean_mask(gbbox_yx, exist_i)
287        #如果当前类别中有中心点，则交叉熵的标签为1；否则，为0
288        if isNewAPI == True:
289            gt_keypoints_i = tf.cond(
290                tf.equal(tf.shape(gbbox_yx_i)[0], 0),
291                lambda: zero_like_keyp,
292                lambda: tf.expand_dims(tf.sparse.to_dense(
293                    tf.sparse.SparseTensor(gbbox_yx_i,
294                    tf.ones_like(gbbox_yx_i[..., 0], tf.float32),
295                    dense_shape=pshape),
296                    validate_indices=False), axis=-1))
297        else:
298            gt_keypoints_i = tf.cond(
299                tf.equal(tf.shape(gbbox_yx_i)[0], 0),
300                lambda: zero_like_keyp,
301                lambda: tf.expand_dims(tf.sparse_tensor_to_dense(
302            tf.SparseTensor(gbbox_yx_i,
303                                tf.ones_like(gbbox_yx_i[..., 0], tf.float32),
304                                dense_shape=pshape),
305                    validate_indices=False), axis=-1)   )
306        gt_keypoints.append(gt_keypoints_i)#保存当前类别的中心点分类标签
307    reduction = tf.concat(reduction, axis=-1)
308    gt_keypoints = tf.concat(gt_keypoints, axis=-1)
309
310    #计算focal loss
311    if isNewAPI == True:
312        keypoints_pos_loss = -tf.math.pow(1. - keypoints, 2.) *
```

```
313     tf.math.log(keypoints + 1e-12) * gt_keypoints
314         keypoints_neg_loss = -tf.math.pow(1. - reduction, 4) *
315         tf.math.pow(keypoints, 2.) * tf.math.log(
316             1. - keypoints + 1e-12) * (1. - gt_keypoints)
317     else:
318         keypoints_pos_loss = -tf.pow(1. - keypoints, 2.) *
319             tf.log(keypoints + 1e-12) * gt_keypoints
320         keypoints_neg_loss = -tf.pow(1. - reduction, 4) *
321             tf.pow(keypoints, 2.) * tf.log(
322                 1. - keypoints + 1e-12) * (1. - gt_keypoints)
323
324     keypoints_loss = tf.reduce_sum(keypoints_pos_loss) / tf.cast(num_g,
325         tf.float32) + tf.reduce_sum(
326         keypoints_neg_loss) / tf.cast(num_g, tf.float32)
327     return keypoints_loss
328
329     #计算高斯半径（高斯核函数中的带宽）
330     def _gaussian_radius(self, height, width, min_overlap=0.7):
331     a1 = 1.
332     b1 = (height + width)
333     c1 = width * height * (1. - min_overlap) / (1. + min_overlap)
334     sq1 = tf.sqrt(b1 ** 2. - 4. * a1 * c1)
335     r1 = (b1 + sq1) / (2. * a1)
336
337     a2 = 4.
338     b2 = 2. * (height + width)
339     c2 = (1. - min_overlap) * width * height
340     sq2 = tf.sqrt(b2 ** 2. - 4. * a2 * c2)
341     r2 = (b2 + sq2) / (2. * a2)
342
343     a3 = 4. * min_overlap
344     b3 = -2. * min_overlap * (height + width)
345     c3 = (min_overlap - 1.) * width * height
346     sq3 = tf.sqrt(b3 ** 2. - 4. * a3 * c3)
347     r3 = (b3 + sq3) / (2. * a3)
348
349     return tf.reduce_min([r1, r2, r3])#返回3种计算方式中的最小结果
```

　　第 282 行代码表示一个合并像素值标签的过程。如果当前图片样本标签中标注了多个相同类别的检测目标，则会产生多套高斯核函数的映射值。合并原则是在多套高斯核函数映射值中取每个像素所对应的最大值，如图 6-22 所示。

　　在图 6-22 中，样本图片对应的标注中有两个物体，每个物体都通过高斯核函数计算出了 1 个像素值标签。接着取两个像素值标签中的最大值并合并，生成该样本图片的像素值标签。

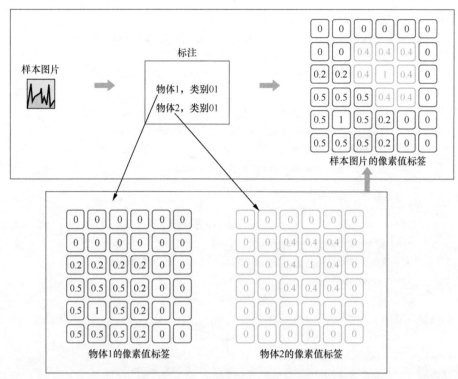

图6-22　像素值标签的合并过程

6.4.5 高斯核半径的计算

在6.4.4节，第330行代码定义的类方法 `_gaussian_radius` 实现了高斯核半径的计算。该类方法源自与CornerNet模型方面的论文（在arXiv网站上论文编号为"1808.01244"）配套的代码。其作用是计算出高斯核函数中的带宽值，以决定高斯核函数映射后的数据坡度（见6.1.9节）。

类方法 `_gaussian_radius` 的返回值在6.4.4节的第252行代码中调用。下面详细介绍高斯核半径的计算方法。

1. 通用的带宽值

一般来讲，在使用高斯核函数进行计算时，会使用窗口区域像素值的3倍大小来作为带宽，这种距离的效果最好，它可以保证99%的信息覆盖率。

2. 重叠区域的带宽值

在本例中，由于样本属于固定区域内的坐标数据，因此直接可以将其转化为计算面积的方式。因为两个矩形框之间的重叠方式有3种，如图6-23所示，所以分别按照3种重叠方式计算高斯核半径，并取最小值作为真正的高斯核函数带宽。

在图6-23中，边框的宽为 w，高为 h，高斯核半径为 r。为了简化计算，假设高斯核函数所围成的区域为一个圆形，实际上使

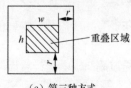

图6-23　3种重叠方式

用椭圆的面积公式来计算会更合理。

3. 高斯核半径的计算方法

按照图 6-23 所示的 3 种重叠方式，分别计算高斯核半径 r。

对于图 6-23（a），两个矩形框的面积重叠率 IOU 可以表示为重叠区域的面积除以总面积。

$$IOU = \frac{(h-r)(w-r)}{2wh-(h-r)(w-r)} \qquad (6-9)$$

其中，$(h-r)(w-r)$ 为重叠区域的面积。将该式展开后，可以得到一个一元二次方程。

$$r^2 - (h+w)r + \frac{wh(1-IOU)}{1+IOU} = 0 \qquad (6-10)$$

在式（6-10）所表示的一元二次方程中，各项的系数如下。

- a 为 1，对应 6.4.4 节中第 331 行代码。
- b 为 $-(h+w)$，对应 6.4.4 节中第 332 行代码。
- c 为 $\frac{wh(1-IOU)}{1+IOU}$，对应 6.4.4 节中第 333 行代码。

将 a、b、c 代入一元二次方程的求根公式（见式（6-11））中，就可以求出 r 值。见 6.4.4 节中第 335 行代码。

$$x = \frac{-b \pm \sqrt{b^2-4ac}}{2a} \qquad (b^2-4ac \geq 0) \qquad (6-11)$$

对于图 6-23（b），计算流程与图 6-23（a）的流程完全相同。

首先，计算 IOU。

$$IOU = \frac{(h-2r)(w-2r)}{wh} \qquad (6-12)$$

然后，得到一元二次方程。

$$4r^2 - 2(h+w)r + wh(1-IOU) = 0 \qquad (6-13)$$

将式（6-13）中的各个项系数提取出来，代入式（6-11）中就可以得出第二种情况下的高斯半径。见 6.4.4 节中第 337 ～ 341 行代码。

对于图 6-23（c），计算流程与图 6-23（a）的流程完全相同。

首先，计算 IOU。

$$IOU = \frac{wh}{(h+2r)(w+2r)} \qquad (6-14)$$

然后，得到一元二次方程。

$$4IOUr^2 + 2IOU(h+w)r + (IOU-1)wh = 0 \qquad (6-15)$$

将式（6-15）中的各个项系数提取出来，代入式（6-11）中就可以得出第三种情况下的高斯半径。见 6.4.4 节中第 343 ～ 347 行代码。

4．椭圆高斯核函数的计算方法

6.4.4 节使用的是圆形高斯核函数，这是近似算法。因为实际情况中重叠区域在长宽两个方向上的高斯核半径不一定是相同的，即实际的高斯核函数并不是圆形高斯核函数而是椭圆形高斯核函数。在高斯核函数中，带宽只决定分布曲线的坡度。不精确的高斯核半径，对训练结果的影响并不是很大。

当然，也可使用更精确的椭圆高斯核函数，其定义如下。

$$K(x,x') = e^{-\left(\frac{x^2}{2\sigma_a^2} + \frac{x'^2}{2\sigma_b^2}\right)} \tag{6-16}$$

其中，x 是自由变量；x' 是核函数的中心；σ_a 和 σ_b 分别代表椭圆横轴一半与纵轴一半的长度。

将 6.1.9 节中的第 13 行代码修改成式（6-16）的实现，将椭圆横轴一半与纵轴一半的长度分别设置为 1.5 和 0.5，便可以看到椭圆高斯核函数的图形，如图 6-24 所示。第 13 行修改后的代码如下。

```
z = np.exp((-1) * ( (x - 2) ** 2/(2 * 1.5) + (y - 3) ** 2/ (2 * 0.5) ) )
```

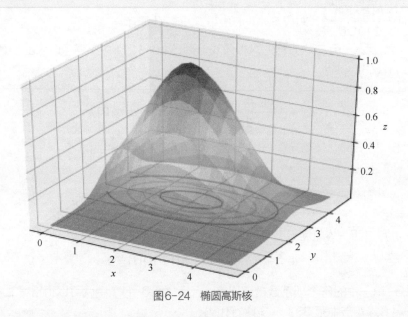

图6-24　椭圆高斯核

利用式（6-16）给出的算法计算出椭圆高斯核函数横轴一半和纵轴一半的长度，并将其替换到 6.4.4 节的代码中，进一步提升模型精度。

6.4.6　代码实现：实现 CenterNet 模型类的训练

定义类方法 `train_one_epoch` 遍历全部数据集以对模型进行训练。定义类方法 `test_one_image` 以使用模型对输入的指定图片数据进行预测。这两个类方法都是以静态图方式在会话中完成计算的。静态图方式是 TensorFlow 1.x 版本的主要运行方式。具体代码如下。

代码文件: code_13_MyCenterNet.py（续）

```python
350  def train_one_epoch(self, lr):                    #定义方法，训练模型
351      self.sess.run(self.train_initializer)         #初始化数据集
352      mean_loss = []
353      mean_kloss, mean_sizeloss, mean_offloss, mean_tloss = [], [], [], []
354      i = 0                                         #记录训练次数
355      while True:                                   #循环取出数据，进行训练
356          try:
357              _, loss, lossinfo = self.sess.run([self.train_op, self.loss,
358              self.lossinfo], feed_dict={self.lr: lr})
359              i = i + 1
360              #输出训练信息
361              sys.stdout.write('\r>> ' + 'iters ' + str(i) + str(':') +
362              ' loss ' + str(loss) +' kloss ' + str(lossinfo[0]) +' sizeloss ' +
363              str(lossinfo[1]) + ' offloss ' + str(lossinfo[2]))
364              sys.stdout.flush()
365              #收集训练中的损失数据
366              mean_loss.append(loss)
367              mean_kloss.append(lossinfo[0])
368              mean_sizeloss.append(lossinfo[1])
369              mean_offloss.append(lossinfo[2])
370              mean_tloss.append(lossinfo[3])
371          except tf.errors.OutOfRangeError:         #利用异常，停止对数据集的遍历
372              break #跳出循环，完成本次数据集的迭代
373      sys.stdout.write('\n')
374      mean_loss = np.mean(mean_loss)
375      mean_kloss = np.mean(mean_kloss)
376      mean_sizeloss = np.mean(mean_sizeloss)
377      mean_offloss = np.mean(mean_offloss)
378      mean_tloss = np.mean(mean_tloss)
379      #返回训练过程中的损失值
380      return mean_loss, mean_kloss, mean_sizeloss, mean_offloss, mean_tloss
381
382  def test_one_image(self, images):                 #定义方法，以使用模型预测
383      pred = self.sess.run(self.detection_pred,
384                           feed_dict={self.imgs: images})
385      return pred
386
387  def save_K_weight(self, path):                    #保存Keras格式的检查点文件
388      self.model.save_weights(path)
389
390  def load_K_weight(self, path):                    #载入Keras格式的检查点文件
391      self.model.load_weights(path)
392      return 0
393
394  def save_weight(self, path, epoch):               #保存TensorFlow格式的检查点文件
395      os.makedirs(os.path.dirname(path), exist_ok=True)
396      self.saver.save(self.sess, path, global_step=epoch)
397
```

```
398  def load_weight(self, path):                  #定义方法，载入模型文件
399      if not os.path.exists(path):              #载入Keras格式的模型文件
400          print("there is not a model path:", path)
401          if os.path.exists('./kerasmodel.h5'):
402              print('load kerasmodel.h5')
403              self.load_K_weight('./kerasmodel.h5')
404          else:
405              print('no kerasmodel.h5')
406      else:                                      #载入TensorFlow格式的模型文件
407          if isNewAPI == True:
408              kpt = tf.compat.v1.train.latest_checkpoint(path)#查找最新的检查点
409
410          else:
411              kpt = tf.train.latest_checkpoint(path)        #查找最新的检查点
412          print("load model:", kpt, path)
413          if kpt != None:
414              self.saver.restore(self.sess, kpt)                    #还原模型
415              ind = kpt.find("-")
416              print('load weight', kpt, 'successfully')
417              return int(kpt[ind + 1:])
418      return 0
```

第 387 行代码定义的类方法 save_K_weight 以 Keras 格式保存模型。

第 394 行代码定义的类方法 save_weight 以 TensorFlow 原生的模型文件格式保存模型。

第 398 行代码定义的类方法 load_weight 用于载入训练好的模型文件，该类方法支持 Keras 模型文件和 TensorFlow 原生的模型文件这两种格式。

注意　调用类方法 save_K_weight 所保存的 Keras 格式的模型文件要比调用类方法 save_weight 保存的 TensorFlow 格式的模型文件小一些。这是因为类方法 save_K_weight 只保存了模型运行时所需要的权重值；而类方法 save_weight 不仅保存了模型在运行时所需要的权重值，还保存了模型中所有张量节点的名称与模型在训练过程中优化器的权重值。

在训练过程中可以使用类方法 save_weight 对模型的中间状态进行保存，以便很好地支持模型再训练。

当模型训练结束后，再使用类方法 save_K_weight 保存最终的模型权重。这样生成的模型文件比较小，便于传播和部署。

6.5　训练模型

该实例使用静态图方式对模型进行训练，这种方式可以兼容 TensorFlow 的所有版本。

6.5.1　代码实现：构建数据集

定义数据集的配置参数，调用数据集代码模块中的 gen_dataset 函数生成训练数据集。

具体代码如下。

　　代码文件: code_14_train.py

```
1  #导入基础模块
2  import tensorflow as tf
3  import os
4  from distutils.version import LooseVersion
5  #导入本项目所需的代码模块
6  import code_11_mydataset as mydataset
7  import code_13_MyCenterNet as MyCenterNet
8
9  if tf.executing_eagerly():                    #判断是否打开动态图, 如果打开, 则关闭动态图
10     tf.compat.v1.disable_v2_behavior()    #关闭动态图
11
12 #将图清空
13 if LooseVersion(tf.__version__) >= LooseVersion("1.13"):
14     tf.compat.v1.reset_default_graph()
15 else:
16     tf.reset_default_graph()
17
18 tagsize = [384, 384]          #定义数据集的输出尺寸
19 batch_size = 4
20 dataset_config = {           #定义数据集的配置参数
21     'batchsize': batch_size,
22     'image_path': r'data/train/images/',
23     'gt_path': r'data/train/ground_truth/',
24     'tagsize': tagsize
25 }
26 #定义数据集
27 train_gen = mydataset.gen_dataset(dataset_config, shuffle=True)
```

　　该部分代码比较简单。这里不再详述。

6.5.2　代码实现: 实例化MyCenterNet类并加载权重参数

　　定义模型的配置参数, 对模型类 **MyCenterNet** 进行实例化并载入已有的模型文件, 将模型文件中的权重值赋值给权重参数。具体代码如下。

　　代码文件: code_14_train.py (续)

```
28  #定义模型的配置参数
29  model_config = {
30      'mode': 'train',               #定义训练模式, 支持train和test模式
31      'input_size': tagsize,
32      'num_classes': 2,              #定义分类个数
33      'batch_size': batch_size,
34      'score_threshold': 0.1,        #用于模型预测的参数, 决定分类结果的分数阈值
35      'top_k_results_output': 100,   #用于模型预测的参数, 需要处理关键点的最大个数
```

```
36 }
37
38 #实例化CenterNet模型类
39 centernet = MyCenterNet.MyCenterNet(model_config, train_gen)
40 #载入已有的模型权重文件
41 save_path = r'./06centernetmodel/loss'
42 start = centernet.load_weight(os.path.dirname(save_path))
```

第 32 行代码设置了模型的分类个数。因为本实例使用模型来识别图片中的文字，所以只有一个类别。在设置时需要将该值设置为 2，另一个类别是 None。与该分类对应的数据集格式见 6.2.2 节。

第 42 行代码调用了实例化模型对象的 load_weight 方法，该方法会查找当前项目中是否有模型文件，如果有 TensorFlow 格式的模型文件，则将其载入并返回模型文件中所记录的迭代次数。之后模型便会以该次数作为开始，进行再次训练。

6.5.3　代码实现：训练模型并保存最优结果

定义模型的配置参数，对模型类 MyCenterNet 进行实例化并载入已有的模型文件，将模型文件中的权重值赋值给权重参数。具体代码如下。

代码文件：code_14_train.py（续）

```
43 epochs = 600                                #定义迭代训练的次数
44 lr = 0.0004                                 #定义初始的学习率
45 reduce_lr_epoch = [40, 80]                  #定义手动实现退化学习率的调节参数
46 loss = 1000                                 #定义损失的初始值
47 #按照模型的迭代次数进行训练
48 for i in range(start, epochs):
49     print('-' * 25, 'epoch', i, '-' * 25)
50     if i in reduce_lr_epoch:                #手动实现退化学习率
51         lr = lr / 2.
52         print('reduce lr, lr=', lr, 'now')
53     #使用数据集中的全部数据训练模型
54     mean_loss, mean_kloss, mean_sizeloss, mean_offloss, mean_tloss =
55     centernet.train_one_epoch(lr)
56     #输出模型训练过程中的中间信息
57     print('>> mean loss', mean_loss, ' mean_kloss', mean_kloss,'
58         mean_sizeloss', mean_sizeloss,'
59         mean_offloss', mean_offloss)
60     if loss >mean_loss:                     #保存损失最低的模型权重
61         loss = mean_loss
62         centernet.save_weight(save_path + str(loss), i)   #保存训练过程中的模型
63     else:
64         print('skip this epoch,minloss:', loss)
65
66 #保存训练好的模型
67 centernet.save_K_weight('./kerasmodel.h5')
68 centernet.close_session()                   #训练结束，关闭会话
```

第 50 行代码按照数组 reduce_lr_epoch 中的指定训练次数来实现退化学习率。当迭代训练的次数与数组 reduce_lr_epoch 中的次数一致时，将学习率减半。

> **注意**　在本实例中，MyCenterNet 类使用的是 Adam 优化器，该优化器具有自动调节学习率的功能，因此实现退化学习率的方法对其影响不大。本节代码中实现退化学习率的方法更适用与 SGD 优化器一起使用。

第 60 行代码对每次迭代训练后的损失值进行判断。如果小于当前所保存的损失值，则将模型保存下来。这种方式实现了保存最优模型的功能。

代码运行后，输出如下结果。

```
b:localhost/replica:0/task:0/device:GPU:0 with 10757 MB memory) -> physical GPU
(device: 0, name: Tes id: 0000:86:00.0, compute capa bility: 3.7)
2019-06-04 15:41:30.163680: I tensorflow/core/common_runtime/gpu/gpu_device.cc:1103]
Created TensorFb:localhost/replica:0/task:0/device:GPU:1 with 10757 MB memory) ->
physical GPU (device: 1, name: Tes id: 0000:87:00.0, compute capability: 3.7)
......
there is not a model path: ./04centernetmodel
----------------------- epoch 0 -----------------------
>> iters 89: loss 4.314456 kloss 3.0582435 sizeloss 1.0186303 offloss 0.2375820141
>> mean loss 188.84737 , mean_kloss 112.60161 , mean_sizeloss 10.028476 , mean_
offloss 66.217316
save model in ./04centernetmodel2/loss188.84737 successfully
----------------------- epoch 1 -----------------------
......
----------------------- epoch 598 -----------------------
>> iters 89: loss 0.057976656 kloss 0.000511645 sizeloss 0.036555786 offloss
0.02090923644
>> mean loss 0.0697917 , mean_kloss 0.0016422687 , mean_sizeloss 0.042220283 ,
mean_offloss 0.02592914
skip this epoch,minloss: 0.06373144
----------------------- epoch 599 -----------------------
>> iters 89: loss 0.0713762 kloss 0.020937685 sizeloss 0.027763873 offloss
0.0226746357762
>> mean loss 0.06849246 , mean_kloss 0.0016970765 , mean_sizeloss 0.042319484 ,
mean_offloss 0.024475891
skip this epoch,minloss: 0.06373144
```

在每次迭代的结果中都会输出总损失值、关键点损失、尺寸损失和偏移量损失。训练结束后，系统会在当前代码的同级目录的 06centernetmodel/loss 路径下生成训练好的模型，如图 6-25 所示。

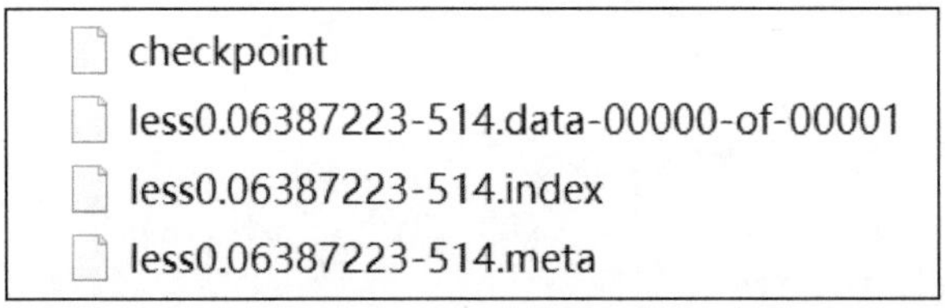

图6-25　训练后生成的模型

同时也在代码的根目录下生成了 Keras 格式的模型文件 kerasmodel.h5。该文件会比
TensorFlow 格式的模型文件小很多（TensorFlow 格式的模型文件通常会超过 2GB，而
Keras 格式的模型文件约有 700MB）。Keras 格式的模型文件更利于传播与部署。

6.6　使用模型

使用模型的过程分为两步。

（1）实例化模型类，并载入训练好的模型文件。

（2）将图片转换为 base64 格式，并使用模型进行预测。

该模型也可以使用 TF_Serving 进行远程部署，并通过客户端向服务器端发送 base64
格式的图片数据进行模型预测（见第 3 章）。

6.6.1　代码实现：实例化MyCenterNet类

这里的代码与 6.5.1 节、6.5.2 节中的类似。由于需要用单张图片向模型中输入，因此在
定义模型的配置参数时，设置批次大小为 1。具体代码如下。

代码文件：code_15_test.py

```
1   #导入基础模块
2   import tensorflow as tf
3   import numpy as np
4   import os
5   from PIL import Image
6   from tensorflow.keras.preprocessing import image#Keras的图片预处理模块
7   from distutils.version import LooseVersion
8   import base64
9   #导入本项目所需的代码模块
10  import code_11_mydataset as mydataset
11  import code_13_MyCenterNet as MyCenterNet
12
13  if tf.executing_eagerly():                    #判断动态图是否打开，如果打开，则关闭动态图
14      tf.compat.v1.disable_v2_behavior()        #关闭动态图
15
16  #将图清空
17  if LooseVersion(tf.__version__) >= LooseVersion("1.13"):
18      tf.compat.v1.reset_default_graph()
19  else:
20      tf.reset_default_graph()
21
22  tagsize = [384, 384]          #定义数据集的输出尺寸
23  batch_size = 1                #定义模型的输入批次为1
24  #定义模型的配置参数
25  model_config = {
26      'mode': 'test',                 #定义训练模式，支持train和 test样式
27      'input_size': tagsize,
28      'num_classes': 2,               #定义分类个数
```

```
29      'batch_size': batch_size,
30      'score_threshold': 0.04,          #用于模型预测的参数，决定了分类结果的分数阈值
31      'top_k_results_output': 100,      #用于模型预测的参数，表示需要处理的关键点的最大个数
32 }
33
34 #实例化CenterNet模型类
35 centernet = MyCenterNet.MyCenterNet(model_config, None)
36 #载入已有的模型权重文件
37 save_path = r'./06centernetmodel/loss'
38 start = centernet.load_weight(os.path.dirname(save_path))
```

第 30 行代码设置了分数阈值，该值可以调节。其作用是决定在模型预测出的区域中哪些区域用来作为最终输出的结果。

6.6.2　代码实现：读取图片并预测

由于模型支持的是 base64 格式的图片输入，因此需要先对图片进行转码，再传入模型。具体代码如下。

代码文件：code_15_test.py（续）

```
39 imgdir = r'data/test/images/194.jpg'       #定义输入图片的路径
40 with open(imgdir, "rb") as image_file:      #打开图片，将其转码为base64格式
41      imgs = str(base64.urlsafe_b64encode(image_file.read()), "utf-8")
42
43 #使用tf.keras的图片预处理模块对图片进行变形
44 img = image.load_img(imgdir, target_size=tagsize,interpolation='bilinear')
45 img = np.expand_dims(img, 0)
46
47 #将图片输入模型中，并进行预测
48 result = centernet.test_one_image(imgs)
49
50 #提取模型的预测结果
51 bbox = result[0]                            #模型预测的边框坐标
52 scores = result[1]                          #模型预测的分类分数
53 class_id = result[2]                        #模型预测的分类类别
54 print(scores,bbox,class_id)
55
56 img = Image.fromarray(np.uint8(  np.squeeze(img) ))
57 #一起可视化图片以及模型的预测结果
58 mydataset.showimgwithbox(img,bbox,scores,y_first = True)
```

代码运行后，输出如下结果。

```
[0.34147286 0.32876807 0.0473401 ]
[[211.99863 149.4815 268.68607 286.8959]
[126.09973 65.40406 188.9469 266.41434 ]
[223.27594 41.286465 268.68 123.610245]]
[1 1 1]
```

输出的信息中一共有 5 行，具体解释如下。

第 1 行表示模型输出的分类分数，数组中共有 3 个元素，表示识别出了 3 个目标。

第 2～4 行表示模型输出的边框坐标，一共有 3 行，每行对应一个目标边框。

第 5 行表示模型输出的分类类别。因为本例中只有 1 个识别类别，所以该列表中的 3 个元素都是 1。

同时也输出了最终预测结果的可视化图片，如图 6-26 所示。

图6-26　模型的预测结果

本实例中使用的数据集较小。尽管在训练过程中已经取得了非常低的损失值，但模型实际的精度并不是太高。模型并不会对测试数据集中的每张图片都识别得特别好。

在真正应用时，还需要使用更多的数据进行训练。同时也要打开数据增强功能，或者加入归一化处理（具体操作见 6.7.8 节）等操作以提高模型的泛化能力。

6.7　模型开发过程中的经验与技巧

对于处理图片内容的模型，除了搭建基础模型以外，所需的额外逻辑编程工作相对较多。在开发这类模型时，一般优先使用原生的 TensorFlow 接口进行训练和测试。虽然原生的 API 会导致代码量较大，但是相对于高度集成的估算器框架、Keras 的训练接口，原生 API 更容易对细节进行控制和调试。

本章提供的代码是为了写作本书而展示的，是精简后的。虽然这些代码可以实现全部功能，但并不能反映整个开发过程。在实际开发过程中，所需要的代码要远远大于书中的。这些额外的代码大多对模型训练、使用过程中各个环节的信息进行输出。必须要保证每步的结果都与预期的相同，才可以实现最终的效果。

开发过程中的代码过于臃肿，不便于在书中直接展示。本书会介绍实现过程中所需要考虑的问题和问题的解决思路，方便读者学习。

6.7.1　如何用 tf.data.Dataset 接口返回变长的批次样本数据

在使用 tf.data.Dataset 接口时，常常会使用 **batch** 方法对数据进行批次划分。然而，如果数据集中的每个样本长度都不一样，则在使用 tf.data.Dataset 接口的 **batch** 方法对其进行批次划分时，会出现错误。因为 TensorFlow 会将 **batch** 方法处理后的数据当作一个矩阵数据来处理，这种做法可以保证有更好的计算性能（矩阵运算要比通过循环的单个运算快很多）。所以当以矩阵方式处理变长数据时，就会产生不匹配的错误。

例如，为了将数据按照批次进行划分，修改 6.2.2 节中的第 109 ～ 110 行代码。

```
dataset = dataset.padded_batch(config['batchsize'], padded_shapes=([None, None,
None], [None, None]), drop_remainder=True)
```

修改后的代码如下。

```
dataset = dataset.batch(config['batchsize'], drop_remainder=True)
```

之后，模型在运行时会报如下错误。

```
InvalidArgumentError: Cannot add tensor to the batch: number of elements does not
match. Shapes are: [tensor]: [1,5], [batch]: [5,5] [Op:IteratorGetNextSync]
```

该错误消息表示当前批次的数据没有对齐，长度不相等。因为每个图片中所含的目标区域的个数不同，所以在对应的批注列表中元素的个数也各不相同。直接对数据按照批次划分便会出现这种不对齐的错误。这时需要使用 6.2.2 节第 109 ～ 110 行代码中的 padded_batch 方法，进行数据填充后再按照批次进行划分。

当然，如果把 6.2.2 节的第 109 ～ 110 行代码直接去掉，程序也是可以运行的。这时数据将以单条信息迭代取出，不会存在批次对齐的问题。

6.7.2　在模型训练过程中处理损失值为 None 的思路

凡是有过模型训练经验的读者都会对训练过程中出现损失值为 None 的情况记忆深刻。这是损失值异常的现象之一，另外还有两种损失异常的现象，分别是损失值波动和损失值不变。

出现损失值为 None 的现象，对于初学者是非常头疼的。它不像程序崩溃那样，可以通过堆栈信息逐个排查。损失值为 None 的情况往往出现在训练过程中，令人不知所措。

1. 分析思路

其实导致损失值为 None 的原因有很多，而且与具体的代码和样本关系很大。虽然这里无法将其全部列举出来，但可以从解决问题的角度入手，介绍具体的分析思路。

损失值是由模型的预测值和标签值计算而来的。如果在计算过程中预测值和标签值中有任何一个值为 None，则损失值必定为 None（当然，有时不合理的计算方式也会引起 None 值出现）。这便是分析损失值为 None 的基本思路。

2. 解决方法

一般在发现损失值为 None 后，需要重点查看损失计算部分的代码，找到其中参与计算的张量，通过添加输出信息进行观察。这里介绍在排查过程中相对有效的方法，它可以在调试过程中起到事半功倍的效果。

- 关闭程序的数据增强、乱序等功能，用最简单、最少的样本来复现问题。

- 编写代码，设置出现 None 值时的触发计数。该方法适用于循环过程中出现 None 值的情况。可以根据代码对每次计算出的损失值进行判断，当发现损失值为 None 时，输出当前信息，方便重点跟踪。
- 重点关注出现 None 值时的 3 种数据——输入模型的样本、模型的输出信息和样本的标签。根据经验，在出现 None 值时往往是由于这 3 种数据中出现 None 值（或非正常值）而导致的。
- 如果检查以上 3 种数据后没有发现任何问题，则说明计算损失值的方法有问题。这时可以使用单独的损失计算方法进行调试。

注意　这里介绍的是比较常见的情况。有时，对于较难训练的模型，初始化权重、初始化学习率的值都有可能使模型训练出 None 值。但这种情况相对比较少见。在实际处理问题时，如果其他方法都试过了，还可以考虑一下这方面的问题。具体实例参考 6.7.6 节。

6.7.3　实例分析：由于计算方法的问题，引起损失值为 None

例如，在生成 Dataset 时，使数据按照本批次的数据大小进行对齐，而不使用指定大小进行对齐。修改 6.2.4 节中的第 115 行代码。

```
padded_shapes = ([None, None, None], [60, None])
```

修改后的代码如下。

```
padded_shapes = ([None, None, None], [None, None])
```

同时，把训练批次改为 1，并修改 6.5.1 节中的第 19 行代码。

```
batch_size = 4
```

修改后的代码如下。

```
batch_size = 1
```

再次运行代码文件 code_14_train.py 进行训练，便会得到损失值为 None。输出结果如下。

```
------------------------- epoch 0 -------------------------
>> iters 1: loss nan kloss nan sizeloss nan offloss nan24776 offloss 0.6569336762Traceback
```

在计算损失的类方法 _compute_one_image_loss 中，这是由于输入标签取值的方法与输入标签的结构不匹配所造成的。具体分析如下。

在类方法 _compute_one_image_loss 中，前两行代码用于从标签列表中取值，具体如下。

```
slice_index = tf.argmin(ground_truth, axis=0)[0]
ground_truth = tf.gather(ground_truth, tf.range(0, slice_index, dtype=tf.int64))
```

其中，第 1 行用于找出输入标签列表 ground_truth 中最小的元素索引；第 2 行根据该索引在输入标签中取出该索引之前的元素。这种取值方法在 ground_truth 填充的情况下是有效的，因为 ground_truth 中填充的数据为 −1，而且放在最后。只要找到 −1 所对应的索引，它前面的元素便都是有效元素。

在训练过程中，数据集是按照批次自动对齐的。当批次为 1 时，不会对数据进行填充。假如在标签列表 ground_truth 中第 0 个元素最小，则系统会从标签列表 ground_truth 中取出 None 值，这便会引起损失值为 None。

6.7.4　使用 tf.data.Dataset 接口对齐填充时的注意事项

在训练模型时，如果批次不为 1，则损失值不为 None，但是这会使模型的训练不准确。因为数据集中 padded_shapes =（[None，None，None]，[None，None]）的设置会使每个批次中的数据至少有一个（最长的那个）是没有填充的。在这种情况下，也会引起取值不准确的问题。一旦标签的取值不准确，就一定会影响模型的训练效果。

在 6.2.4 节中，使用第 115 行代码设置填充形状时，一定要手动指定，而且指定值（60）一定要大于标签数据中的最长标注。

6.7.5　实例分析：由于模型输出的问题，引起损失值为 None

6.4 节介绍了 MyCenterNet 类的实现。在该类的 _build_graph 方法中，构建了沙漏模型，并用该模型的输出结果作为最终模型的输出来计算损失。注意，6.4.3 节的第 123 行代码对分类信息 keypoints 额外进行了 Sigmoid 变换。代码如下。

```
keypoints = tf.nn.sigmoid(keypoints)
```

这里可以试着将该行代码去掉。再次运行代码文件 code_14_train.py 进行训练，系统会输出如下结果。

```
------------------------- epoch 0 -------------------------
>> iters 282: loss nan kloss nan sizeloss 3.1546185 offloss 0.089798233
```

从结果可以看出，kloss 的值为 None，从而引起整体的损失值为 None。这种情况也是作者在开发过程中遇到的真实案例。下面就介绍具体的解决方案。

1. 添加代码，跟踪数据

在面对这个问题时，一般会输出 keypoints 的值并进行分析。具体添加代码的过程如下。

（1）添加 keypoints 张量节点。在 6.4.3 节的 _build_graph 方法中，在第 122 行代码之后向类中添加 keypoints 张量节点，为后面输出该张量值做准备。具体如下。

```
keypoints, size, offset = outputs[3], outputs[4], outputs[5]
self.keypoints= keypoints
```

（2）添加输出代码。在 6.4.6 节的 train_one_epoch 方法的 while 循环中，添加输出

keypoints 值的代码。将 6.4.6 节中的第 357 ～ 358 行代码修改成如下形式。

```
_, loss ,lossinfo,keypoints= self.sess.run([self.train_op, self.loss,self.
lossinfo,self.keypoints], feed_dict={self.lr: lr})
print(keypoints)
```

再次运行代码文件 code_14_train.py 进行训练之后，会输出如下结果。

```
----------------------- epoch 0 -----------------------
[[[[-0.644258 1.0368308 ]
 [-1.2052885 0.835609]
 [-1.4229807 0.8511709 ]
 ...
 [-0.98035944 1.309953]
 [-0.97331953 0.8500741 ]
 [-0.51300454 0.6191011 ]]


[\[-1.179983 1.4497977 ]
 [-1.6640847 0.7844537 ]
 [-2.1109173 1.0304211 ]
 ...
```

2. 分析问题，找出解决方法

从结果中可以看出，keypoints 中的一些数值是小于 0 的，这便是问题所在。因为在计算 kloss 的类方法 _keypoints_loss 中使用交叉熵算法（见 4.7.4 节）对目标分类与模型的输出结果进行计算。而目标分类是使用独热码的，其值域为 0 ～ 1。显然，二者的值域不匹配。

3. 解决问题

激活函数 Sigmoid 可以将输入数值转换为 0 ～ 1 的小数，从而与目标分类的值域完全匹配。于是在 6.4.3 节的第 123 行代码中对 **keypoints** 进行了 Sigmoid 变换，解决了损失值为 None 的问题。

6.7.6　实例分析：由于学习率过大，引起损失值为 None

在训练模型时，将 6.5.3 节第 44 行代码中的学习率改为 0.01，直接就可以看到损失值为 None 的现象。具体如下。

```
----------------------- epoch 0 -----------------------
>> iters 117: loss nan kloss 175.3065 sizeloss nan offloss nannffloss 0.324313
6.2434965e+35
```

造成这种情况的原因很简单，即学习率设置得偏高。一般，越复杂的模型对学习率的依赖越严重。通常，学习率设置为 0.0004 左右比较合适。当然，也有例外，在实际情况中，还需要具体问题具体分析。

6.7.7　归一化权重设置不当会使模型停止收敛

在训练过程中，归一化技术常用于提升模型的泛化性。一般以 L_2 正则化[1] 最常用。L_2 正则化是指对模型的所有权重执行平方和运算，再将它们乘以一个权重值，并加到原有的损失值上。这么做的目的是干扰原有的损失值，使得模型在反向传播时，不会 100% 按照真实的损失值进行修正，从而防止模型在训练过程中出现过拟合问题，提升模型的泛化能力。

在实际应用 L_2 正则化时，需要手动为其配置权重值。初始的权重值可以随意指定，但是一定要在损失值中将每个子损失值一起输出。在训练过程中，要观察损失值的变化，并根据每个损失的具体情况调节 L_2 正则化的权重值（具体操作见 6.7.8 节）。

> **注意**　权重值设置不当，会导致对整体的损失值干扰过大，造成模型训练不收敛的情况。

6.7.8　实例分析：归一化权重设置不当会使模型停止收敛

6.4 节介绍了 **MyCenterNet** 类的实现。在该类的 `_build_graph` 方法中，构建了沙漏模型，并用该模型的输出结果作为最终模型的输出来计算损失。

要为损失值加入 L_2 正则化处理，需要修改 6.4.3 节中的第 153 行代码。

```
self.loss = tf.reduce_mean(total_loss)
```

修改后的代码如下。

```
self.l2loss = 0.001 * tf.add_n(
                        [tf.nn.l2_loss(var) for var in self.model.weights])
self.loss = tf.reduce_mean(total_loss) + self.l2loss
```

再次运行代码文件 code_14_train.py 进行训练之后，会输出如下结果。

```
……
>> iters 176: loss 62.78845
>> iters 177: loss 65.125916
>> iters 178: loss 61.943558
>> iters 179: loss 62.923504
>> iters 180: loss 61.92468
>> iters 181: loss 62.436142
>> iters 182: loss 61.902924
>> iters 183: loss 60.302914
>> iters 184: loss 60.606686
>> iters 185: loss 63.98954
……
```

---

[1]　L_2 正则化的详细介绍请参见《深度学习之 TensorFlow：入门、原理与进阶实战》的 7.4.2 节。

可以看到在训练过程中，损失值始终在 60 附近振荡，没有收敛的迹象。

1. 分析问题，找出解决方案

按照 6.7.7 节介绍的经验，首先输出所有的子损失值，观察每个值的变化。具体代码可以参照 6.5.3 节第 57 ~ 59 行代码中子损失值的输出部分。

再次运行代码文件 code_14_train.py 进行训练之后，会输出如下结果。

```
------------------------ epoch 0 ------------------------
>> iters 89: loss 62.84325 kloss 0.3667655 sizeloss 0.2153224 off loss 0.09628949
l2loss 62.1648672
>> mean loss 71.99411 . mean_kloss 0.15024416 . mean_sizeloss 0.12491529 . mean_off
loss 0.07348941
```

从结果中可以看出，**l2loss** 的值为 62.1648672，而其他损失值的范围为 0 ~ 1。在这种情况下应当调整 L_2 正则化的权重，使其也介于 0 ~ 1，即把原有的 0.001 变成 0.00001。

2. 修改代码，继续训练

将 **l2loss** 的计算方式进行调整，代码如下。

```
self.l2loss = 0.00001 * tf.add_n(
[tf.nn.l2_loss(var) for var in self.model.weights])
```

再次运行代码文件 code_14_train.py 进行训练之后，输出如下结果。

```
>> iters 89: loss 1.0562971 kloss 0.21901377 sizeloss 0.18406463 off loss 0.10731082
l2loss 0.54590786336
>> mean loss 0.8281606 . mean_kloss 0.055811353 . mean_sizeloss 0.1463483 . mean_
off loss 0.0802561
```

可以看到模型的损失值接变为 0.8，并且随着多次迭代，损失值还在继续下降。

6.7.9 退化学习率使用不当会使模型停止收敛

5.4.3 节介绍过退化学习率的作用。退化学习率可以在训练过程中平衡模型的精度和训练速度。在训练开始时使用较大的学习率，在训练末期使用较小的学习率。

本章的代码中也实现了简单的退化学习率，参见 6.5.3 节。在 TensorFlow 中，还可以使用固定的 API 实现学习率的自动退化。这种 API 有很多，常见的有 tf.train.exponential_decay[1]，以及 Keras 中的集成化函数。

在实际使用中，经常会因为退化学习率衰减得过低（近似于 0），使得模型在迭代训练时过早地停止了收敛。

为了避免这个问题，在使用退化学习率时，一般要指定一个最小值，使得学习率退化到很小的值前，可以使用指定的最小值来代替。

另外，通过加入 **warmup_steps** 参数和最小的退化学习率[2]，在保证模型精度的同时可以

---

[1]　tf.train.exponential_decay 的用法请参见《深度学习之 TensorFlow：入门、原理与进阶实战》的 6.6.3 节。

[2]　关于 warmup_steps 参数和最小的退化学习率请参见《深度学习之 TensorFlow 工程化项目实战》的 9.8.12 节。

实现更快的收敛。

6.7.10　如何避免模型在预测和训练时处理的样本相同却得到不同的结果

在程序编写正确的前提下，会出现模型在预测和训练时处理的样本相同却得到不同结果的现象。这种现象多数是由于输入样本的预处理方法不同引起的。这与 3.4.4 节阐述的思路一致。

在目标识别过程中，对图片的识别精度要求很高。如果要使模型达到最高的精度，还需要严格按照训练时的预处理路径进行操作。如果用不同的 Python 库来实现，即使使用相同的预处理算法，也可能会得到不同的结果。

6.7.11　实例分析：用模型检测相同的数据却得出不同的结果

为了验证 6.7.10 节中的观点，把使用 Image 库中 resize 函数处理后的图片信息传入模型里。观察模型的输出结果是否与在模型内部进行尺寸调整的输出结果一致。

修改 6.6.2 节的第 48 行代码。

```
result = centernet.test_one_image(imgs)
```

修改后的代码如下。

```
result = centernet.test_one_image(img)
```

同时使用 Image 库中 resize 函数的结果作为输入，代替 tf.image.resize 函数对图片进行预处理操作。

修改 6.4.2 节的第 87 ～ 97 行代码。

```
87  self.imgs = placeholder(shape=None, dtype=tf.string)
88  decoded = decode_jpeg(decode_base64(self.imgs), channels=3)
89  image = tf.expand_dims(decoded, 0)
90  if isNewAPI == True:
91      image = tf.image.resize(image, self.input_size,
92                              tf.image.ResizeMethod.BILINEAR)
93  else:
94      image = tf.image.resize_images(image, self.input_size,
95                              tf.image.ResizeMethod.BILINEAR)
96
97  self.images = (image / 255. - mean) / std   #对图片进行归一化
```

修改后的代码如下。

```
self.imgs = placeholder(tf.float32, [self.batch_size,self.input_size[0], self.input_
size[1], 3], name='images')
self.images = (self.imgs / 255. - mean) / std
```

再次运行代码文件 code_15_test.py 进行预测之后，得到如下结果。

```
[0.51149195 0.28418022]
[[125.99913 65.90719 188.7903 265.9602 ]
[212.04707 149.60483 268.71582 286.68842]]
[1 1]
```

模型只从图片中识别出了两个区域，如图 6-27 所示。

图6-27   模型预测精度下降的结果

从结果中可以看出，图 6-27 所示的输出效果相比图 6-26 的精度有所下降。

所谓细节决定成败。在深度学习相关项目的开发中，每个环节都要认真对待，才能实现整体的最优效果。

6.7.12   常用的带补零的卷积运算

6.1.12 节介绍的规则非常通用，但在实际使用中，往往只会用到几种固定的卷积运算。具体如下。

1. 用手动填充方式实现 same 卷积

对卷积核按照如下公式进行填充，可以实现与 same 效果等同的卷积运算。

```
padding = (k - 1) // 2
```

示例代码如下。

```python
from tensorflow.keras.models import *
from tensorflow.keras.layers import *
from tensorflow.keras import backend as K

#定义模拟数据
x = K.ones(shape=(1, 2, 2, 1))
print(x.shape)    #输出形状(1, 2, 2, 1)
```

```
k = 7   #定义7×7卷积核
#进行same卷积运算
cx = Conv2D(filters=1, kernel_size=k, strides=2, padding='same')(x)
print(cx)   #输出形状 (1, 1, 1, 1)

#手动进行填充
padding = (k - 1) // 2
padx = ZeroPadding2D(padding=padding)(x)
print(padx.shape)   #输出填充形状 (1, 8, 8, 1)

#对填充后的数据进行valid卷积运算
cxv = Conv2D(filters=1, kernel_size=k, strides=2)(padx)
print(cxv)   #输出形状 (1, 1, 1, 1)
```

直接使用 same 卷积即可完成，为什么还需要手动补零？其实这是为了模型扩展和移植而准备的，例如，在 PyTorch 等框架中，不会有 same 卷积这一概念。在移植过程中，按上面的公式进行操作，就不会有任何障碍。

2. 当卷积核为3时，手动为valid卷积补1圈0即可实现same卷积

在卷积网络中，3×3 的卷积核最常用。在使用时直接手动为其补 1 圈 0 即可实现 same 卷积，代码如下。

```
#执行same卷积运算
cx = Conv2D(filters=1, kernel_size=3, strides=2, padding='same')(x)
print(cx)   #输出形状 (1, 1, 1, 1)

padx = ZeroPadding2D(padding=1)(x)
cxv = Conv2D(filters=1, kernel_size=3, strides=2)(padx)
print(cxv)   #输出形状 (1, 1, 1, 1)
```

3. 当卷积核为1时，valid与same卷积的效果一致

把卷积核的尺寸设为 1，代入 6.1.12 节的公式中，可以看到，二者输出的尺寸是一致的。

6.7.13　使用更好的骨干网模型 Res2Net

本实例中的骨干网使用的是沙漏网络模型。6.1.8 节介绍过，CenterNet 的骨干网还可以使用 ResNet 模型。而 Res2Net 模型是 ResNet 模型的升级版，可以进一步提升模型的精度。

Res2Net 不仅适用于 CenterNet，在其他的目标识别和分割方面也效果明显。

1. Res2Net 的实现

Res2Net 主要对 ResNet 模型中的标准残差块进行了修改，修改后的结构叫作特征组，如图 6-28（a）与（b）所示。

图 6-28（a）是 ResNet 的残差块，图 6-28（b）是 Res2Net 的特征组。对二者进行比较可以看出，Res2Net 的特征组对 ResNet 残差块中的 3×3 卷积层进行了扩充。该扩充方式与 FPN 类似（复制多个通道，逐步卷积和融合），这种方式可以使图片中的细节特征提

取得更加充分。在 arXiv 网站中，搜索论文编号"1904.01169"即可查看相关论文。

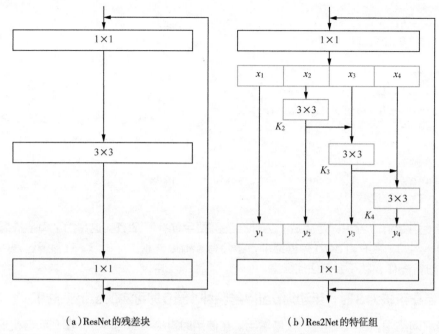

（a）ResNet 的残差块　　　　　　　（b）Res2Net 的特征组

图6-28　ResNet 的残差块与 Res2Net 的特征组

2. Res2Net 的不足

Res2Net 模型擅长提取图片的细粒度特征。经过实验，Res2Net 模型在粗粒度的回归、分类识别方面的效果并不优于 EfficientNet、PNASNet 等模型。另外，Res2Net 模型将 ResNet 残差块中的一个 3×3 卷积层扩展为多个卷积运算。这也增加了计算量，不适合轻量级的前端部署。

6.8　扩展：对汉字进行区域检测

本章的实例主要用于文字的区域识别，与文字中的内容没有关系。如果要进行中文的识别，则直接使用与汉字相关的数据集即可。有兴趣的读者可以自行尝试。

6.9　练习题

6.7 节介绍了调试模型的相关技巧，下面就通过具体的代码练习一下。

在本书的配套资源里，有一个名为 code_16_codebreaktrain.py 的代码文件。该代码的功能是训练一个能够识别验证码的模型。目前该代码存在训练时模型不收敛的问题。尝试对该代码进行调试，使其可以正常训练。

该代码的功能属于下一章的知识点，读者通过比较本题的代码与 7.1 节的实例代码，即可找到答案。

第 7 章

实现 OCR 模型——可以从图片中识别出文字的模型

OCR（Optical Character Recognition）的意思是通过光学技术对字符进行识别。OCR 的概念产生于 1929 年，德国科学家 Tausheck 首先提出了 OCR，并且申请了专利。几年后，美国科学家 Handel 也提出了利用光学技术对字符进行识别的想法。但这种梦想直到计算机的诞生才变成现实。现在这一技术已经由计算机实现了，OCR 就演变成利用光学技术对字符进行扫描、识别并转化成计算机内编码的技术了。

本章用一个关于验证码的简单例子来引导读者掌握 OCR 模型的搭建步骤。从制作数据集开始，到搭建模型，再到调优模型，逐步搭建一个完整的 OCR 模型。整个过程包括了 OCR 模型的实现原理、模型的设计思想、优化模型的多种方法与思路，以及 TensorFlow 2 编程中的调试技巧等知识。

7.1　实例：用CNN模型识别验证码

识别验证码属于 OCR 任务中的一个典型应用。读者可以通过该例子了解搭建 OCR 模型的相关步骤，为学习后面的复杂模型做好铺垫。

实例描述	编写一个生成验证码图片的程序，并用该程序生成的验证码图片训练模型，使模型能够识别出图片中的验证码。

一般来讲，验证码图片中的文字长度都是固定的，验证码图片的尺寸也是固定的。利用这些规律，可以把识别验证码问题当作一个多标签分类任务来处理，即对验证码图片进行特征计算，再将对应位置的特征进行分类计算。采用卷积神经网络进行监督训练，就能得到可用的模型。本实例使用 TensorFlow 2.0.0a0。

7.1.1　样本

常用的验证码生成库有 captcha 和 gvcode。这里以 captcha 为例，其安装命令如下。

```
pip install captcha
```

该库支持文字验证码和语音验证码的生成。如果要增加验证码的复杂度，还可以在使用时向 captcha 库中添加指定的字体。

免费的字体可以从找字网下载。访问该网站后，可以看到各种字体的样式，以及对应的下载链接，如图 7-1 所示。

在本例中，作者随意下载了 4 种字体，分别起名为 "a.ttf" "b.ttf" "c.ttf" "d.ttf"，并将它们放到本地项目的 ttf 路径下，如图 7-2 所示。

图7-1　下载字体

图7-2　已经下载好的字体文件

7.1.2　代码实现：生成自定义字体的验证码

使用 captcha 库生成验证码共分为两步。

（1）实例化 captcha 模块的 **ImageCaptcha** 类，并指定验证码的尺寸和字体。

（2）调用 **ImageCaptcha** 类对象的 generate_image 方法，传入字符串即可生成验证码。具体代码如下。

代码文件：code_17_codebreak.py

```
1  from captcha.image import ImageCaptcha
2  import matplotlib.pyplot as plt
3  import numpy as np
4  import random
5  import string
6  characters = string.digits + string.ascii_uppercase
7  print(characters)  #将获取的基础字符输出
8  #定义验证码的尺寸、字符长度
9  width, height, n_len, n_class = 210, 80, 6, len(characters)
10 myfonts = [r'./ttf/a.ttf', r'./ttf/b.ttf', r'./ttf/c.ttf', r'./ttf/d.ttf']
11 vCodeobj = ImageCaptcha(width=width, height=height, fonts=myfonts)
12 random_str = ".join([random.choice (characters)for j in range (4) ])
13 img = vCodeobj.generate_image(random_str)#根据字符串生成验证码
14 plt.imshow(img)
15 plt.title(random_str)
```

代码运行后，输出内容如图 7-3 所示。

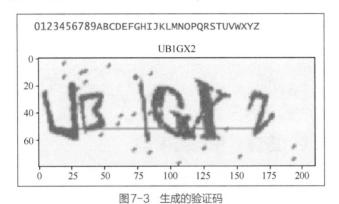

图7-3　生成的验证码

7.1.3　代码实现：构建输入数据集

将 7.1.2 节的验证码生成代码封装成生成器，该生成器充当验证码数据集，向模型输入验证码图片。具体代码如下。

代码文件：code_17_codebreak.py（续）

```
16 def gen(batch_size=32):
17     X = np.zeros ((batch_size, height, width, 3), dtype=np.float32)
18     y = [np.zeros((batch_size, n_class), dtype=np.uint8)for i in range(n_len)]
19     generator = ImageCaptcha(width=width, height=height, fonts=myfonts)
20     while True:
21         for i in range(batch_size):
22             random_str = ".join([random.choice (characters) for j in
23             range (n_len)])
24             #生成验证码图片，并将其归一化
25             x[i] = np.array (generator.generate_image (random_str)) / 255.0
26             for j, ch in enumerate (random_str):
27                 y[j][i, :] = 0
```

```
28                    y[j][i, characters.find (ch) ] = 1
29             yield X, y
30
31   def decode (y):    #将验证码对应的标签转换为字符
32       y = np.argmax (np.array (y), axis=2)[:, 0]
33       return "".join ([characters[x] for x in y])
34
35   #测试数据集
36   X, y = next (gen (1))
37   plt.imshow (X[0])
38   plt.title (decode(y))
```

第 16 行代码定义的生成器 gen 返回的值是图片 X 与图片的字符索引 y。

第 31 行代码定义了函数 decode，该函数用于将字符索引 y 转换成验证码字符。

第 36 ~ 38 行代码对生成器进行测试。

该文件运行后，可以输出与图 7-3 类似的验证码图片。

7.1.4 模型的设计思路

识别验证码的思路主要分为两部分。

（1）对验证码图片进行特征计算，这可以使用卷积网络来实现。

（2）对步骤（1）中计算出来的特征进行处理，以生成字符索引。在实现时，可以对文字序列中的每个字符进行一次分类处理。

7.1.5 代码实现：搭建卷积网络模型

卷积网络模型的结构并不是唯一的，但卷积网络模型的目的只有一个——降维，要用更低维度的数据最大限度地表示出原始像素的含义。

这里使用了带卷积层的 4 次下采样操作来对原始图片进行降维。在每次下采样之前，都进行 2 次卷积核为 3×3 的卷积运算。具体的结构如图 7-4 所示。

在编写代码时，4 次下采样是由 for 循环来实现的，同时也将卷积核为 3×3 的卷积运算拆分成卷积核分别为 1×3 与 3×1 的两个卷积运算（该做法的原理见 4.9.6 节）。具体代码如下。

代码文件：code_17_codebreak.py（续）

```
39   from tensorflow.keras.models import *
40   from tensorflow.keras.layers import *
41   from tensorflow.keras.optimizers import Adam
42   input_tensor = Input((height, width, 3))
43   #搭建卷积模型
44   x = input_tensor
45   for i in range(4):
46       for iii in range(2):
47           #实现两个valid类型的卷积运算
48           x = Conv2D(32 * 2 ** i, (3, 1), activation='relu')(x)
49           x = BatchNormalization()(x)
50
51           x = Conv2D(32 * 2 ** i, (1, 3), activation='relu')(x)
```

```
52        x = BatchNormalization()(x)
53    #下采样
54    x = Conv2D(32 * 2 ** i, 2, 2, activation='relu')(x)
55    x = BatchNormalization()(x)
```

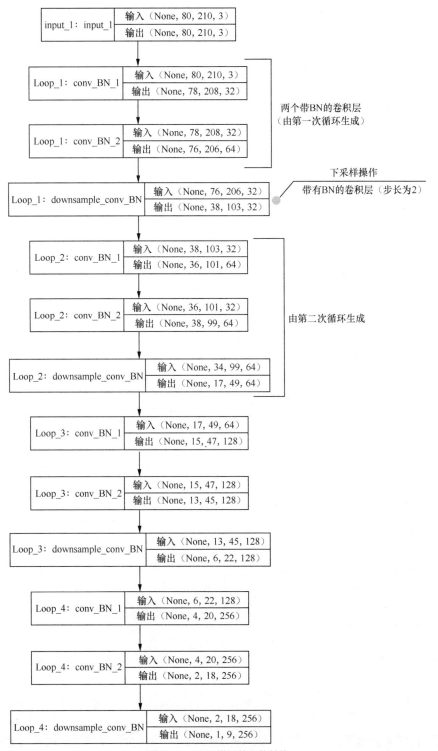

图7-4 CNN模型的具体结构

对比代码和图 7-4 所示的结构，可以看到在该模型中卷积运算的具体降维过程。

（1）第 48 ～ 52 行代码的卷积运算可以使输入数据的高、宽各减少 2。

（2）第 54 行、第 55 行代码用一个步长为 2 的卷积运算使输入数据的高、宽缩小到原来的 1/2。

（3）通过图 7-4 中第 1 行的输入尺寸与最后 1 行的输出尺寸可以看到，经过 4 次循环之后，输入图片的尺寸由原始的（80，210）降到最终的（1，9）。该特征数据将用于后续的分类处理。

该例子只实现了一种结构。在设计模型时，还可以使用其他结构进行替换，例如，残差网络、多通道卷积等。在替换过程中，需要将各层之间的输入 / 输出维度对应起来。

7.1.6   代码实现：搭建多分类输出层

多分类输出层的作用是将验证码输出的每个字符都当作一个分类任务去执行。在该例子中识别出验证码的字符数量是 6，因此，需要对 7.1.5 节输出的特征数据进行 6 次分类，每次的分类结果对应一个字符。

在分类过程中，需要先对 7.1.5 节输出的特征数据进行维度变换，使其与分类的维度匹配。这里使用全尺寸卷积将特征数据由（1，9，256）变换成（1，1，36），其中 36 代表验证码中的 36 个字符，具体的结构如图 7-5 所示。

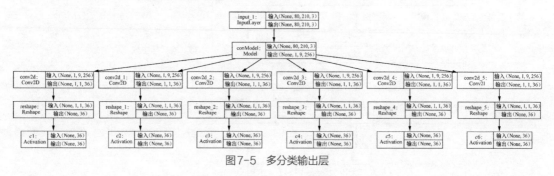

图 7-5   多分类输出层

在 tf.keras 接口中，可以将输出节点放到一个列表里，从而实现多个结果的输出，具体代码如下。

代码文件：code_17_codebreak.py（续）

```
56  out = []#定义输出列表
57  for i in range(n_len):
58      onecode = Conv2D(n_class, (1, 9))(x)   #全尺寸卷积
59      onecode = Reshape((n_class,))(onecode)
60      onecode = Activation('softmax', name='c%d' % (i + 1))(onecode)
61      out.append(onecode)
62
63  model = Model(inputs=input_tensor, outputs=out)
64  model.compile(loss='categorical_crossentropy',
65              optimizer = Adam(lr=0.001,amsgrad= True),
66              metrics=['accuracy'])
```

第 58 行代码使用了全尺寸卷积，该层的变换效果与全连接神经网络的效果完全一样（见

7.6.2 节的分析）。

第 65 行代码使用了 Amsgrad 优化器。在训练过程中，该优化器使用了二阶动量进行优化，其效果优于 Adam 优化器。该优化器来自一篇名为"On the Convergence of Adam and Beyond"的论文，具体参见 OpenReview 网站。

第 59 行代码使用了 tf.keras 接口的 Reshape 函数对特征进行变形，使其变为二维数据。

7.1.7　训练模型并输出结果

训练模型只需要一行代码，直接使用模型对象 model 的 `fit_generator` 方法即可。测试模型的代码比较简单，读者可以参考本书的配套资源，这里不再详细介绍。

代码运行后，可以看到如下结果。

```
……
Epoch 6/6
500/500 [==============================]-104s 207ms/step-loss: 4.6738-c1_loss:
0.4743-c2_loss: 0.6576-c3_loss: 1.1277-c4_loss: 1.1635-c5_loss: 0.6919-c6_loss:
0.5588-c1_accuracy: 0.8644-c2_accuracy: 0.8164-c3_accuracy: 0.6701-c4_accuracy:
0.6536-c5_accuracy: 0.8126-c6_accuracy: 0.8516-val_loss: 4.6761-val_c1_loss:
0.4883-val_c2_loss: 0.6537-val_c3_loss: 0.9697-val_c4_loss: 1.2054-val_c5_loss:
0.7494-val_c6_loss: 0.6096-val_c1_accuracy: 0.8562-val_c2_accuracy: 0.8188-
val_c3_accuracy: 0.6906-val_c4_accuracy: 0.6438-val_c5_accuracy: 0.8000-val_c6_
accuracy: 0.8094
```

该结果是模型迭代 6 次并且每次训练 500 个数据后输出的信息，同时也输出了模型的测试结果，如图 7-6 所示。

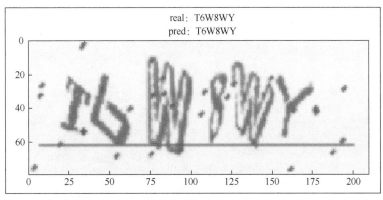

图7-6　模型的测试结果

7.1.8　原理分析：输出层的每个分类是否可以与字符序列对应

模型在经过卷积网络处理之后得到了尺寸为（1，9）的特征数据（见图 7-5 的第 2 行），之后用 6 个相同的网络结构对图片中的每个字符进行分类。该模型能够按照顺序识别出验证码，这就说明输出层的 6 个分支之间具有序列关系。

如图 7-5 所示，输出层中 6 个分支的结构一样，并且相互独立，那么这 6 个分支之间的序列关系是怎么形成的呢？

其实输出层中的 6 个分支之间并没有序列关系。它们能够识别出图片中不同位置的字符是与输出层的权重有关的。在训练时，每个输出层的分支都可以被视为独立的分类网络，该网络根据样本中的标签调整权重，最终使得该输出层中的分支能够识别出样本中的指定标签。当训练多个独立分支时，令输入标签是有顺序的，这样输出的结果也有顺序了。

如图 7-7 所示，若在训练时向最后一个分类器中传入字符为 Y 的标签索引，这相当于让模型从内容为"T6W8WY"的图片中识别出 Y，那么该分类器最终就会预测出字符 Y 对应的索引。

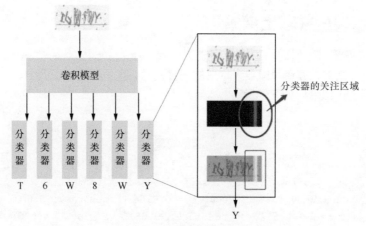

图7-7　分类器的识别区域

分类器的内部操作如图 7-8 所示。

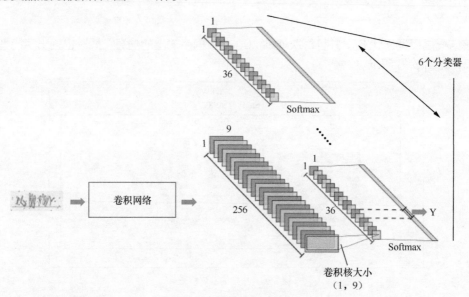

图7-8　分类器的内部操作

7.1.9　练习题：可视化分类器的关注区域

从图 7-5 中可以看到，输出层的每个分类器中都会执行一个卷积运算，该卷积层的作用就是从完整的图像信息中找出指定区域的图像。尝试使用 5.8 节的 Grad-CAM 方法编写可视化代码，可视化输出层中的卷积运算，以便更清晰地显示出模型的关注区域。

接着 7.1.6 节的代码，为模型添加可视化功能，具体如下。

代码文件：code_17_codebreak.py（续）

```python
67  import cv2
68
69  #定义函数来获取输出层
70  def get_output_layer(model, layer_name):
71      layer_dict = dict([(layer.name, layer) for layer in model.layers])
72      layer = layer_dict[layer_name]
73      return layer
74
75  #输出模型结构，以便找到可视化的网络层
76  model.summary()
77  #从模型结构中找到可视化的网络层
78  final_layer = get_output_layer(model, 'batch_normalization_v2_19')
79
80  #重新建立一个模型，将要可视化的网络层添加到输出节点中
81  outnode = model.output
82  outnode.append(final_layer.output)
83  twooutmodel = Model(inputs=model.input, outputs=outnode, name='twooutmodel')
84
85  #为新模型加载权重
86  twooutmodel.load_weights(r'./my_model/mymodel.h5')
87
88  #用新模型预测并显示
89  X, y = next(gen(1))
90  y_pred = twooutmodel.predict(X)
91  final_layerout = y_pred[-1]               #从新模型中取出待可视化的网络层结果
92  y_pred = y_pred[:-1]                       #从新模型中取出预测结果
93  print(len(y_pred), final_layerout.shape)  #输出6 (1, 1, 9, 256)
94  plt.title('real: %s\npred:%s' % (decode(y), decode(y_pred)))
95  plt.imshow(X[0], cmap='gray')
96
97  #选取输出层的最后一个分类器分支，并将其权重提取出来
98  weights_layer = get_output_layer(twooutmodel, 'conv2d_25')
99  class_weights = weights_layer.get_weights()[0]
100 print(class_weights.shape)
101
102 #从分类器权重中将预测标签的权重提取出来
103 ny_pred = np.argmax(np.array(y_pred), axis=2)[:, 0]
104 class_weights_w = class_weights[:, :, :, ny_pred[-1]]
105
106 #还原模型分类的计算过程，将分类器的权重与卷积模型的特征相乘后再求和
107 cam = np.sum(final_layerout[0] * class_weights_w, axis=-1)  #(1, 9)
108 cam /= np.max(cam)   #归一化到[0,1]
109 cam = cv2.resize(cam, (X[0].shape[1], X[0].shape[0]))
110 #绘制热力图
111 heatmap = cv2.applyColorMap(np.uint8(255 * cam), cv2.COLORMAP_JET)
112 heatmap[np.where(cam <0)] = 0             #把数值统一转换成大于0的数
113 img = heatmap * 0.5 + X[0] * 175          #生成热力图像素点
114 cv2.imwrite('./hotmap.jpg', img)          #保存图片
```

第 107 行代码是计算可视化结果的重要环节。该代码将卷积层的最终结果与分类器的权重相乘，并对结果求和。所得到的结果便是该分类器对卷积特征关注的部分，如图 7-9 所示。

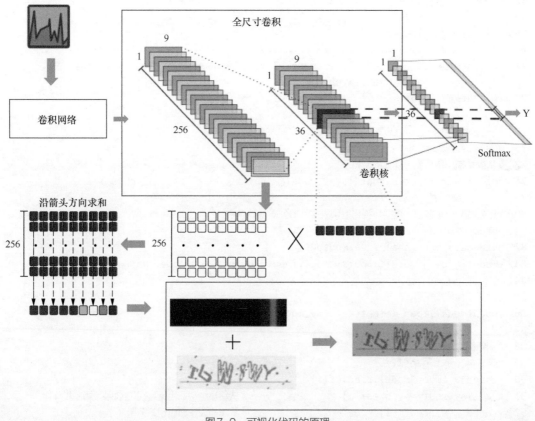

图7-9　可视化代码的原理

该代码运行后会在本地代码的同级目录下生成名为 hotmap.jpg 的图片文件，该文件就是模型可视化的结果，如图 7-10 所示。

图7-10　模型可视化的结果

7.2　通用OCR的实现原理

7.1 节中的识别验证码示例是一个简单的场景实例，因为在该场景中输入图片的大小和要识别的文字长度都是固定的。7.1 节中的模型并不能满足 OCR 的所有要求。下面就介绍一下通用 OCR 模型的相关知识。

1. 通用OCR的要求

通用 OCR 模型还要适应更复杂的场景，即在图片大小和图片中的文字长度并不固定的情况下，也能够完成文字的识别任务。

2．通用 OCR 的内部结构与实现原理

OCR 的本质是一个跨域转换任务，即把图像的特征转换为文本的序列特征。在实现时，一般会采用两阶段方式进行。

（1）检测文字。在图片上搜索含文字的区域，并将该区域的内容提取出来。

（2）识别文字。对文字检测阶段所提取出来的子图进行处理，将其转换为具体的文字。

其中文字检测阶段与目标识别完全一致，可以直接使用目标识别模型进行实现；文字识别阶段实现了跨域转换，一般会先使用卷积网络对图片进行特征处理，再将特征转换为序列文字。

7.3　文字检测的相关技术

文字检测阶段的主要任务是对图片进行剪裁，一般做法是在图片上搜索含文字的区域，将该区域的内容提取出来，作为独立的图片，用于文字识别，如图 7-11 所示。

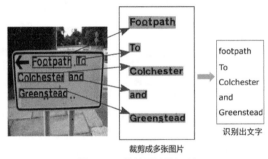

图 7-11　裁剪图片并识别

在文字检测领域，根据 OCR 的应用场景，可以使用针对性的文字检测技术，具体如下。

- 固定区域的文字检测：例如，在基于票据的 OCR 场景中，图片上的待识别文字区域是固定的，可以直接按照事先设定好的区域提取数值。在这种场景下不需要识别技术，直接按照指定的区域裁剪图片即可。需要注意的是，如果输入图片的尺寸、拍摄角度不同，还需要对其进行尺度校正和仿射校正。

- 有固定特征的文字检测：该场景一般是基于图片中文字的附加特征进行识别的。例如，在车牌识别中，模型并不会识别图片中的文字，而会先识别出车牌特征；在表格录入识别中，模型会把手写体与印刷体分开，只关注图片中的手写体文字；在广告牌识别中，模型会先识别出广告牌等。在检测固定特征时，可以使用通用的目标识别技术，见第 6 章的实例。

- 非固定条件下的标准文字检测：没有任何约束下的文字检测，一般用于扫描仪等常规应用。在完成这部分功能时，可以直接使用目标识别技术，见第 6 章的实例。

- 非固定条件下的变形文字检测：在日常生活中，所见到的文字并不全是规规矩矩的，还有一些文字常常会以扭曲的、倒着的等非正常形态存在，这是文字检测领域面临的最大挑战之一。它相当于在目标识别技术的基础上进行了更细致的优化，一般使用像素级语义分割方面的相关技术。在处理图片时，将精度由目标识别的坐标区域提升到

图像语义的像素级别。

文字检测技术的应用会随着场景的不同而不同，这里不做重点介绍，读者如果对非固定条件下变形文字检测的相关技术感兴趣，可以参考 Spcnet、PSENet、PixelLink 等模型。

7.4   文字识别的相关技术

深度学习模型实现的文字识别是一个跨域转换问题，即把图像的特征转换为文本的序列特征。

在实现时，会把特征计算分为多个步骤来实现。大体可以分为图片特征处理和序列文本生成这两个主要部分。当然，还可以在这两个主要部分之上，加入其他技巧，使模型的精度更高。文字识别流程如图 7-12 所示。

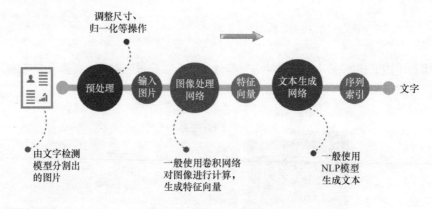

图7-12   文字识别流程

图 7-12 中的部分子模块的描述如下。

- 输入图片：一般是指处理过的并且有文字的重点区域（通常会使用文字检测模型输出的结果）。
- 图像处理网络：一般是用卷积神经网络来实现的。为了实现更高的精度，还会在其中加入仿射变换。仿射变换主要是指对区域图片执行平移、缩放、旋转操作，使其具有相同的视角，方便后续的特征计算处理（详情请见 7.3.2 节）。
- 文本生成网络：与一般的 NLP 任务中的文本生成模型一致。一般可以使用 RNN、双向 RNN、注意力机制、seq2seq 等技术（在第 8 章还会有具体介绍）。

文字识别技术是本章重点讲解的内容，在本章中将通过具体的实例介绍文字识别的实现。

7.5   实例：用CRNN模型识别图片中的变长文字

CRNN 模型是由 CNN 模型与 RNN 模型组合成的模型。前半部分的 CNN 模型用于处理图片特征，后半部分的 RNN 模型用于生成序列特征。该模型是 OCR 中最常用的基础模型之一。本实例就通过这个模型实现对变长文字的识别功能。

实例描述 编写一个 CRNN 模型，对图片中的英文进行识别。图片中的英文单词长度不一，要求能够自适应识别图片中的单词长度，并将其准确地识别出来。

对变长文字的识别可以转换成对定长文字的识别。通过一些填充技术将文字按照指定的最大长度对齐，然后放入模型中进行统一处理。在训练过程中，填充后的文字标签相当于混入了更多的噪声，所以对模型的性能要求更高。

7.5.1 制作样本

本实例仍然使用 6.2.1 节介绍的样本，这里以 6.2.1 节中 test 文件夹下的样本为例。按照图 7-11 所示的规则，将 6.2.1 节中的样本按照标注的区域进行裁剪，生成新的训练样本。

具体代码可以参考本书配套资源中的文件 code_18_prodata.py。该代码运行之后，会在本地生成 dataimgcrop 文件夹，该文件夹的结构及内容如图 7-13 所示。

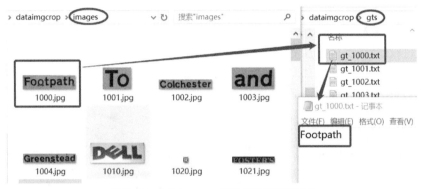

图 7-13　dataimgcrop 文件夹的结构及内容

如图 7-13 所示，dataimgcrop 文件夹中包含了两个子文件夹。

- images：存放剪切好的图片。
- gts：存放与图片对应的标注。

图片文件与标注文件是一一对应的，每个标注文件名都会在对应的图片文件名前面加上 "gt_"。如图 7-13 所示，第一幅图片的文件名称为 1000.jpg，它对应的标注文件名称为 gt_1000.txt。

7.5.2 代码实现：用 tf.data.Dataset 接口开发版本兼容的数据集

编写代码实现下列 3 个功能。

（1）获取当前样本的文件名列表。

（2）调用 tf.data.Dataset 接口，将文件名称列表制作成数据集。

（3）对制作好的数据集进行测试，以保证代码正确。

1. 定义函数获取文件名

TensorFlow 的不同版本间的兼容性很差，为了实现数据集代码的多版本通用性，有必要根据不同版本的 TensorFlow 进行适配。代码中会以 TensorFlow 1.14 版本作为分界线来适配兼容性。具体代码如下。

代码文件：code_19_mydataset.py

```
1   #导入基础模块
2   import tensorflow as tf
3   import numpy as np
4   from tensorflow.python.ops import array_ops
5   import string
6   from distutils.version import LooseVersion
7   from code_18_prodata import  get_img_lab_files
8
9   isNewAPI = True #TensorFlow的版本判断标志
10  if LooseVersion(tf.__version__) >LooseVersion("1.14"):
11      print("new version API")
12  else:
13      print('old version API')
14      isNewAPI = False
```

第 7 行代码导入了获取文件列表的函数 get_img_lab_files，该函数的定义可参见配套资源中的文件 code_18_prodata.py，其内容与 6.2.2 节的 get_img_lab_files 函数完全一致。

第 9 ～ 14 行代码对当前版本进行判断，并根据判断结果设置标志变量 isNewAPI，该变量用于指导其他代码选用正确版本的 API。

2. 用 tf.data.Dataset 接口构建数据集

定义函数 get_dataset 对数据集进行封装，该函数的内部逻辑可以分为如下几部分。

（1）获取样本的文件名列表。

（2）将样本的文件名列表制作成数据集，并根据需要对其执行乱序操作。

（3）对数据集中的文件名进行二次加工，将其变成图片数据和图片所对应的标签数据。

（4）为了将文件名转换成图片数据，根据图片名称打开图片文件，并根据指定的尺寸设置并对其进行调整。

（5）为了将文件名转换成标签数据，根据标注文件的名称打开文件，并将读取后的文字内容转换成数字索引。同时把所有的标签数据填充成统一的长度，实现标签对齐。

> 注意 在调整图片尺寸的过程中使用了保持原有宽高比的缩放方法，这么做的目的是让图片中的内容不至于变形太大，有利于模型的识别。

从图 7-14 中可以看出，每张图片样本都根据自身的宽高比进行了缩放，并将不足的区域用黑色填充。每张图片所对应的文字标注都被转换成为数字，并向转换后的标签数字尾部填充 1，使它们的长度相等。

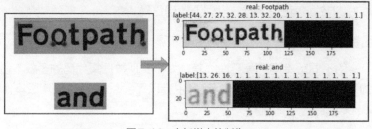

图7-14 变长样本的制作

具体代码如下。

代码文件: code_19_mydataset.py（续）

```
15  def get_dataset(config, shuffle=True, repeat=True):                      #制作数据集
16      img_lab_files = get_img_lab_files(config['gt_path'], config['image_path'])
17      print(img_lab_files[:3])
18
19      def _parse_function(filename, config):              #定义图像解码函数
20          image_string = tf.io.read_file(filename[0])
21          if isNewAPI == True:   #适用于TensorFlow 1.14之后的版本
22              img = tf.io.decode_jpeg(image_string, channels=config['ch'])
23          else:   #适用于TensorFlow 1.14及之前的版本
24              img = tf.image.decode_jpeg(image_string, channels=config['ch'])
25
26          #获取图片的形状
27          h, w, c = array_ops.unstack(array_ops.shape(img), 3)
28          img = tf.reshape(img, [h, w, c])
29
30          zoom_ratio = tf.cond(   #计算输出图片在高和宽两个方向上的变化率，并取出最小的那个
31              tf.less(config['tagsize'][0] / h, config['tagsize'][1] / w),
32              lambda: tf.cast(config['tagsize'][0] / h, tf.float32),
33              lambda: tf.cast(config['tagsize'][1] / w, tf.float32)
34          )
35          #在高和宽两个方向上，以变化率最小的方向为主，计算图片按照目标尺寸等比例缩放后的高和宽
36          resize_h, resize_w = tf.cond(
37              tf.less(config['tagsize'][0] / h, config['tagsize'][1] / w),
38              lambda: (config['tagsize'][0], tf.cast(tf.cast(w, tf.float32) *
39              zoom_ratio, tf.int32)),
40              lambda: (tf.cast(tf.cast(h, tf.float32) * zoom_ratio, tf.int32),
41              config['tagsize'][1])
42          )
43          #按照指定的高和宽缩放图片
44          if isNewAPI == True:
45              img = tf.image.resize(img, [resize_h, resize_w],
46              tf.image.ResizeMethod.BILINEAR)
47          else:
48              img = tf.image.resize_images(img, [resize_h, resize_w],
49              tf.image.ResizeMethod.BILINEAR)
50
51      #对图片的像素进行归一化
52      img = img / 255.0
53
54      def my_py_func(filename):           #定义函数，用于制作标签
55          if isNewAPI == True:           #新的API里传入的是张量，需要转换
56              filename = filename.numpy()
57
58          #打开文件，读取样本的标注文件
59          filestr = open(filename, "r", encoding='utf-8')
```

```
60          ground_truth = filestr.readlines()
61          filestr.close()
62          #将字符转换成索引
63          y = [config['characters'].find(c) + config['charoffset']
64          for c in   ground_truth[0]]
65          y = y [:config['label_len'] ] #防止越界
66
67          padsize = config['label_len'] - len(y)   #计算需要填充的标签长度
68          #按照指定长度进行填充
69          y.extend([config['charoffset'] - 2] * padsize)
70          #将数组封装成张量
71          ground_truth = tf.stack(y)
72
73          return tf.cast(ground_truth, dtype=tf.float32)   #返回结果
74
75      if isNewAPI == True:   #构建自动图，处理样本标签
76          threefun = tf.py_function
77      else:
78          threefun = tf.py_func
79      #返回值类型要与函数的格式严格对应
80      ground_truth = threefun(my_py_func, [filename[1]], tf.float32)
81      return img, ground_truth   #返回处理过的样本图片和标签
82
83      #将列表数据转换成数据集形式
84      dataset = tf.data.Dataset.from_tensor_slices(img_lab_files)
85
86      if shuffle == True:   #将样本的顺序打乱
87          sdataset = dataset.shuffle(buffer_size=len(img_lab_files))
88      #对每个样本进行再加工
89          dataset = dataset.map(lambda x: _parse_function(x, config))
90      #根据指定的批次大小，对数据集进行填充
91      dataset = dataset.padded_batch(config['batchsize'], padded_shapes=(
92          [config['tagsize'][0], config['tagsize'][1], 1],
93          [config['label_len']]),   drop_remainder=True)
94      if repeat == True:   #将样本设置为重复使用
95          dataset = dataset.repeat()
96      #设置数据集的缓冲区大小
97      if isNewAPI == True:
98          dataset = dataset.prefetch(tf.data.experimental.AUTOTUNE)
99      else:
100          dataset = dataset.prefetch(1)
101     print('_____', len(img_lab_files), config['batchsize'])
102     #返回数据集和该数据集中所含的批次个数
103     return dataset, len(img_lab_files) // config['batchsize']
```

第 30 行代码调用函数 **tf.cond** 进行条件选择。该函数属于静态图中的条件判断语句，其作用相当于 **if…else** 语句。因为在 tf.data.Dataset 接口中，对于由 map 方法调用的函数，

其内部只能由静态图来实现[①]，所以这里要用函数 **tf.cond**。

第 63 行代码将文字形式的字符串转换为索引标签。在转换过程中，为每个字母索引增加了一个偏移量 config ['charoffset']，偏移量为预留的特殊字符的索引留出空间。在本例中预留的字符有 3 个，其中，0 对应保留字符，1 对应填充字符，2 对应未知字符。

第 69 行代码通过调用列表对象的 extend 方法，填充标签，使索引标签按照指定的长度进行对齐。

第 71 行代码将列表对象封装成张量，用于返回。

第 80 行代码在调用函数 my_py_func 时，应使函数的返回值类型与函数 my_py_func 真正的返回值完全匹配。这是很容易出错的地方，下面通过两个案例具体说明。

● 错误案例。

第 73 行代码返回的是第 71 行封装好的张量，只是一个值。在调用函数 my_py_func 时，指定的返回值类型应当为 tf.float32，千万不能写成如下形式。

ground_truth = threefun(my_py_func, [filename[1]], [tf.float32])

● 正确案例。

注意 如果将第 71 行代码注释掉，则不对列表对象进行封装，使其返回一个数组也是可以的，但需要在调用函数 my_py_func 时，指定对应的返回值类型。

修改第 73 行代码为 return y。

修改第 80 行代码为以下形式。

ground_truth =
threefun(my_py_func, [filename[1]], [tf.int32] *config['label_len'])

之后代码仍然可以运行，其中的关键点在于输出类型的指定。由代码 [tf.int32] *config['label_len'] 可以看出，该语法需要对数组中的每个元素类型进行单独指定。

第 91 行代码调用了数据集对象 dataset 的 **padded_batch** 方法进行批量处理。这里使用 **padded_batch** 方法的主要目的是对图片进行填充。由于在尺寸调整过程中使用了等比例缩放，因此这会导致每张图片的尺寸都不同。通过 **padded_batch** 方法可以按照指定的统一尺寸进行对齐，图片中尺寸不足的区域用 0 来填充。

3. 编写测试代码并运行程序

定义函数 decodeindex，用于将标签索引转换为字符，编写代码完成数据集的制作与使用。具体代码如下。

代码文件: code_19_mydataset.py（续）

```
104  #定义函数将标签索引转换成字符
105  def decodeindex(characters, indexs):
106      result_str = "".join(["" if c <0 else characters[c] for c in indexs])
107      return result_str
108
```

---

① 见《深度学习之 TensorFlow 工程化项目实战》的 12.1.4 节，其中介绍了在静态图中使用控制语句的更多注意事项。

```
109  if __name__ == '__main__':
110      from matplotlib import pyplot as plt
111
112      #TensorFlow 2.0以下版本中，需要手动打开动态图
113      assert LooseVersion(tf.__version__) >= LooseVersion("2.0")
114
115      dataset_config = {
116          'batchsize': 64,                        #指定批次
117          'image_path': r'dataimgcrop/images/', #指定图片文件的路径
118          'gt_path': r'dataimgcrop/gts/',   #指定标注文件的路径
119          'tagsize': [31, 200],             #设置输出图片的高和宽
120          'ch': 1,
121          'label_len': 16,                        #设置标签序列的总长度
122          'characters': '0123456789' + string.ascii_letters,  #用于将标签转换为
123          #索引的字符集
124          'charoffset': 3,  #定义索引中的预留值，其中0对应保留字符，1对应填充字符，2对应
                 #未知字符
125      }
126
127      #获取图片数据集
128      image_dataset, lengthdata = get_dataset(dataset_config, shuffle=False)
129
130      for i, j in image_dataset.take(1):  #取出两个批次的数据
131          #将归一化的数据转换成像素
132          arraydata = np.uint8(np.squeeze(i[0].numpy() * 255))
133          #将标签索引转换成字符串
134          lab_str = decodeindex(dataset_config['characters'], j[0] -
135          dataset_config['charoffset'])
136          #将标题和图片的内容显示出来
137          plt.title('real: %s\nlabel:%s' % (lab_str, j[0].numpy()))
138          plt.imshow(arraydata, cmap='gray')
139          plt.show()
```

这段代码与 6.2.2 节中的代码非常类似，这里不再讨论。程序运行后，输出结果如图 7-15 所示。

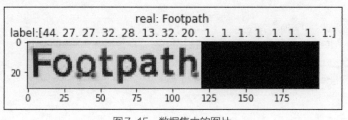

图7-15　数据集中的图片

从图 7-15 中可以看到，该图片的尺寸为 31×200，其标签索引的尾部用 1 填充。

7.5.3　CRNN中的RNN

卷积循环神经网络（Convolution Recurrent Neural Network，CRNN）模型由 CNN 和 RNN 两部分组成，其中 CNN 代表卷积神经网络；RNN 代表循环神经网络。

RNN 模型的主要特点是能够拟合序列数据。与 CNN 和全连接神经网络（Fully Connected Network，FCN）的区别在于，RNN 可以关注输入样本间的顺序关系，即前一时刻的输入样本会对后面输入样本输出的结果产生影响。

在实现中，RNN 模型是由基本的处理单元（cell）组合而成的。常用的处理单元有长短期记忆（Long Short Term Memory）单元、门控循环单元（Gate Recurrent Unit）、独立循环神经网络（Independently Recurrent Neural Network，IndRNN）等。以 GRU 单元为例，其结构如图 7-16 所示。

从图 7-16 所示的结构中可以看到，GRU 单元中有两个输入，一个是上一时刻隐藏层的状态，一个是当前时刻的输入数据。该单元就是通过不断调节隐藏层的状态来对序列数据进行拟合的。具体如下。

（1）用忘记门将隐藏层中没用的状态信息去掉。

（2）用输入门将新的序列信息更新到隐藏层状态中。

（3）将新的状态与真实的输入数据一起组合成真正的输出数据，完成本次操作。

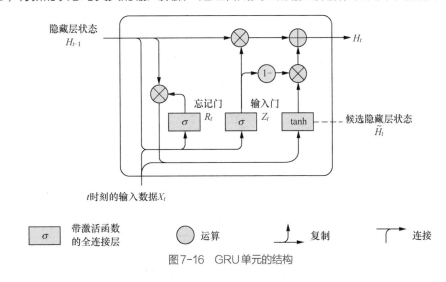

图7-16　GRU 单元的结构

有关循环神经网络的内容不是本章的重点，这里不再展开。读者知道该网络的特性，以及如何应用即可。

7.5.4　代码实现：构建CRNN模型

编写代码分别实现 CNN 和 RNN 这两部分网络，并将它们组合成 CRNN 模型。

1. 开发CNN模型

CNN 模型可以有多种结构，这里仍然使用类似于 7.1.5 节的卷积结构，将多层卷积运算堆叠起来，并通过逐级下采样进行处理。在实现时，该结构要比 7.1.5 节的卷积网络更深一些，目的是实现更好的特征抽取。具体结构如图 7-17 所示。

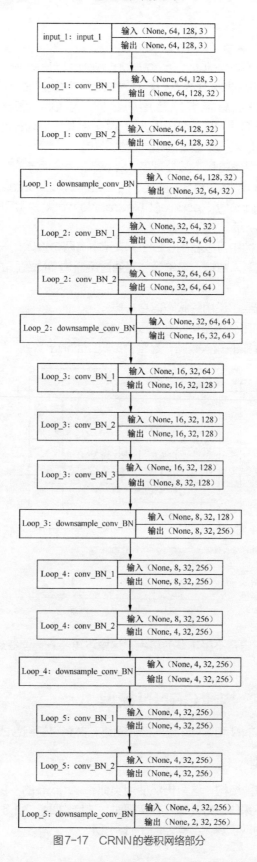

图7-17　CRNN的卷积网络部分

编写代码，实现图 7-17 中的结构，具体代码如下。

代码文件: code_20_ CRNNModels.py

```
1   #导入基础模块
2   from tensorflow.keras import backend as K
3   from tensorflow.keras.models import *
4   from tensorflow.keras.layers import *
5   import tensorflow as tf
6   import numpy as np
7   from code_19_mydataset import isNewAPI
8
9   #根据TensorFlow不同的版本，导入不同的GRU库
10  if isNewAPI == True:
11      from tensorflow.python.keras.layers.cudnn_recurrent import CuDNNGRU
12  else:
13      from tensorflow.keras.layers import CuDNNGRU
14
15  def FeatureExtractor(x):    #定义卷积网络，提取图片特征
16      for i in range(5):      #5次下采样卷积
17          for j in range(2):#在下采样卷积之前，执行两次卷积运算
18
19              x = Conv2D(32 * 2 ** min(i, 3), kernel_size=3, padding='same',
20              activation='relu')(x)
21              x = BatchNormalization()(x)
22          x = Conv2D(32 * 2 ** min(i, 3), kernel_size=3, #下采样卷积网络
23          strides=2 if i <2 else (2, 1), padding='same', activation='relu')(x)
24          x = BatchNormalization()(x)
25      return x
```

第 19 ~ 20 行代码直接使用了卷积核为 3×3 的卷积运算。该卷积核也可以拆分 1×3 与 3×1 两个卷积核，它们会实现一样的效果，具体操作见 7.1.5 节。

第 22 行代码通过对循环次数的判断对卷积运算的步长进行了调整，使整个模型在高度方向上进行了 5 次下采样，在宽度方向上进行了两次下采样。经过该变换之后，原始数据的高度是现在的 32（2 的 5 次方）倍，宽度是现在的 4（2 的 2 次方）倍。

由图 7-17 可以看到，当输入的图片尺寸为（None，64，128，3）时该模型输出的特征数据形状为（None，2，32，256）。

2. 开发 RNN 模型

RNN 模型也可以有多种结构，这里使用的是双向 RNN 结构。双向 RNN 模型可以从输入数据的正向和反向去拟合，并将两个方向的结果组合起来作为最终结果。使用这样的网络结构可以发现序列中正反两种关系，比单向 RNN 的效果更好。双向 RNN 模型的结构如图 7-18 所示。

图 7-18 中的各个符号解读如下。

- t_1, t_2, …, t_T 代表具有序列关系的输入数据。
- RNN 代表处理单元，一般由 GRU、LSTM 单元、IndRNN 等单元组成。
- p_1, p_2, …, p_T 代表 RNN 网络的输出结果，这个结果由正向和反向两个 RNN 输出组合而成。

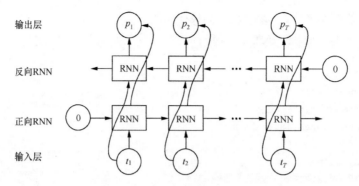

图7-18   双向 RNN 模型的结构

实现 RNN 模型的具体代码如下。

代码文件：code_20_ CRNNModels.py（续）

```
26  #定义函数，实现RNN模型
27  def RNNFeature(x):
28      x = Permute((2, 1, 3))(x)   #交换维度
29      #转换为适合RNN网络的输入格式
30      x = TimeDistributed(Flatten())(x)   #32个序列
31
32      #定义基于GRU的双向RNN网络
33      x = Bidirectional(CuDNNGRU(128, return_sequences=True))(x)
34      x = Bidirectional(CuDNNGRU(128, return_sequences=True))(x)
35      return x
```

函数 `RNNFeature` 所接收的输入数据是卷积网络的输出结果。该数据并不是具有序列关系的数据，需要先将其变换为序列数据，然后才能输入 RNN 模型中。

第 28 行、第 30 行代码的作用就是将卷积结果转换为序列数据，具体的转化步骤如下。

第 28 行代码调用函数 `Permute` 将输入数据的第 1、2 维进行交换，使输入数据的形状由（None，2，32，256）变为（None，32，2，256）。

第 30 行代码调用函数 `TimeDistributed` 实现了输入数据（这里是指忽略掉批次维度的具体数据）从三维到二维的转换，将输入数据的最后两个维度展开。

> 函数 `TimeDistributed` 的本意是指沿着时间维度进行操作。该函数里面的嵌套函数 `Flatten` 的作用才是使维度展开。对于第 30 行代码，使用函数 `Reshape` 也是可以的。
>
> 下面通过例子演示函数 `TimeDistributed`、`Flatten`、`Reshape` 之间的关系。
>
> ```
> from tensorflow.keras.layers import *
> import numpy as np
> ```
> **注意**
> ```
> t = np.asarray([[[[1, 2], [3, 4]], [[5, 6], [7, 8]]]])    #定义常量数据，用于测试
> print(np.shape(t))                              #输出(1, 2, 2, 2)
>
> tt = Flatten()(t)                               #单独使用Flatten会使数据全部展开
> print(tt)                                       #转换后的数据为[[1 2 3 4 4 5 6 7]]
> print(np.shape(tt))                             #输出(1, 8)
> #使用TimeDistributed，只展开后两个维度
> ```

```
tt2 = TimeDistributed(Flatten(), name='flatten')(t)
print(tt2)                              #转换后的数据为 [[[1 2 3 4][5 6 7 8]]]
print(np.shape(tt2))                    #输出 (1, 2, 4)
```
注意
```
rt = Reshape((np.shape(t)[1], -1))(t)   #用形状变换方式，展开后两个维度
print(rt)                               #转换后的数据为 [[[1 2 3 4][5 6 7 8]]]
print(np.shape(rt))                     #输出 (1, 2, 4)
```

代码第 33 行、第 34 行搭建了两个双向 RNN 层。函数 CuDNNGRU 的参数介绍如下。
- 第一个参数 128 代表单元的个数。
- 第二个参数 return_sequences=True 代表该单元将输出每个时刻的处理结果。如果该值为 False，则只输出最后一个时刻的处理结果。

经过双向 RNN 层处理后，所输出的形状为（None，32，256），其中 32 代表一共有 32 个序列，256 代表由正反两个方向各 128 个单元所输出的结果组成。

3. 组合 CRNN 模型

定义函数 CRNN 将 CNN 与 RNN 组合起来，在 CRNN 函数中主要实现以下功能。
（1）定义输入节点。
（2）依次调用 CNN 和 RNN 层进行模型搭建。
（3）构建输出层。
（4）组成完整模型并返回。
具体代码如下。
代码文件：code_20_ CRNNModels.py（续）

```
36  def CRNN(model_config):#定义函数，搭建CRNN模型
37      #定义模型的输入节点
38      input_tensor = Input((model_config['tagsize'][0],
39      model_config['tagsize'][1], model_config['ch']))
40
41      x = FeatureExtractor(input_tensor)     #提取图片特征
42      x = RNNFeature(x)                       #转换成RNN特征
43      #用全连接网络实现输出层
44      y_pred = Dense(model_config['outputdim'], activation='softmax')(x)
45      print('y_pred:', y_pred.get_shape())   #输出 (batch,32,66)
46
47      #将各个网络层连接起来，组合成模型
48      CRNN_model = Model(inputs=input_tensor, outputs=y_pred, name="CRNN_model")
49      return CRNN_model   #返回CRNN模型
```

第 44 行代码使用全连接网络实现输出层，输出层的维度由 model_config['outputdim'] 来指定。

在本例中，model_config['outputdim'] 的值是 66，代表由英文字母和数字字符组合起来的个数。每个维度的索引代表对应字符的概率。在使用模型时，程序将从这 66 个结果中找到概率最大的那个索引，取出其所对应的字符作为预测结果。

以上代码所搭建的网络模型如图 7-19 所示。

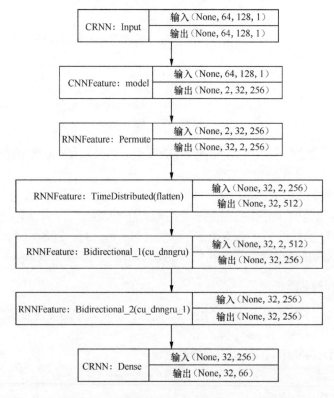

图7-19 CRNN模型

从图 7-19 中可以到，模型最终的输出形状为（None，32，66），其中 32 代表所预测的文本的最大长度。如果需要让模型预测出序列中更长的字符，则可以增大该值。

> **注意** 模型输出的预测长度必须大于样本标签的最大长度，否则在训练模型时将会出现错误。

7.5.5 CTC算法与损失计算

RNN 的优势在于可以处理连续的数据。在基于连续的时间序列的分类任务中，常常会使用连接时序分类（Connectionist Temporal Classification，CTC）算法。

1. CTC算法

CTC 算法是基于神经网络的时序类分类技术，常用来解决输入序列和输出序列难以一一对应的问题。例如，在本实例的训练模型环节，就非常适合使用 CTC 算法计算损失，从而帮助模型找出输出结果与真实标签序列的对应关系。

2. CTC算法的使用

CTC 算法主要用于处理损失值，即通过对序列未对齐的标签添加空标签，将预测的输出值与给定的标签值在时间序列上对齐，通过交叉熵算法求出具体损失值。在训练过程中，CTC 算法增加了一个额外的符号以代表序列中的空位，并通过递推方式来快速计算梯度。在预测过程中，CTC 算法使用约束字典搜索（constrained dictionary search）或贪心搜索（greedy search）算法从输出结果中找出最适合的一条序列作为最终结果。

3. CTC算法的特点及使用场景

CTC 算法已经成为时序分类问题中的主流损失计算方式。CTC 算法已封装在各大主流 AI 框架中。读者只需要掌握该算法的特性和接口的调用方式即可，不需要花太多精力研究其内部原理。CTC 算法的特性如下。

- 序列独立性：CTC 算法只适用于单序列任务的序列分类，即每个输出序列之间是独立的。如果多个序列之间还存在着序列关系（例如，长文本中句与句之间的关系），则不适合使用 CTC 算法。
- 单调对齐：CTC 算法只允许单调对齐，即序列中的信息只源自该序列。例如，在语音识别中，将声音信息转化为文字。然而，如果在机器翻译中目标语句中的词可能与源语句中前面的一些词对应，则不适合使用 CTC 算法。
- 多对一映射：CTC 算法的输入和输出是多对一的关系，即输出长度不能超过输入长度，例如，OCR 或语音识别任务中即满足这种关系。然而，对于输出长度大于输入长度的任务，则不适合使用 CTC 算法。

7.5.6　代码实现：实现损失计算函数

定义函数 `ctc_lambda_func`，用于计算损失。具体代码如下。
代码文件：code_20_ CRNNModels.py（续）

```
50  #定义CTC损失函数
51  def ctc_lambda_func(y_true, y_pred, model_config, **kwargs):
52
53  outputstep = y_pred.get_shape()[1]    #获得输入数据的序列长度
54  #为批次中的每个数据单独指定序列长度
55  input_length = np.asarray([[outputstep]] * model_config['batchsize'],
56  dtype=np.int)
57  label_length = np.asarray([[model_config['label_len']]] *
58  model_config['batchsize'])
59
60  return K.ctc_batch_cost(y_true, y_pred, input_length, label_length)
```

第 60 行代码调用了 `K.ctc_batch_cost` 完成损失的计算，该函数不仅要求传入预测结果和样本标签，还要求为其指定长度。

函数 `ctc_lambda_func` 的主要作用就是计算预测结果和样本标签的长度，然后再调用函数 `K.ctc_batch_cost`。本质上，ctc_lambda_func 是对函数 `K.ctc_batch_cost` 的封装。

> **注意**
> （1）为了与 tf.keras 框架对接，在 TensorFlow 2.0 及以上版本中定义函数 `ctc_lambda_func` 时，必须加入参数 `**kwargs`，否则编译不能通过。
> （2）调用函数 `K.ctc_batch_cost` 的过程中，在为预测结果和样本标签指定长度时，传入的参数 `input_length` 必须大于 `label_length`，否则会提示无效的 CTC 算法。

7.5.7　代码实现：实现自定义 Callbacks 类并重新计算损失值

定义函数 `get_callbacks`，并在其内部实例化 Callbacks 类，使模型在训练过程中按照指定的格式生成权重文件。具体代码如下。

代码文件：code_21_CRNNMain.py

```
1   #载入框架模块
2   import tensorflow as tf
3   from tensorflow.keras.optimizers import *
4   from tensorflow.keras.callbacks import ModelCheckpoint
5   import tensorflow.keras.backend as K
6   from tensorflow.keras.layers import Input
7   #载入其他模块
8   import numpy as np
9   from functools import partial
10  from matplotlib import pyplot as plt
11  import string
12  import re
13  import os
14  #载入本项目的代码模块
15  from code_20_CRNNModel import CRNN, ctc_lambda_func
16  from code_19_mydataset import get_dataset, decodeindex
17
18  #定义函数，返回Callbacks对象
19  def get_callbacks(output_subdir):
20      #自定义Callbacks方法
21      class MyCustomCallback(ModelCheckpoint):
22          #重载on_epoch_end方法，修改loss和val_loss的计算方式
23          def on_epoch_end(self, epoch, logs=None):
24              logs = logs or {}
25              logs['loss'] = np.mean(logs.get('loss'))
26              logs['val_loss'] = np.mean(logs.get('val_loss'))
27              super().on_epoch_end(epoch, logs)
28
29      #自定义Callbacks方法
30      checkpoint = MyCustomCallback(
31          #输出模型文件
32          output_subdir + '/weights.{epoch:02d}-{loss:.4f}.hdf5',
33          monitor='loss',              #设置监测值
34          save_weights_only=True,      #只保存权重
35          save_best_only=True,         #只保存验证数据集上性能最好的模型
36          verbose=1,                   #用进度条显示
37          period=10)                   #每迭代训练10次，保存1次文件
38
39      return [checkpoint]
```

第 21 ～ 23 行代码实现了一个自定义的 Callbacks 类，并重载了 on_epoch_end 方法，

这么做的目的如下。

（1）第 32 行代码指定了程序在训练过程中的模型输出格式，该格式中包含了训练时的迭代次数和本次迭代的损失值。

（2）CRNN 模型使用 CTC 算法计算损失。在训练过程中，Callbacks 基类内部所计算的损失值是数组形式（32 个损失值），无法返回单个值。

（3）重载 on_epoch_end 方法，获得损失值的位置后对其求均值，使损失数组变为一个数值，以便能够与指定的输出文件格式相匹配。

第 30 行代码实例化了 Callbacks 对象 checkpoint。通过该对象可以设置模型文件在训练过程中的保存规则——每迭代训练 10 次，保存 1 次模型文件。如果效果不如当前模型，则不保存。

> **注意**　第 33 行代码设置监测值 monitor 为 loss，代表监测训练时的损失。如果不设置 monitor，则默认为 val_loss，系统会监测验证时的损失值。出于演示 Callbacks 类实例化参数的目的，本例使用了 loss。在实际使用中一般会使用 val_loss，或在第 26 行代码加入自己的监测值，并将其填到第 33 行代码的相应位置。

7.5.8　代码实现：训练 CRNN 模型

编写代码，完成以下步骤。

（1）定义函数 getbestmodelfile 实现模型的二次加载。

（2）定义训练模型所需要的参数，并对其初始化。

（3）获得模型对象，并传入损失值和优化器函数。

（4）调用模型对象的 fit 方法，进行训练。

第 47 行代码使用了正则表达式，按照第 32 行代码所设置的模型文件格式进行查找。该正则表达式用于找出损失值最小的那个模型文件。

在函数 getbestmodelfile 之后，就是主体的流程代码，具体代码如下。

代码文件：code_21_ CRNNMain.py（续）

```
40  def getbestmodelfile(output_dir):#定义函数，获得已训练的模型文件
41      #将文件夹中的模型文件按照从大到小排序
42      dirlist = sorted(os.listdir(output_dir), reverse=True)
43
44      if len(dirlist) == 0:  #如果没有模型文件，则返回None
45          return None
46      #取出模型文件中的浮点型数值（损失值），并按照从小到大排序
47      dirlist.sort(key=lambda x: float(re.findall(r'-?\d+\.?\d*e?-?\d*?', x)[1]))
48      +代表多个，\d代表数字
49
50      return os.path.join(output_dir, dirlist[0])  #返回损失值最小的文件名
51
52  batchsize = 64                          #定义批次大小
53  tagsize = [64, 128]                     #定义数据集的输出样本尺寸
54  ch = 1                                  #定义数据集输出的图片通道数
55  label_len = 16                          #定义数据集中每个标签的序列长度
56  output_dir = 'resultCRNN'               #定义模型的输出路径
```

```
57
58  #定义数据集的配置文件
59  dataset_config = {
60      'batchsize': batchsize,                      #指定批次
61      'image_path': r'dataimgcrop/images/',  #指定图片文件的路径
62      'gt_path': r'dataimgcrop/gts/',          #指定标注文件的路径
63      'tagsize': tagsize,                          #设置输出图片的尺寸
64      'ch': ch,
65      'label_len': label_len,                      #设置标签序列的总长度
66      'characters': '0123456789' + string.ascii_letters,  #定义字符集
67      'charoffset': 3,   #定义索引中的预留值
68  }
69  image_dataset, steps_per_epoch = get_dataset(dataset_config, shuffle=False)
70
71  #定义模型的配置文件
72  model_config = {
73      'batchsize': batchsize,                      #指定批次
74      'tagsize': tagsize,                          #设置输出图片的尺寸
75      'ch': ch,                                    #设置输出的图片通道
76      'label_len': label_len,                      #设置标签序列的总长度
77      'outputdim': len(dataset_config['characters']) +
78       dataset_config['charoffset'] + 1        #指定模型输出索引的维度
79  }
80
81  CRNN_model = CRNN(model_config)                  #调用CRNN函数获取模型
82  CRNN_model.summary()                             #输出模型信息
83
84  #加载模型
85  os.makedirs(output_dir, exist_ok=True)
86  callbacks = get_callbacks(output_dir)
87  output_File = getbestmodelfile(output_dir)
88  if output_File is not None:
89      print('load weight for file :', output_File)
90      CRNN_model.load_weights(output_File)
91
92  #定义计算损失的偏函数
93  myctc = partial(ctc_lambda_func, model_config=model_config)
94  #定义优化器
95  optimizer = Adam(lr=0.001, amsgrad=True)
96  #定义输入标签的格式
97  input_labels = Input(name='labels', shape=[model_config['label_len']],
98  dtype='float32')
99  #标签长度是16，但模型的输入长度是32，compile方法默认的标签也是32，需要单独指定
100  CRNN_model.compile(loss=myctc, optimizer=optimizer,
101  target_tensors=[input_labels])   #必须指定标签的输入格式
102
103  #训练模型，迭代400次
```

```
104  CRNN_model.fit(image_dataset, steps_per_epoch=steps_per_epoch, epochs=400,
105                          verbose=1, validation_data=image_dataset,
106                  validation_steps=steps_per_epoch, callbacks=callbacks)
```

第 77 行、第 78 行代码指定了模型的输出维度。该维度由 3 部分组成，分别是字符集的长度、偏移量以及为 CTC 算法预留的 NULL 字符。

其中调用 `K.ctc_batch_cost` 函数完成了损失的计算。该函数要求在传入预测结果和样本标签的同时，为其指定长度。

第 93 行代码定义了偏函数 `myctc`，该函数对原有的损失函数 `ctc_lambda_func` 进行封装，使其符合 tf.keras 接口的要求。使用偏函数的目的是将配置文件中的标签长度信息传入 `ctc_lambda_func` 函数中。

第 95 行代码使用了优化器 Amsgrad，该优化器的效果优于 Adam。

第 97 ～ 98 行代码定义了占位符 `input_labels` 以指定标签的输入格式。

第 100 行代码将模型的损失函数、优化器和标签的输入格式一起传入 `compile` 方法中，完成模型的编译。

第 104 行代码调用了模型对象的 `fit` 方法，以对模型进行训练。为了演示方便，这里直接将验证数据集也设置成了训练数据集。在实际的模型训练中，建议读者单独制作一个验证数据集，并将其载入。

代码运行后，输出如下结果。

```
Epoch 1/400
6/6 [==============================] - 22s 4s/step - loss: 66.2814 - val_loss:
83.5756
Epoch 2/400
6/6 [==============================] - 5s 800ms/step - loss: 36.9687 - val_loss:
38.6016
......
Epoch 5/400
3/6 [==============>...............] - ETA: 1s - loss: 30.2224
......
Epoch 399/400
6/6 [==============================] - 6s 1s/step - loss: 0.0050 - val_loss: 0.7457
Epoch 400/400
```

```
5/6 [========================>......] - ETA: 0s - loss: 0.0049
Epoch 00400: loss improved from 0.00516 to 0.00497, saving model to resultCRNN/
weights.400-0.0050.hdf5
6/6 [==============================] - 7s 1s/step - loss: 0.0050 - val_loss: 0.7458
```

同时会在代码的同级目录下生成 resultCRNN 文件夹，该文件夹中的内容如图 7-20 所示。

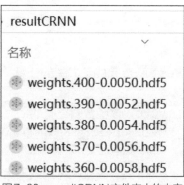

图7-20   resultCRNN文件夹中的内容

7.5.9   代码实现：使用 CRNN 模型进行预测

当用 CTC 算法计算损失时，在训练模型输出的结果中，会包含预测字符和 CTC 算法内部分配的空位置字符。所以在使用 CRNN 进行预测之后，还要对其进行解码。接 7.5.8 节中的代码，完成以下功能。

（1）定义 CTC 解码器模型。

（2）从数据集中循环获取数据。

（3）依次调用模型进行预测。

（4）用解码器模型对预测结果进行解码。

（5）将解码后的结果显示出来。

具体代码如下。

代码文件：code_21_ CRNNMain.py（续）

```
107  #定义CTC解码运算模型
108  input_pred = Input(CRNN_model.output.shape[1:])
109  ctc_decode = K.ctc_decode(input_pred,
110  input_length=tf.ones(K.shape(input_pred)[0]) * input_pred.shape[1])
111  decode = K.function([input_pred], [ctc_decode[0][0]])   #定义解码模型
112
113  #使用模型进行预测
114  for i, j in image_dataset.take(1):                      #取出一个批次的数据
115      y_pred = CRNN_model.predict(i, steps=1)             #将数据送入模型中进行预测
116
117      print(np.shape(y_pred))
118      shape = y_pred.shape
```

```
119
120    #将输出的32个序列值解码，生成指定长度的序列
121    out = decode([y_pred])[0]
122    print(out.shape)
123    print(j.numpy()[0], out[0])                        #输出标签序列和预测序列
124
125    print('loss:', np.mean(myctc(tf.convert_to_tensor(j),
126    tf.convert_to_tensor(y_pred))))
127    print(out)
128
129    out = out - dataset_config['charoffset']
130    j = j - dataset_config['charoffset']
131    for n, outone in enumerate(out):
132        #将归一化的数据转换成像素
133        arraydata = np.uint8(np.squeeze(i[n].numpy() * 255))
134
135        #将模型输出的索引转换成字符串
136        result_str = decodeindex(dataset_config['characters'], outone)
137        #将标签索引转换成字符串
138        lab_str = decodeindex(dataset_config['characters'], j[n])
139        plt.title('real: %s\npred:%s' % (lab_str, result_str))
140        plt.imshow(arraydata, cmap='gray')   #显示
141        plt.show()
142        break
```

第 108 ~ 111 行代码调用 **K.function** 函数实现了简单的模型对象 decode。该模型调用的 **K.ctc_decode** 函数实现了对含 CTC 字符数据的解码。**K.ctc_decode** 函数默认使用的是贪心搜索算法，如果不想使用贪心搜索算法，可以向该函数传入参数 greedy=False。

第 121 行代码调用对象 decode 进行解码。

> **注意**
>
> 第 121 行代码很容易误写成如下形式。
>
> out = (K.ctc_decode(y_pred, input_length=np.ones(shape[0]) * shape[1])
> [0][0]).numpy()
>
> 这种写法没有使用第 108~111 行代码定义的解码器模型，而直接调用了 K.ctc_decode 函数。
> 这种写法将 K.ctc_decode 直接放在循环里面，每次循环调用 K.ctc_decode 时，都会在内存里创建张量节点，最终导致计算图中的 K.ctc_decode 张量对象越来越多，引起内存泄露。
> 正确的写法是像例子中的代码那样，将 K.ctc_decode 在循环外层封装成独立的张量图，并在循环内部进行调用。

第 125 行代码对当前结果的损失值进行计算。

第 129 ~ 142 行代码将模型识别出的结果显示出来。

程序运行后，首先显示模型输出的结果（64, 32, 66）。

然后，显示解码之后的结果（64, 16）。

接下来，显示标签和预测结果。

```
[44. 27. 27. 32. 28. 13. 32. 20.1.1.1.1.1.1.1.1.]
[44  27  27  32  28  13  32  20 1 1 1 1 1 1 1 1 ]
```

接下来，显示该批次数据的损失值，即"loss: 0.61529"。

最后，显示该批次的全部预测值。

```
[[44 27 27 ...1 1 1]
 [58  271 ...1 1 1]
 [41 27 24 ...1 1 1]
 ...
 [51 33 24 ...1 1 1]
 [50 41 42 ...1 1 1]
 [41 53 56 ...1 1 1]]
```

另外，程序也输出了第一个样本的图片，如图 7-21 所示。

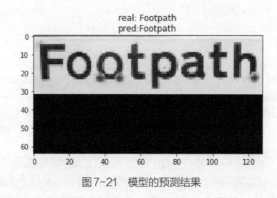

图 7-21　模型的预测结果

7.6　开发模型过程中的经验与技巧

6.9 节中的模型与 7.1 节中的模型所完成的任务相同，但是二者的模型结构有细微的差异，本节将基于这个差异介绍相关的知识。

另外，本节还将介绍实现 7.5 节的实例中若干编程技巧。

7.6.1　在下采样操作中尽可能用步长为 2 的操作代替池化

在多通道网络的相关论文里阐述过一个关于卷积神经网络缺陷的例子，如图 7-22 所示。

在图 7-22 中，卷积神经网络会认为左图和右图同为一张正常人的脸。这表明一个训练好的卷积神经网络只能根据局部特征来处理比较接近训练数据集的图像。在处理异常的图像数据（例如，处理颠倒、倾斜或其他朝向不同的图像）时，卷积神经网络则会表现得很差。

图 7-22　卷积神经网络的缺陷

相关论文的获取方式是在 arXiv 网站中搜索论文编号"1710.09829"。

造成这种现象的原因是，卷积神经网络中的池化操作弄丢了一些隐含信息，这使得它只能发现局部组件的特征，不能发现组件之间的定向关系和相对空间关系。

在卷积神经网络中，池化操作可以让局部特征更明显，但在提升局部特征的同时也弄丢了其内在的其他信息（如位置信息）。

如果在所处理的任务中包含组件间的位置关系，则在所搭建的卷积神经网络结构中尽量不要使用池化操作。可以将网络中的下采样行为由池化操作换为卷积运算。常用的下采样操作会将尺寸缩小一半。对于这种情况，可以使用步长为 2 的相同卷积。

例如，YOLO V3 模型中的 Darknet-53 模型使用的就是这种技术 [1]。7.1.5 节的第 54 行代码也是使用卷积层来进行下采样操作的。

另外，在 EfficientNet 模型的输出层中，也将最大池化换成了步长为 2 的卷积运算（关于该模型的论文的更多信息见 3.9.5 节）。

7.6.2　实例验证：全尺寸卷积与全连接完全一样

7.1.6 节中第 58 行代码搭建的多分类输出层部分使用的是全尺寸卷积。其中，第 57 ～ 61 行代码如下。

```
57  for i in range(n_len):
58      onecode = Conv2D(n_class, (1, 9))(x)
59      onecode = Reshape((n_class,))(onecode)
60      onecode = Activation('softmax', name='c%d' % (i + 1))(onecode)
61      out.append(onecode)
```

在代码文件 code_16_codebreaktrain.py 中，也实现了类似的功能，只不过是用全连接网络完成的，代码如下。

```
x = Flatten()(x)
out = [Dense(n_class, activation='softmax', name='c%d'%(i+1))(x) for i in range(4)]
```

其实二者的内部实现完全一样。为了加以验证，可以在代码文件 code_17_codebreak.py 中添加二者的实现，并观察每个模型的权重数量。代码如下。

```
model.summary()                  #输出模型的结构
x = Flatten()(x)
out2= [Dense(n_class, activation='softmax', name='c%d'%(i+1))(x)
for i in range(n_len)]           #构建全连接输出层
model2 = Model(inputs=input_tensor, outputs=out2)
model2.summary()                 #输出模型的结构
```

代码运行后，可以看到两个模型在输出层部分的权重，如图 7-23（a）与（b）所示。

---

[1]　YOLO V3 模型中的 Darknet-53 模型的源代码参见《深度学习之 TensorFlow 工程化项目实战》的 8.5 节。

conv2d_20 (Conv2D)	(None, 1, 1, 36)	82980	batch_normalization_v2_19[0][0]
conv2d_21 (Conv2D)	(None, 1, 1, 36)	82980	batch_normalization_v2_19[0][0]
conv2d_22 (Conv2D)	(None, 1, 1, 36)	82980	batch_normalization_v2_19[0][0]
conv2d_23 (Conv2D)	(None, 1, 1, 36)	82980	batch_normalization_v2_19[0][0]
conv2d_24 (Conv2D)	(None, 1, 1, 36)	82980	batch_normalization_v2_19[0][0]
conv2d_25 (Conv2D)	(None, 1, 1, 36)	82980	batch_normalization_v2_19[0][0]

（a）全尺寸卷积输出层的权重

c1 (Dense)	(None, 36)	82980	flatten[0][0]
c2 (Dense)	(None, 36)	82980	flatten[0][0]
c3 (Dense)	(None, 36)	82980	flatten[0][0]
c4 (Dense)	(None, 36)	82980	flatten[0][0]
c5 (Dense)	(None, 36)	82980	flatten[0][0]
c6 (Dense)	(None, 36)	82980	flatten[0][0]
==

（b）全连接输出层的权重

图7-23　两个模型在输出层部分的权重

从图 7-23 中可以看出，全尺寸卷积输出层的权重与全连接输出层的权重个数相同，都是82 980。

7.6.3　批量归一化与激活函数的位置关系

比较 6.9 节中的模型代码与 7.1 节中的模型代码，会发现批量归一化（Batch Normalization，BN）与激活函数的先后顺序不同。在实际搭建模型时，我们应该如何安排二者的顺序关系呢？

要弄清楚这个问题，需要先了解批量归一化的机制。

1．批量归一化的作用

在神经网络训练过程中，通过 BP 算法将误差逐层反向传播，并根据每层的误差修改参数。

图 7-24 显示了批量归一化的反向传播过程，每一层的误差都是基于前一层网络的参数进行计算的，在当前层的权重更新后，又会更新前一层网络的权重。

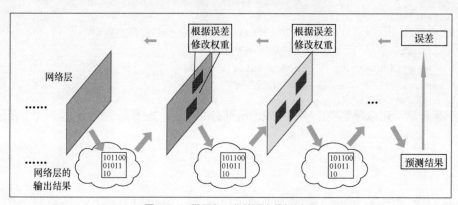

图7-24　批量归一化的反向传播过程

反向传播方式的问题是，前一层网络的权重一旦变化，当前层的输入分布也会随之改变，这使得调整当前层的参数失去了意义，如图 7-25 所示。

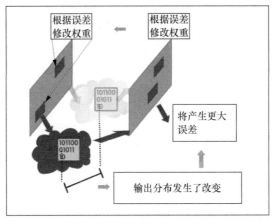

图7-25　批量归一化的反向传播过程改变了输出的分布

而批量归一化的作用就是将网络中每层的输出分布强制归一化到统一的高斯分布（均值为 0、方差为 1 的数据分布）上，使得对前一层网络的修改不会影响到当前层网络的调整。

2. 批量归一化与激活函数的前后关系

批量归一化与激活函数的前后关系本质上还是值域间的变换关系。由于不同的激活函数有不同的值域，因此不能一概而论。

首先，以带有饱和区间的激活函数为例。这里以 Sigmoid 激活函数来举例，其函数的图像如图 7-26 所示。当 x 的值大于 7.5 或小于 -7.5 时，在直角坐标系中，所对应的 y 值几乎不变。这表明 Sigmoid 激活函数对过大或过小的数无法产生激活作用。这种令 Sigmoid 激活函数失效的值域区间叫作 Sigmoid 的饱和区间。

如图 7-25 所示，对于反向传播后的网络层权重，若输出的值域分布在大于 7.5 或小于 -7.5 的区间内，则将其输入 Sigmoid 函数中后无法被激活。这种情况下，当前层网络会输出全 1 或全 -1，而下一层网络将无法再对全 1 或全 -1 的特征数据进行计算，导致模型在训练中无法收敛。

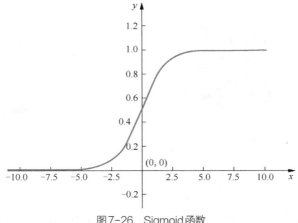

图7-26　Sigmoid 函数

　　如果网络中有类似 Sigmoid 这种带饱和区间的激活函数，则应该将 BN 处理放在激活函数的前面，这样，经过 BN 处理后的特征数据值域就变成 −1 ～ 1，再输入激活函数中后，便可以正常实现非线性转换的功能。

　　然后，以带有非饱和区间的激活函数为例。以 ReLU 激活函数为例，该激活函数的图像如图 7-27 所示。ReLU 只对 x 大于 0 的数值感兴趣，凡是小于 0 的数都会转换为 0。确切地说，ReLU 属于半饱和激活函数（小于 0 的部分属于 ReLU 的饱和区间）。

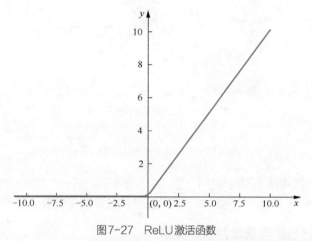

图 7-27　ReLU 激活函数

　　这一特性使得 ReLU 对数值符号更敏感。这也与大脑中信号激活的响应机制更相似（大脑中的神经元只对大于或等于某一阈值的信号兴奋，对低于某一阈值的信号漠不关心）。

　　BN 操作本质上是将数据分布强制归一化到指定的高斯分布上。虽然从数值角度看这没有破坏原有的数据分布特征，但是从符号角度来看它破坏了原有分布的正负比例。

　　如图 7-28 所示，直接对网络层输出的原数据执行 BN 操作，再将经过 BN 后的高斯分布数据传入 ReLU 激活函数。这时经过激活函数 ReLU 之后的特征数据的个数会改变，这种处理对神经网络造成了影响。

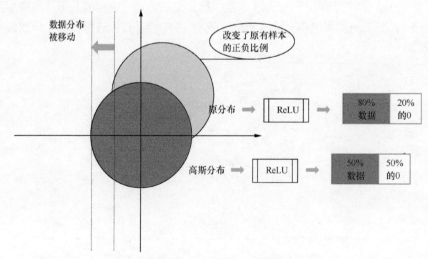

图 7-28　BN 对 ReLU 的影响

　　图 7-28 也可以解释为什么按照将 BN 放在激活函数前的方式搭建网络时，使用激活函数 Sigmoid 的效果要优于 ReLU 的效果。

如果将 BN 放在 ReLU 之后，将不会对数据的正负比例造成影响，在保证正负比例的基础上再执行 BN 操作，可以使效果达到最优。

总之，批量归一化与激活函数的前后关系并不是固定的，它要依赖于网络层输出的数据特征与激活函数的饱和区间。例如，BN 适合放在 Sigmoid 的前面、ReLU 的后面。在安排批量归一化与激活函数的前后位置时，还要明白其中的道理，具体问题具体分析。

3. 扩展：自适应 BN 与激活函数的前后关系

在实际开发中，所用到的大部分 API 是基于自适应 BN 进行实现的。自适应 BN 不再强制将数据分布归一化到高斯分布上，而是在原有的 BN 基础上加了两个权重，通过训练过程来调节归一化后的均值和方差，让每一层都找到合适的分布。批量归一化的 BN 值如下。

$$BN = \gamma \frac{(x - \mu)}{\sigma} + \beta \qquad (7\text{-}1)$$

其中，μ 代表均值；σ 代表方差。这两个值都是根据当前数据计算出来的。γ 和 β 是参数，代表自适应的意思。在训练过程中，会通过优化器的反向求导来优化出合适的 γ、β 值。

有了自适应 BN 算法，BN 与激活函数间的位置要求将相对宽松一些。一般来讲，当 BN 与激活函数 Sigmoid 一起使用时，通常把 BN 放在激活函数 Sigmoid 的前面。当然，如果 BN 与激活函数 ReLU 一起使用，则通常把 BN 放在 ReLU 激活函数后面。

在实际实验中，BN 放在 ReLU 后面的效果会比放在前面的效果更好一些，见 GitHub 网站。BN 与 ReLU 的位置关系如图 7-29 所示。

位置关系	准确率	LogLoss
BN放在ReLU前面	0.474	2.35
BN放在ReLU前面，后面还有缩放与偏置层	0.478	2.33
BN放在ReLU后面	0.499	2.21
BN放在ReLU后面，后面还有缩放与偏置层	0.493	2.24

图7-29 BN 与 ReLU 的位置关系

所以，在使用过程中，建议将 BN 放在 ReLU 后面。

> **提示** 在 Efficient 系列模型中，BN 层放在与 ReLU 具有相同效果的 Swish 激活函数后面。

7.6.4 在神经网络模型中是否有必要操作 Dropout 层

比较 6.9 节中的代码文件 code_16_codebreaktrain.py 与 7.5 节中的代码文件 code_17_CRNNModel.py 可以发现，前者在模型中使用了 Dropout 层，而后者没有使用 Dropout 层。其实 Dropout 层在模型中只起到提升泛化能力的作用，4.7.2 节已经阐述过 Dropout 层的原理，它通过丢弃节点，使得一部分特征丢失。在多次训练过程中，使模型能够从缺失的特征中学习到识别结果的能力，从而忽略了噪声特征，提升了自身的泛化能力。

如果从每一层输出数据的分布来看，Dropout 层其实改变了下一层输入数据的特征分布，这本质上也是通过改变分布来提升模型泛化能力的。有 BN 的网络模型本身也带有泛化能力。

在搭建网络模型时，到底是否要添加 Dropout 层呢？ 这个答案是否定的。是否添加 Dropout 层要根据实际情况而定。

如果样本中的噪声较大，当前模型的泛化能力不好，可以考虑添加 Dropout 层，并调节 Dropout 层的节点丢弃率来观察模型的泛化能力，从而找出比较合适的值。如果模型的泛化能力要求较弱，则可以不加。另外还需要注意的是，Dropout 层在提升泛化能力的同时，还会增加训练时间。

除了 Dropout 层和 BN 层能够提升模型的泛化能力之外，L_2 正则化方法也可以起到提升泛化能力的效果。

通常，在搭建模型的过程中，先加入 BN 进行训练，待模型训练成功后，尝试加入 Dropout 层并调节其丢弃率，以提升模型的泛化能力。如果有必要，还可以在此基础之上，加入 L_2 正则化方法。

如果可以验证模型在大量的迭代训练之后没有发生过拟合现象，则也可以不加入 Dropout 层。

另外，在 NLP 领域的 ALBERT 模型中，通过实验发现，Dropout 层对大规模的预训练模型还会造成负面影响。因此，Dropout 层的使用并不能一概而论，还要根据实际情况灵活变化。

7.6.5 实例分析：应该将图片归一化到 [0,1] 区间还是 [-1,1] 区间

在用神经网络处理图片时，必要的步骤就是图片的预处理。在预处理过程中，有的模型会将图片归一化到 [0, 1] 区间，而有的模型却将图片归一化到 [-1, 1] 区间。那么，实际开发中，到底该选择哪个区间呢？

1. 实例验证

先看一个实例，具体如下。

7.5.2 节的归一化代码修改前、后分别如下。

```
img = img / 255.0          #修改前，数值区间为[0,1]
img = img / 127.5 -1        #修改后，数值区间为[-1,1]
```

再次运行会发现，修改后的模型的收敛速度明显会比修改前的收敛速度慢一些。

如图 7-30 所示，左侧是修改前的模型在训练时生成的文件，右侧是修改后的模型在训练时生成的文件。通过比较可以看出，修改前模型在训练到第 70 次时损失值已经达到 0.3991，而修改后模型在训练到第 70 次时的损失值是 1.7469。由于是使用随机值初始化权重的，因此在实际运行时，该数值会有一定浮动。

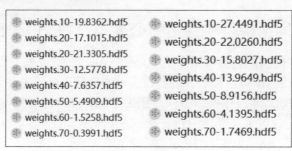

图7-30　模型文件

2. 实例结论

从该例子可以看出，将图片归一化到 [0, 1] 区间要好于归一化到 [-1, 1] 区间。本例

中的这一现象是有原因的，并不能代表全部情况。

3. 分析原因

图片所要归一化的值域与图片本身的值域特点有关。在本例中，图片本身的值域一部分来自图片本身，另一部分来自填充值。

在输出图片数据的过程中，对图片的尺寸进行同比例缩放（见7.5.2节第44～49行代码）之后，又向图片中填充了 0，使其对齐（见 7.5.2 节第 92 行代码）。

填充值的选取要遵循最少地改变原有数据分布的原则，使填充值对特征运算的影响最小。一般会取原有数据的下限。

正是由于填充值的影响，才使得将图片归一化到 [0，1] 区间要好于归一化到 [–1，1] 区间。如果使用 0 进行填充，并且把图片归一化到 [–1，1] 区间，则会为原始图片加入许多中间值，影响原始的分布。

图 7-31（a）是将图片归一化到 [–1，1] 区间并填充 0 后的效果，图 7-31（b）是将图片归一化到 [0，1] 区间并填充 0 后的效果。对二者进行比较可以看出，对于填充值为 0 的区域，归一化到 [–1，1] 区间后的图片更接近原始图片归一化后的像素值，对原始特征的表达产生了一定的干扰。

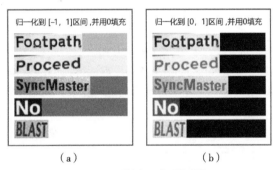

图7-31　图片归一化后的效果

4. 总结

将图片归一化到 [0，1] 区间或 [–1，1] 区间本身没有太大区别，在选择时重点要与程序的其他部分结合起来。因为本例使用 0 作为填充值，所以将图片归一化到 [0，1] 区间。如果要将图片归一化到 [–1，1] 区间，也可以将填充值设置为 –1。

7.6.6　用tf.keras接口编写组合模型时容易犯的错误

在使用 tf.keras 接口开发模型时，时常会遇到自定义层的情况。这个环节常见的错误是没有按照 tf.keras 接口要求进行自定义，而单纯使用 Python 的类语法进行封装。以这种方式编写的代码也能够运行，但是自定义的层不参与训练，导致模型整体无法收敛，又很难排查出问题。

7.5.4 节的函数 `FeatureExtractor` 的定义如下。

```
def FeatureExtractor(x):      #定义卷积网络，提取图片特征
    for i in range(5):        #5次下采样卷积
        for j in range(2): #在下采样卷积之前，执行两次卷积运算
            x = Conv2D(32 * 2 ** min(i, 3), kernel_size=3, padding='same',
            activation='relu')(x)
            x = BatchNormalization()(x)
```

```
            x = Conv2D(32 * 2 ** min(i, 3), kernel_size=3, #下采样卷积网络
            strides=2 if i <2 else (2, 1), padding='same', activation='relu')(x)
            x = BatchNormalization()(x)
        return x
```

如果将其改为自定义层，则很容易会误写成如下形式。

```
class FeatureExtractor(tf.keras.Model):  #提取图片特征
    def __init__(self ,**kwargs):
        super(FeatureExtractor, self).__init__(**kwargs)
    def call(self, x):
        for i in range(5):          #5次下采样卷积
            for j in range(2):#在下采样卷积之前，执行2次卷积运算
                x = Conv2D(32 * 2 ** min(i, 3), kernel_size=3, padding='same',
                activation='relu')(x)
                x = BatchNormalization()(x)
            x = Conv2D(32 * 2 ** min(i, 3), kernel_size=3, #下采样卷积网络
            strides=2 if i <2 else (2, 1), padding='same', activation='relu')(x)
            x = BatchNormalization()(x)
        return x
```

在搭建 CRNN 模型时，如果使用 **FeatureExtractor** 类来代替函数 Feature Extractor 对图片进行特征提取，则程序也能够正常运行，但是模型无法收敛。

原因是 **FeatureExtractor** 类并没有把自身的权重加入 CRNN 模型中，而只是将自己的运行过程加入 CRNN 模型中。

图 7-32（a）与（b）分别显示了错误和正确的 CRNN 模型的内部结构。

```
Model: "CRNN_model"

Layer (type)                 Output Shape              Param #
=================================================================
input_1 (InputLayer)         [(None, 64, 128, 1)]      0

FeatureExtractor (FeatureExt (None, 2, 32, 256)        0

permute (Permute)            (None, 32, 2, 256)        0

time_distributed (TimeDistri (None, 32, 512)           0

bidirectional (Bidirectional (None, 32, 256)           493056

bidirectional_1 (Bidirection (None, 32, 256)           296448

dense (Dense)                (None, 32, 66)            16962
=================================================================
Total params: 806,466
Trainable params: 806,466
Non-trainable params: 0
```

```
conv2d_13 (Conv2D)           (None, 4, 32, 256)        590080

batch_normalization_v2_13 (B (None, 4, 32, 256)        1024

conv2d_14 (Conv2D)           (None, 2, 32, 256)        262400

batch_normalization_v2_14 (B (None, 2, 32, 256)        1024

permute (Permute)            (None, 32, 2, 256)        0

time_distributed (TimeDistri (None, 32, 512)           0

bidirectional (Bidirectional (None, 32, 256)           493056

bidirectional_1 (Bidirection (None, 32, 256)           296448

dense (Dense)                (None, 32, 66)            16962
=================================================================
Total params: 3,778,178
Trainable params: 3,773,762
Non-trainable params: 4,416
```

（a）   （b）

图7-32 错误与正确的CRNN模型的内部结构

从图 7-32（a）中可以看到，在 **input_1** 层之后，**FeatureExtractor** 层的参数个数是 0，而整个模型的参数也只有 806 466 个。与图 7-32（b）相比，参数少了很多（正确的模型参数为 3 778 178 个）。

正确的写法是在 **FeatureExtractor** 类初始化的地方，事先声明带权重的网络层。具体代码如下。

```
class FeatureExtractor(tf.keras.Model):  #提取图片特征
    def __init__(self ,**kwargs):
```

```
        super(FeatureExtractor, self).__init__(**kwargs)
        self.convarray = []                    #卷积层
        self.bnarray = []                      # BN 层
        self.convarraysub = []                 #嵌套的卷积层
        self.bnarraysub = []                   #嵌套的BN层
        for i in range(5):
            convarray1 = []
            bnarray1 = []
            for j in range(2):
                convarray1.append(Conv2D(32 * 2 ** min(i, 3), 3, padding='SAME',
                    activation='relu'))
                bnarray1.append(BatchNormalization())
            self.convarraysub.append(convarray1)
            self.bnarraysub.append(bnarray1)
            self.convarray.append(Conv2D(32 * 2 ** min(i, 3), kernel_size=2,
                strides=2 if i <2 else (2, 1), padding='same', activation='relu'))
            self.bnarray.append(BatchNormalization())

    def call(self, x):
        for i in range(5):   #依次调用定义好的网络层
            convarray1 = self.convarraysub[i]
            bnarray1 = self.bnarraysub[i]
            for j in range(2):
                x = convarray1[j](x)
                x = bnarray1[j](x)
            x = self.convarray[i](x)
            x = self.bnarray[i](x)
        return x
```

上述代码先对各个网络层进行实例化，并将每个实例化的对象放到数组里。当调用 call 方法时，内部实现将实例化好的对象取出，用于处理输入数据。将该 **FeatureExtractor** 类嵌入 CRNN 模型后，CRNN 模型的内部结构如图 7-33 所示。

```
Model: "CRNN_model"

Layer (type)                   Output Shape          Param #
=================================================================
input_2 (InputLayer)           [(None, 64, 128, 1)]  0

FeatureExtractor (FeatureExt   (None, 2, 32, 256)    2971712

permute_1 (Permute)            (None, 32, 2, 256)    0

time_distributed_1 (TimeDist   (None, 32, 512)       0

bidirectional_2 (Bidirection   (None, 32, 256)       493056

bidirectional_3 (Bidirection   (None, 32, 256)       296448

dense_1 (Dense)                (None, 32, 66)         16962
=================================================================
Total params: 3,778,178
Trainable params: 3,773,762
Non-trainable params: 4,416
```

图7-33　CRNN模型的内部结构

从图 7-33 中可以看到，该 CRNN 模型的内部参数已经正常。参数的总个数为 3 778 178，这与图 7-32（b）中的参数个数一致。

要把函数式 API 转换为模型，还有更简单的方法，即直接指定输入、输出并将其封装为一个单独的模型。在使用时该模型与自定义的网络层用法完全一致。

例如，函数 `FeatureExtractor` 还可以按照如下方式进行模型封装。

```
def FeatureExtractor(model_config): #定义卷积网络, 提取图片特征
    input_tensor = Input((model_config['tagsize'][0], model_config['tagsize'][1],
    model_config['ch']))
    x = input_tensor
    for i in range(5):
        for j in range(2):
            x = Conv2D(32 * 2 ** min(i, 3), kernel_size=3,
                    padding='same',
                activation='relu',name='Loop_%d__conv_BN_%d' % ((i + 1),(j+1)))(x)

        x = Conv2D(32 * 2 ** min(i, 3), kernel_size=2,
            strides= 2 if i <2 else (2, 1) , padding='same', activation='relu',
            name='Loop_%d__downsample_conv_BN' % (i + 1))(x)

    FeatureExtractor_model = Model(inputs=input_tensor, outputs=x)
    return FeatureExtractor_model
```

7.6.7　开发含 CTC 算法的代码的注意事项

在 TensorFlow 2.0 及以上版本中，当开发含 CTC 算法的代码时，会有许多需要注意的地方。一旦没有考虑周到，就很容易使程序崩溃。参考 7.5 节，将关键环节进行了总结，具体如下。

（1）在构建模型时，模型输出的维度会在原有字符个数之上多加一个 1。这个额外的字符代表序列中的空位置，由 CTC 算法内部分配，在训练时，该字符也会参与分类过程。

（2）在构建模型时，模型输出的预测长度必须大于样本标签中的最大长度。

（3）如果要在训练过程中使用 Callbacks 类，则需要注意该类返回的 loss 和 val_loss 都是以数组形式存在的，需要通过自定义类的方式重载 on_epoch_end 方法，并对 loss 和 val_loss 值进行二次计算。

（4）在调用函数 K.ctc_batch_cost 计算损失时，如果需要对其进行封装，则封装函数必须要加上参数 **kwargs。

（5）在调用模型对象的 compile 方法时，需要手动指定输入标签的形状。

（6）在调用模型进行预测时，不要直接使用 K.ctc_decode 在循环里进行解码，应该在循环外层将其封装成一个独立的张量图，并在循环内部调用。如果将 K.ctc_decode 直接放在循环里面，则每次循环调用 K.ctc_decode 时，都会在内存里创建张量节点，这样会导致计算图中的 K.ctc_decode 张量对象越来越多，引起内存泄露。

以上 6 条建议读者牢记，只要遇到与 CTC 算法相关的程序，都可以按照这些规则进行开发。这些建议可以使开发者少走很多弯路，大大节省调试时间。

7.6.8　在使用相同数据集的情况下训练过程的损失值和验证过程的损失值不同

使用 tf.keras 接口训练模型时，很多人会有以下疑惑。

在训练过程中，虽然训练数据集与测试数据集选取的一样，但是有时会得到不同的损失值，如图 7-34 所示。

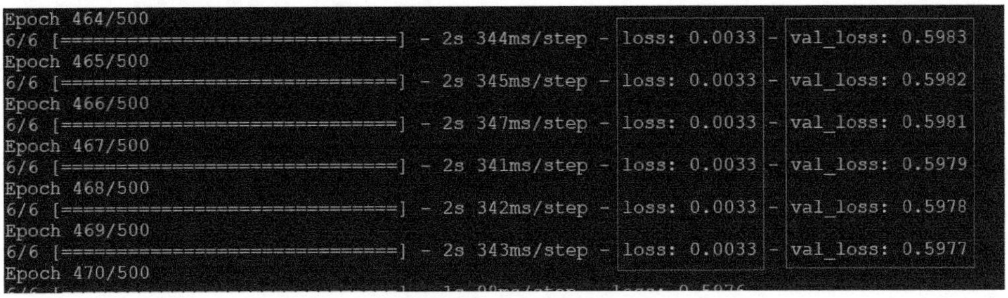

```
Epoch 464/500
6/6 [==============================] - 2s 344ms/step - loss: 0.0033 - val_loss: 0.5983
Epoch 465/500
6/6 [==============================] - 2s 345ms/step - loss: 0.0033 - val_loss: 0.5982
Epoch 466/500
6/6 [==============================] - 2s 347ms/step - loss: 0.0033 - val_loss: 0.5981
Epoch 467/500
6/6 [==============================] - 2s 341ms/step - loss: 0.0033 - val_loss: 0.5979
Epoch 468/500
6/6 [==============================] - 2s 342ms/step - loss: 0.0033 - val_loss: 0.5978
Epoch 469/500
6/6 [==============================] - 2s 343ms/step - loss: 0.0033 - val_loss: 0.5977
Epoch 470/500
```

图7-34　训练过程的损失值与验证过程的损失值不同

出现这种情况并不是 tf.keras 接口的内部错误，而是其损失值计算方式不同导致的。在训练过程中，损失值是实时的损失，仅代表当前批次使用当前权重进行计算所得到的损失。而在验证过程中，损失值会滞后一些，会用当前模型训练结束后的权重进行数据集的验证。相比之下，验证过程中的损失更能体现出模型的真实能力。

在训练时，使用相同数据集进行验证是一个很好的习惯，它可以提前发现模型自身的问题。

一般来讲，如果模型在训练模式和使用模式对数据的处理方式不同（例如，Dropout、BN），那么这种现象会比较明显。一旦模型中出现相同数据集在训练和验证场景下损失值相差很大的情况，要从该角度分析并解决问题（8.3.4 节会详细展开）。

7.6.9　实例验证：训练时优化器的选取

本例使用的是 Amsgrad 优化器，该优化器的综合性能优于 Adam。这通过下面的测试可以验证。

1. 验证Adam优化器

将 7.5.8 节的第 95 行代码改成使用 Adam 优化器，修改后的代码如下。

```
optimizer = Adam(lr=0.001)
```

在训练时，该模型输出的日志如下。

```
……
Epoch 398/400
6/6 [==============================] - 5s 909ms/step - loss: 0.0028 - val_loss:
0.9134
Epoch 399/400
6/6 [==============================] - 5s 912ms/step - loss: 0.0028 - val_loss:
0.9141
Epoch 400/400
5/6 [=========================>.....] - ETA: 0s - loss: 0.0028
Epoch 00400: loss improved from 0.00295 to 0.00280, saving model to resultCRNN/
weights.400-0.0028.hdf5
6/6 [==============================] - 6s 927ms/step - loss: 0.0028 - val_loss:
0.9148
```

从结果中可以看出，模型在经过 400 次迭代训练后，输出的 val_loss 为 0.9148，这远远大于使用 Amsgrad 优化器的 val_loss（0.7458）。

2. 验证SGD优化器

SGD 优化器对学习率比较挑剔，这里将 7.5.8 节的第 95 行代码改成如下代码。

```
optimizer = SGD(lr=0.02, decay=1e-6, momentum=0.9, nesterov=True, clipnorm=5)
```

在训练时，该模型输出的日志如下。

```
......
6/6 [==============================] - 6s 941ms/step - loss: 0.6194 - val_loss:
49.9292
Epoch 398/400
6/6 [==============================] - 6s 934ms/step - loss: 0.7797 - val_loss:
46.9520
Epoch 399/400
6/6 [==============================] - 6s 928ms/step - loss: 0.6034 - val_loss:
42.5607
Epoch 400/400
5/6 [=========================>.....] - ETA: 0s - loss: 0.6866
Epoch 00400: loss did not improve from 0.55531
6/6 [==============================] - 6s 920ms/step - loss: 0.7103 - val_loss:
41.5003
```

从结果中可以看出，模型在经过 400 次迭代训练后，输出的 val_loss 为 41.5003。这表明使用 SGD 优化器所训练的模型效果更不好。SGD 是一个对学习率大小非常敏感的优化器。在使用 SGD 优化器时，一旦设置的学习率不合适，就无法训练出适用的模型。

提示　由于模型训练的权重是随机初始化的，读者在自己的机器上同步验证时，所得的损失值与本书的数据不会完全一样，但也能够看出 Amsgrad 优化器的效果最优。

另外，还可以使用更好的优化器 Ranger 来进一步提升性能，只不过该优化器需要借助 Addons 模块。

第 8 章

优化 OCR 模型——基于卷积网络和循环网络的优化

本章根据第 7 章的 OCR 例子进行扩展，重点介绍卷积网络和循环网络的优化技术。8.3 节会介绍 STN 模型以及控制点模型。8.4 节会介绍注意力机制以及 seq2seq 模型。

这些技术是与网络结构相关联的，不只适用于 OCR 任务。希望读者可以举一反三，活学活用，将其应用在更多的任务中。本章的实例代码使用的是 TensorFlow 2.0.0a0 版本。

8.1 优化OCR模型中的图像特征处理部分

深度卷积神经网络模型虽然已经在很多领域中取得了较好的效果，但大多是依赖于海量的数据训练实现的。

这些模型仍然非常脆弱。例如，对一幅图执行平移、旋转和缩放等操作后，会使原有的模型识别准确度下降。该现象可以理解为深度卷积神经网络的一个通病，尤其在训练样本不足的情况下。即使在 VGG-16、ResNet50 以及 Inception 等经典的模型上，也会出现类似的问题。

8.1.1 提升深度卷积神经网络鲁棒性的思路

在训练样本不足的情况下，要提升深度卷积神经网络的鲁棒性，可以从两方面入手。

- 从样本多样性入手：将样本进行更多的变化，再输入模型，令模型"见多识广"。这可以适应各种角度图片的特征提取，具有更强的泛化能力。该方法也是数据增强的初衷。
- 从样本预处理入手：一般会采用仿射变换对现有的图片进行修正，在识别精度要求较高的任务中会用到。该方法的思想是将图片按照某一规格进行统一修正，然后令后面的卷积网络负责处理这种规格的图片。该方法虽然将部分工作量放到预处理部分，但是可以大大降低后面模型的识别需求，使模型训练起来更容易。

在实现时，从样本多样性入手的方法可以参考 5.1.4 节的数据增强技术。从样本预处理入手的方法常会使用 STN 模型，具体请参见 8.1.2 节。

8.1.2 STN模型

空间变换网络（Spatial Transformer Network，STN）模型是在仿射变换领域中最基础的文字识别模型之一。该模型的功能是在训练过程中自动学习对原始图片执行平移、缩放、旋转等扭曲变换的参数，使输入图片的内容变成统一的模式，以便被更好地识别。

在实际应用中，通常把一个可微的网络层嵌入整体网络模型架构中来提升分类模型的精确度。

1. STN模型的应用场景

STN 模型不仅可以应用在 OCR 领域，还可以应用在人脸识别任务中，以及任何需要图像校正的场景中。例如，一个通用的人脸识别模型在工作时一般会有以下几个步骤。

（1）对检测的图片进行关键点检测。

（2）利用 STN 模型或其他算法对图片进行仿射变换，使关键点对齐。

（3）用卷积神经网络将对齐后的图片特征提取出来，并进行人脸配对。

其中，第（2）步的 STN 模型可以将检测出的人脸自动对齐、自动校正。经过 STN 模型处理后的图片，输入卷积神经网络后会使特征提取更精准。

2. STN模型的组成结构

STN 模型由 3 部分组成，具体如下。

- 仿射参数：一般是由一个全连接网络实现的，该网络最终输出 6 个数值，将其变为 2×3 矩阵，其中每两个为一组，分别代表仿射变换中平移、旋转、缩放所对应的参数。

- 坐标映射：创建一个与输出图片大小相同的矩阵，把该矩阵与仿射参数矩阵相乘，把所得结果当作目标图片中每个像素点对应于原图的坐标。
- 采样器：使用坐标映射部分中每个像素点的坐标值，在原始图片上取对应的像素，并将其填充到目标图片中，最终得到整幅目标图片。

这 3 部分所组成的 STN 模型如图 8-1 所示。

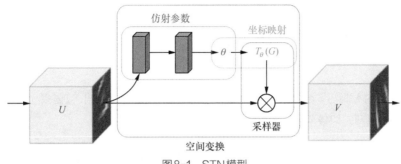

图8-1　STN模型

有关 STN 模型的论文的获取方式是在 arXiv 网站中搜索论文编号"1506.02025"。

8.1.3　STN 模型的原理分析

STN 模型的原理可以归为一句话，即对二维平面图片执行的任意平移、旋转、缩放操作都可以写成该图片与一个 2×3 矩阵相乘的形式。

平移的公式如下。

$$\begin{bmatrix} x' \\ y' \\ 1 \end{bmatrix} = \begin{bmatrix} 1 & 0 & t_x \\ 0 & 1 & t_y \\ 0 & 0 & 1 \end{bmatrix} \begin{bmatrix} x \\ y \\ 1 \end{bmatrix} = \begin{bmatrix} x + t_x \\ y + t_y \\ 1 \end{bmatrix}$$

对于旋转，若设绕原点顺时针旋转 α 度，则对应的公式如下。

$$\begin{bmatrix} x' \\ y' \\ 1 \end{bmatrix} = \begin{bmatrix} \cos\alpha & \sin\alpha & 0 \\ \sin\alpha & \cos\alpha & 0 \\ 0 & 0 & 1 \end{bmatrix} \begin{bmatrix} x \\ y \\ 1 \end{bmatrix} = \begin{bmatrix} x\cos\alpha + y\sin\alpha \\ x\sin\alpha + y\cos\alpha \\ 1 \end{bmatrix}$$

缩放的公式如下。

$$\begin{bmatrix} x' \\ y' \\ 1 \end{bmatrix} = \begin{bmatrix} s_x & 0 & 0 \\ 0 & s_y & 0 \\ 0 & 0 & 1 \end{bmatrix} \begin{bmatrix} x \\ y \\ 1 \end{bmatrix} = \begin{bmatrix} xs_x \\ ys_y \\ 1 \end{bmatrix}$$

在以上 3 个式子中，x、y 代表原始坐标；x'、y' 代表仿射变换后的坐标；t_x、t_y 代表平移参数；s_x、s_y 代表缩放参数。可以看到仿射变换中的平移、旋转、缩放操作都可以写成 3×3 矩阵与原坐标相乘的形式。因为在 3×3 矩阵中最下面一行 [0 0 1] 是固定的，所以影响原图仿射变换的参数主要由 2×3 矩阵构成。这便是 STN 层中坐标映射的主要原理。另外，在计算坐标映射时，生成的坐标并不全是整数，在采样器取值期间，还对它们进行了一些优化。具体可以参考 8.2 节的实现代码。

8.2　实例：用 STN 实现 MNIST 数据集的仿射变换

本节先从 STN 层的实现开始，逐步完成将 STN 应用在分类器中的演示过程。

实例描述　搭建一个具有 STN 层的图片分类器模型，对带噪声的 MNIST 数据集进行分类。

8.2.1　样本

本实例使用由 MNIST 数据集合成的样本，并在原有的 MNIST 数据集上添加部分噪声，使其变得更难以识别，具体如图 8-2 所示。

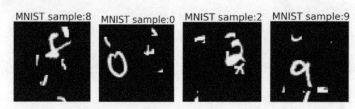

图8-2　MNIST 数据集中的样本数据

该数据集以 Numpy 格式存储，文件名为 mnist_cluttered_60x60_6distortions.npz，可以在本书的配套资源中找到。

数据集文件中的样本以字典形式进行存储，每个样本图片的形状为 [60,60]，具体内容如表 8-1 所示。

表8-1　MNIST 数据集合成的样本

名称	样本个数	维度
测试样本 x_test	10000	3600
测试标签 y_test	10000	10
训练样本 x_train	50000	3600
训练标签 y_train	50000	10
验证样本 x_valid	10000	3600
验证标签 y_valid	10000	10

8.2.2　代码实现：构建 STN 层

按照 8.1.2 节所介绍的 STN 结构来编写代码，实现 **STNtransformer** 类，并在 **STNtransformer** 类中实现坐标映射和采样功能。由于仿射参数部分的网络结构可以自定义，因此将其放在 **STNtransformer** 类外部，令 **STNtransformer** 类只接收仿射参数的输出结果。

1. 定义 STNtransformer 类

为了方便调用，将 **STNtransformer** 类封装成一个 tf.keras 接口的网络层。按照 tf.

keras 接口自定义层的编写方法继承 **Layer** 类，并重载 `compute_output_shape` 与 `call`
方法。具体代码如下。

代码文件: code_22_STNLayers.py

```
1  #导入基础模块
2  from tensorflow.keras import backend as K
3  import tensorflow as tf
4  import numpy as np
5
6  #STN层
7  class STNtransformer(tf.keras.layers.Layer):
8
9      def __init__(self, output_size, **kwargs):      #初始化
10         self.output_size = output_size
11         super(STNtransformer, self).__init__(**kwargs)
12
13     def compute_output_shape(self, input_shapes):        #输出形状
14         height, width = self.output_size
15         num_channels = input_shapes[0][-1]
16         return (None, height, width, num_channels)
17
18     def call(self, inputtensors, mask=None):      #调用方法
19         X, transformation = inputtensors
20         output = self._transform(X, transformation, self.output_size)
21         return output
```

第 20 行代码在调用的内部方法 `_transform` 中实现了仿射变换操作。

2. 定义 _transform 方法用于仿射变换

在 **STNtransformer** 类中，定义内部方法 `_transform` 以实现仿射变换。具体代码如下。
代码文件: code_22_STNLayers.py（续）

```
22  def _transform(self, X, affine_transformation, output_size):  #仿射变换
23      num_channels = X.shape[-1]
24      batch_size = K.shape(X)[0]
25      #将变换参数变为2×3矩阵
26      transformations = tf.reshape(affine_transformation,
27      shape=(batch_size,2, 3))
28      #根据输出大小生成原始坐标(batch_size, 3, height * width)
29      regular_grids = self._make_regular_grids(batch_size, *output_size)
30
31      #原始坐标与转换参数相乘，生成映射坐标(batch_size, 2, height * width)
32      sampled_grids = K.batch_dot(transformations, regular_grids)
33      #根据映射坐标从原始图片上取值并填充到目标图片中
34      interpolated_image = self._interpolate(X, sampled_grids, output_size)
35      #设置目标图片的形状
```

```
36    interpolated_image = tf.reshape(
37        interpolated_image, tf.stack([batch_size, output_size[0],
38        output_size[1], num_channels]))
39    return interpolated_image
```

第 29 行和第 32 行代码完成了坐标映射功能，生成了映射坐标 **sampled_grids**。其原理在 8.1.3 节已介绍过。

> **注意**　第 32 行代码使用 K.batch_dot 函数完成了矩阵相乘，该函数与 tf.matmul 的作用一样。该行代码也可以用如下代码进行替换。
> sampled_grids = tf.matmul(transformations,regular_grids)
> 第 34 行代码调用 _interpolate 方法以实现采样功能。

3. 定义 _make_regular_grids 方法用于生成坐标矩阵

_make_regular_grids 方法的作用是生成一组归一化后的坐标。按照 STN 模型的原理在归一化坐标构成的矩阵下面加一行 1，将其变成行数为 3 的矩阵。具体代码如下。

代码文件：code_22_STNLayers.py（续）

```
40    def _make_regular_grids(self, batch_size, height, width): #根据输出大小生成原始坐标
41
42        #按照目标图片尺寸，生成坐标（所有坐标的值域都为 [-1,1]）
43        x_linspace = tf.linspace(-1., 1., width)
44        y_linspace = tf.linspace(-1., 1., height)
45        x_coordinates, y_coordinates = tf.meshgrid(x_linspace, y_linspace)
46        x_coordinates = K.flatten(x_coordinates)
47        y_coordinates = K.flatten(y_coordinates)
48        #组成行数为 3 的矩阵，最后一列填充 1
49        ones = tf.ones_like(x_coordinates)
50        grid = tf.concat([x_coordinates, y_coordinates, ones], 0)
51
52        #支持批次操作，按照批次复制原始坐标
53        grid = K.flatten(grid)
54        grids = K.tile(grid, K.stack([batch_size]))
55        return tf.reshape(grids, (batch_size, 3, height * width))
```

第 43 行和第 44 行代码在 [−1,1] 区间内按照指定的宽度、高度生成等长的数值，该数值将作为目标图片的归一化坐标来使用。

第 49 行和第 50 行代码在归一化坐标后面加了一行 1，将其变成行数为 3 的矩阵。

_make_regular_grids 方法执行后，所返回的数据如图 8-3 所示。

图 8-3 中，w 代表宽度，h 代表高度，x 与 y 分别为第 46 行和第 47 行代码中的 x_coordinates 和 y_cordinates。

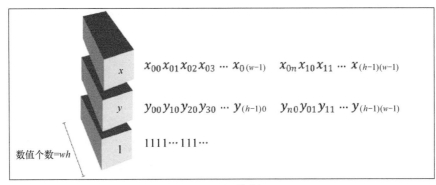

$$x \quad x_{00}x_{01}x_{02}x_{03}\cdots x_{0(w-1)} \quad x_{0n}x_{10}x_{11}\cdots x_{(h-1)(w-1)}$$

$$y \quad y_{00}y_{10}y_{20}y_{30}\cdots y_{(h-1)0} \quad y_{n0}y_{01}y_{11}\cdots y_{(h-1)(w-1)}$$

$$1 \quad 1111\cdots 111\cdots$$

数值个数=wh

图8-3　返回的数据

4. 定义 _interpolate 方法进行像素采样

函数 _interpolate 接收 3 个参数，具体如下。

- image：待转换的原始图片。
- sampled_grids：映射坐标。
- output_size：待输出图片的尺寸。

在函数 _interpolate 内部，会将归一化的映射坐标 sampled_grids 转换成原始图片 image 上的坐标，并将 image 中指定区域的像素值填充到目标图片中。

由于映射坐标 sampled_grids 为浮点型，而原始图片 image 上的坐标是整型，因此在转换时还需要额外进行处理。具体代码如下。

代码文件: code_22_STNLayers.py（续）

```
56    #定义函数，根据坐标获取像素值
57    def _interpolate(self, image, sampled_grids, output_size):
58        batch_size = K.shape(image)[0]
59        height = K.shape(image)[1]
60        width = K.shape(image)[2]
61        num_channels = K.shape(image)[3]
62        #取出映射坐标
63        x = tf.cast(K.flatten(sampled_grids[:, 0:1, :]), dtype='float32')
64        y = tf.cast(K.flatten(sampled_grids[:, 1:2, :]), dtype='float32')
65        #还原映射坐标对应于原始图片的值域，由[-1,1]到[0,width]和[0,height]
66        x = 0.5 * (x + 1.0) * tf.cast(width, dtype='float32')
67        y = 0.5 * (y + 1.0) * tf.cast(height, dtype='float32')
68        #将转换后的坐标变为整数，同时计算出相邻坐标
69        x0 = K.cast(x, 'int32')
70        x1 = x0 + 1
71        y0 = K.cast(y, 'int32')
72        y1 = y0 + 1
73
74        #截断出界的坐标
75        max_x = int(K.int_shape(image)[2] - 1)
```

```
76          max_y = int(K.int_shape(image)[1] - 1)
77          x0 = K.clip(x0, 0, max_x)
78          x1 = K.clip(x1, 0, max_x)
79          y0 = K.clip(y0, 0, max_y)
80          y1 = K.clip(y1, 0, max_y)
81
82          #适配批次处理
83          pixels_batch = K.arange(0, batch_size) * (height * width)
84          pixels_batch = K.expand_dims(pixels_batch, axis=-1)
85          flat_output_size = output_size[0] * output_size[1]
86          base = K.repeat_elements(pixels_batch, flat_output_size, axis=1)
87          base = K.flatten(base)   #批次中每个图片的起始索引
88
89          #计算4个点在原始图片上的索引
90          base_y0 = base + (y0 * width)
91          base_y1 = base + (y1 * width)
92          indices_a = base_y0 + x0
93          indices_b = base_y1 + x0
94          indices_c = base_y0 + x1
95          indices_d = base_y1 + x1
96
97          #将原始图片展开，所有批次的图片都连接在一起
98          flat_image = tf.reshape(image, shape=(-1, num_channels))
99          flat_image = tf.cast(flat_image, dtype='float32')
100         #按照索引取值
101         pixel_values_a = tf.gather(flat_image, indices_a)
102         pixel_values_b = tf.gather(flat_image, indices_b)
103         pixel_values_c = tf.gather(flat_image, indices_c)
104         pixel_values_d = tf.gather(flat_image, indices_d)
105
106         x0 = tf.cast(x0, 'float32')
107         x1 = tf.cast(x1, 'float32')
108         y0 = tf.cast(y0, 'float32')
109         y1 = tf.cast(y1, 'float32')
110         #计算4个点的有效区域
111         area_a = tf.expand_dims(((x1 - x) * (y1 - y)), 1)
112         area_b = tf.expand_dims(((x1 - x) * (y - y0)), 1)
113         area_c = tf.expand_dims(((x - x0) * (y1 - y)), 1)
114         area_d = tf.expand_dims(((x - x0) * (y - y0)), 1)
115         #按照区域大小对像素求加权和
116         values_a = area_a * pixel_values_a
117         values_b = area_b * pixel_values_b
118         values_c = area_c * pixel_values_c
119         values_d = area_d * pixel_values_d
120         return values_a + values_b + values_c + values_d
```

第 58 ～ 61 行代码获取了原始图片 image 中各个维度的变量。

第 63 行和第 64 行代码从映射坐标 sampled_grids 中取出 x、y 坐标。

第 66 行和第 67 行代码将取出的坐标转换为 image 上所对应的真实坐标。该代码的计算过程如下。

（1）坐标值加上 1.0，将其值域由 [-1,1] 变为 [0,2]。

（2）把步骤（1）的结果乘以 0.5，将值域由 [0,2] 变为 [0,1]。

（3）把步骤（2）的结果乘以实际的变长，将其转换为真实的坐标。

第 69 ～ 80 行代码计算出与点（x，y）相邻的 4 个点的坐标。目标图片中的像素值将由这 4 个点的像素计算得出。

第 83 ～ 87 行代码计算每个待输出图片的映射坐标在一批图片中的偏移量，该偏移量在从一批图片中获取每个像素值时使用。获取像素值的过程如图 8-4 所示。

图 8-4 中的 m 代表原始图片总像素的个数，即图片高和宽的乘积（height×width）。从图 8-4 中可以看到，程序将同一批次中的多张图片全部展开并放在一起，用统一的索引编号进行检索。

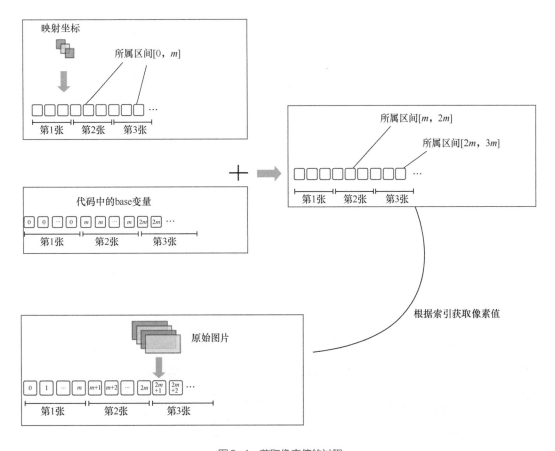

图 8-4　获取像素值的过程

第 101 ～ 119 行代码完成像素采样的最后一步，计算目标图片中映射坐标（x，y）与相邻 4 个点的距离，并根据距离对这 4 个点的像素值求加权和，如图 8-5 所示。

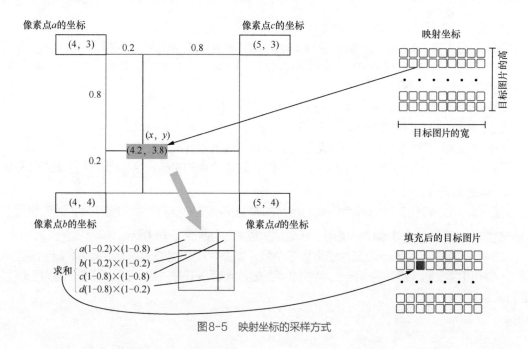

图8-5　映射坐标的采样方式

从图 8-6 中可以看到，在对映射坐标 (x, y) 周围的 4 个像素点进行采样时，是按照距离远近定义权重的，距离越近的点权重越大。

第 111 ～ 114 行代码将横竖两个方向上的权重相乘。这段代码对图 8-5 中的计算公式进行了简化。以第 111 行代码计算像素点 a 的权重区域为例，按照图 8-5 中的公式应该将其写成式（8-1）。

$$\text{area\_a} = \left[1-\left(x-x_0\right)\right]\left[1-\left(y-y_0\right)\right] \tag{8-1}$$

由于 x_0 与 x_1 相差 1 像素，y_0 与 y_1 也相差 1 像素，因此式（8-1）还可以写成式（8-2）。

$$\text{area\_a} = \left[\left(x_1-x_0\right)-\left(x-x_0\right)\right]\left[\left(y_1-y_0\right)-\left(y-y_0\right)\right] \tag{8-2}$$

将式（8-2）简化后，便得到与第 111 行代码一致的公式。

$$\text{area\_a} = \left(x_1-x\right)\left(y_1-y\right) \tag{8-3}$$

8.2.3　代码实现：测试 STNtransformer 类

为了保证 STNtransformer 类可用，需要编写代码对其进行单元测试。通过手动输入仿射参数可以对图片进行仿射变换，进而验证 STNtransformer 类是否可以正常工作。具体代码如下。

代码文件：code_22_STNLayers.py（续）

```
121  if __name__ == '__main__':  #测试STN层
122      import imageio
123      import matplotlib.pyplot as plt
124
125      im = imageio.imread(r'./girl.jpg')  #读取一个图片文件
```

```
126    plt.imshow(im)
127    plt.show()                          #显示图片
128    im = im / 255.                      #进行归一化处理
129    im = im.reshape(1, 800, 600, 3)     #设置形状
130    im = im.astype('float32')
131    sampling_size = (400, 300)          #设置输出图片的尺寸
132
133    #定义带指定权重和偏置值的全连接层
134    dense1 = tf.keras.layers.Dense(6, kernel_initializer='zeros',
135             bias_initializer=tf.keras.initializers.constant(
136                     [[0.5, 0, 0.1], [0, 0.5, -0.5]]))
137    #模拟输入的图片
138    locnet = tf.zeros([1, 800 * 600 * 3])
139    locnet = dense1(locnet)             #用全连接网络获得仿射参数
140    print(locnet)
141    #将图片和仿射参数传入 STN 层以进行仿射变换
142    x = STNtransformer(sampling_size)([im, locnet])
143    plt.imshow((x.numpy()[0]*255).astype(np.uint8))
144    plt.show()    #显示仿射变换后的结果
```

第 131 行代码设置变化后的输出尺寸为（400，300）。

第 134 行代码定义了一个权重为 0、偏置值为 [[0.5, 0, 0.1], [0, 0.5, -0.5]] 的全连接层。该网络层输出的结果与偏置值一致。

第 134 ～ 140 行代码使用全连接层的目的是模拟 **STNtransformer** 类在其他模型中的嵌入用法。如果仅用于测试 **STNtransformer** 类，则可以直接为 **locnet** 赋值，使其等于 [[0.5, 0, 0.1], [0, 0.5, -0.5]]。

注意   第 138 行代码使用的全 0 变量只是为了模拟 STN 层在嵌入网络中的上下层关系。在实际情况中，该代码会变成以下形式。
tf.keras.layers.Flatten()（im）#im 代表传入的特征

代码运行后的输出结果如图 8-6（a）与（b）所示。

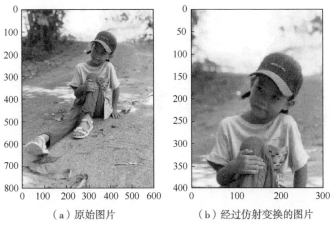

（a）原始图片　　　　（b）经过仿射变换的图片

图 8-6　输出结果

图 8-7（a）为原始图片，图 8-7（b）为经过仿射变换的图片。同时也输出了变量 `locnet` 的值。

```
tf.Tensor([[ 0.50. 0.10. 0.5 -0.5]], shape=(1, 6), dtype=float32)
```

可以看到，变量 `locnet` 的值与全连接网络中初始的偏置值（见第 136 行代码）一致。

第 134 行代码初始化偏置值为 [[0.5, 0, 0.1], [0, 0.5, -0.5]]。对应仿射变换，该偏置值表示将原始图片放大 2 倍（0.5 的倒数便是放大的倍数），并向左平移了 30 像素，向下平移了 200 像素。为了更好地理解仿射参数与仿射变换间的关系，可以将该过程拆成以下几个变换。

- 缩放：仿射参数为 [[0.5, 0, 0], [0, 0.5, 0]]，其中 0.5 的倒数便是放大的倍数。经过缩放变换后的图片如图 8-7 所示。

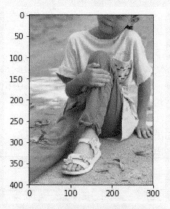

图 8-7　缩放变换后的图片

提示
- 平移：仿射参数为 [[1., 0, 0.1], [0, 1., -0.5]]，其中 0.1 和 -0.5 分别表示在水平和垂直方向上平移的位移。位移的大小是由仿射参数乘以图片宽度和高度的 1/2 而得来的，例如，水平位移为 0.1×600÷2=30(像素)。在水平方向上正值代表向右移动，在垂直方向上正值代表向上移动。经过平移变换后的图片如图 8-8 所示。

图 8-8　平移变换后的图片

- 旋转：仿射参数为 [[0., 1, 0.], [1, 0., 0.]]，该参数还可以写成 [[cos90, sin90, 0.], [sin90, cos90, 0.]]，即将图片旋转 90°。经过旋转变换后的图片如图 8-9 所示。

图8-9 旋转变换后的图片

读者可以任意修改第134行代码中的偏置值，并观察效果。

8.2.4 代码实现：制作 DataSet

将数据集文件 mnist_cluttered_60x60_6distortions.npz 放到 datasets 文件夹中，之后编写代码将其载入内存并显示。具体代码如下。

代码文件：code_23_STNMain.py

```
1  #导入基础模块
2  from code_22_STNLayers import STNtransformer
3  import tensorflow as tf
4  import matplotlib.pyplot as plt
5  from tensorflow.keras import backend as K
6  import numpy as np
7  from tensorflow.keras.models import *
8  from tensorflow.keras.layers import *
9
10 dataset_path = "./datasets/mnist_cluttered_60x60_6distortions.npz"
11 data = np.load(dataset_path)          #加载数据集
12 for key in data.keys():               #显示数据集中的内容
13     print(key, np.shape(data[key]))
14 #制作训练数据集
15 traindataset = tf.data.Dataset.from_tensor_slices((data['x_train'],
16 data['y_train']))
17
18 def _mapfun(x, y):             #定义函数，对每个样本进行变形
19     x = tf.reshape(x, [60, 60, 1])
20     return x, y
21
22 #制作测试数据集
23 testdataset = tf.data.Dataset.from_tensor_slices((data['x_test'],
24 data['y_test'])).map(_mapfun)
25 #制作验证数据集
```

```
26   vailiddataset = tf.data.Dataset.from_tensor_slices((data['x_valid'],
27   data['y_valid'])).map(_mapfun)
28
29   #显示数据集中的内容
30   for one in traindataset.take(1):
31       img = np.reshape(one[0], (60, 60))
32       print(one[1], img.shape)
33       plt.figure(figsize=(6, 6))
34       plt.imshow(img, cmap='gray', interpolation='none')
35       strtitle = 'MNIST sample:%d' % tf.argmax(one[1]).numpy()
36       plt.title(strtitle, fontsize=40)
37       plt.axis('off')
38       plt.show()
```

代码运行后，输出如下结果。

```
x_test (10000, 3600)
x_train (50000, 3600)
x_valid (10000, 3600)
y_valid (10000, 10)
y_train (50000, 10)
y_test (10000, 10)
tf.Tensor( [0. 0. 0. 0. 0. 0. 0. 0. 1. 0.], shape=(10,), dtype=float32) (60, 60)
```

其中，前 6 行是数据集文件中的字典，最后一行显示了样本标签的格式（独热码）和样本图片的尺寸（60，60）。程序也输出了样本图片，如图 8-10 所示。

图 8-10　样本图片

8.2.5　独立组件层的原理

独立组件（Independent Component，IC）层可以理解为 7.6.3 节知识点的延伸，将 BN 与 Dropout 层组合起来，对每层的输入数据进行处理，可以更大限度地减小当前层对上一层输出样本的分布依赖，使得每层的数据处理更加独立，于是这个组合的层叫作独立组件层。

使用 IC 层的网络模型，直接将调整分布的代码（BN 部分）放到网络的输入端，不需要再考虑与激活函数的前后位置关系。原始结构和改进后的结构分别如图 8-11(a)和(b)所示。

从图 8-11 中可以看出，原始结构中的"激活函数和 BN"部分被拆开，变成独立的"激活函数"，而"BN"部分被融合到改进后结构的"IC 层"，并放在了"网络层"后面。

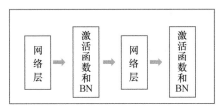

（a）原始结构

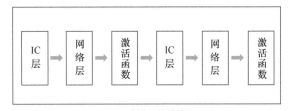

（b）改进后的结构

图8-11　IC层的位置

有关 IC 层的论文的获取方式是在 arXiv 网站中搜索论文编号"1905.05928"。

8.2.6　代码实现：搭建应用ReNorm算法的IC层

为了让模型取得更好的效果，这里定义了一个 IC 层。按照 8.2.5 节的结构编写代码，具体如下。

代码文件：code_23_STNMain.py（续）

```
39  def IC(inputs, p):              #定义IC层
40      #应用ReNorm算法的BN层
41      x = BatchNormalization(renorm=True)(inputs)
42      return Dropout(p)(x)   #按照百分比丢弃节点
```

第 41 行代码定义了 BN 层，在 `BatchNormalization` 类中设置参数 `renorm` 的值为 `True`。该参数的意思是使用 ReNorm 算法对数据进行处理。这么做的原因是避免普通的批量归一化在训练批次过小的场景下训练效果不好的缺点，其原理可以参考 8.2.7 节。

8.2.7　ReNorm算法的原理

ReNorm 算法与 BatchNorm 算法一样，注重对全局数据的归一化，即对输入数据形状中的 N 维度、H 维度、W 维度进行归一化处理。

1. ReNorm算法与BatchNorm算法的区别

ReNorm 算法与 BatchNorm 算法的不同之处如下所示。

- ReNorm 算法在批次非常小（1 或 2）时，无法取得很好的效果。这是因为当输入批次很小时，BN 所计算的分布会更接近于样本个体本身的分布，而非整个样本集的分布。这种情况会造成在有不同数据输入时，当前层的输出分布差异很大，令网络难以收敛。
- ReNorm 算法在 BatchNorm 算法上进行了一些改进，使得模型在小批次场景中也有良好的效果。

2. ReNorm算法原理的简介

ReNorm 算法在训练的时候引入了两个新的变换参数 r 和 d，并用这两个参数对归一化后的 $\widehat{x_i}$ 进行修正，具体公式如下。

$$\mu_B = \frac{1}{m}\sum_{i=1}^{m} x_i \tag{8-4}$$

$$\sigma_B^2 = \frac{1}{m}\sum_{i=1}^{m}\left(x_i - \mu_B\right)^2 \tag{8-5}$$

$$\widehat{x_i} = \frac{x_i - \mu_B}{\sqrt{\sigma_B^2 + \varepsilon}}r + d \tag{8-6}$$

$$y_i = \gamma\widehat{x_i} + \beta \tag{8-7}$$

将上面的公式与 4.9.1 节所介绍的批量归一化公式进行对比，会发现式（8-4）、式（8-5）、式（8-7）分别与式（4-12）、式（4-13）、式（4-15）完全一致，只有式（8-6）与式（4-14）不同（公式中符号的含义可以参考 4.9.1 节中的介绍）。而式（8-6）与式（8-7）的自适应方式完全一样，只是参数不同。这相当于进行了两次批量归一化，所以叫作批量再归一化。

式（8-7）中的参数 γ、β 是通过训练自己生成的，而式（8-6）中的 r、d 则是根据单批次分布与整体样本分布之间的关系计算得来的。其具体算法见式（8-8）、式（8-9）。

$$r = \text{stop\_gradient}\left(\text{clip}_{[1/r_{\max}, r_{\max}]}\right)\frac{\sigma_B}{\sigma} \tag{8-8}$$

$$d = \text{stop\_gradient}\left(\text{clip}_{[1/d_{\max}, d_{\max}]}\right)\frac{\mu_B - \mu}{\sigma} \tag{8-9}$$

式中，stop_gradient代表在反向传播时不进行梯度计算与传导；clip代表将数据按照指定的区间进行剪辑；σ_B 与 μ_B 分别为当前批次数据的方差和均值，是由式（8-4）、式（8-5）求出的；σ 和 μ 为整个样本的移动方差、移动均值。

在训练过程中，σ 和 μ 会根据每个单批次的计算进行更新。

ReNorm 算法通过参数 r、d 来对单批次数据的分布进行修正，使其接近整体样本的分布，从而消除单批次样本间的分布差异，使其更适应小批次数据的训练场景。

在模型的使用场景中，ReNorm 算法不再使用参数 r、d，而直接用整个样本的均值与方差对数据进行批量再归一化。这种计算方式与 BatchNorm 算法一致，见式（8-10）。

$$r = \gamma\frac{x - \mu}{\sigma} + \beta \tag{8-10}$$

有关 ReNorm 的论文的获取方式是在 arXiv 网站中搜索论文编号"1702.03275"。

8.2.8　代码实现：搭建有STN层的卷积模型

编写代码实现有 STN 层的卷积网络，该网络的结构如图 8-12 所示。

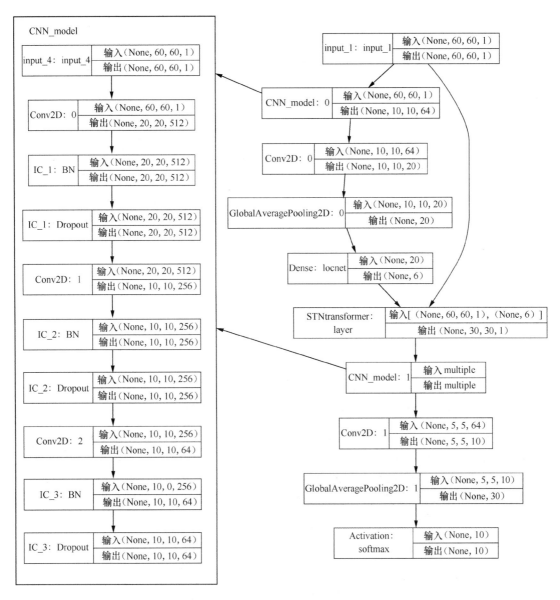

图8-12 带STN层的卷积网络模型结构

在图 8-12 中，左侧是有 IC 层的卷积神经网络模型，右侧是整体的网络结构。可以看到整个网络的处理流程如下。

（1）原始图片经过图 8-12 左侧的网络模型完成一次特征处理。

（2）将经过步骤（1）处理后的特征传入 STN 层进行仿射变换。

（3）将仿射变换的结果再次传入图 8-12 左侧的卷积网络模型中，进行分类处理。

具体代码如下。

代码文件: code_23_STNMain.py（续）

```
43  def CNN(x):  #有IC层的卷积神经网络
44      x = Conv2D(512, 5, strides=3, padding='same', activation='relu')(x)
45      x = IC(x, 0.2)
```

```
46      x = Conv2D(256, 3, strides=2, padding='same', activation='relu')(x)
47      x = IC(x, 0.2)
48      x = Conv2D(64, 3, strides=2, padding='same', activation='relu')(x)
49      x = IC(x, 0.2)
50      return x
51  #实现有STN层的卷积神经网络
52  def STNmodel(input_shape=(60, 60, 1), sampling_size=(30, 30), num_classes=10):
53      image = Input(shape=input_shape)
54      x = CNN(image)
55      x = Conv2D(20, (3, 3), strides=(1, 1), padding='same', activation='relu')(x)
56      locnet = GlobalAveragePooling2D()(x)   #转换后，x的形状为[batch, 20]
57      #生成仿射变换参数
58      locnet = Dense(6, kernel_initializer='zeros',
59                     bias_initializer=tf.keras.initializers.constant([[1.0, 0, 0],
60                     [0, 1.0, 0]]))(locnet)
61      #进行仿射变换
62      x = STNtransformer(sampling_size, name='STNtransformer')([image, locnet])
63      x = CNN(x)   #对仿射变换后的图片进行分类处理
64      x = Conv2D(10, (3, 3), strides=(1, 1), padding='same', activation='relu')(x)
65      #全局平均池化
66      x = GlobalAveragePooling2D()(x)   #转化后，x的形状为[batch, 10]
67      x = Activation('softmax')(x)      #用于配合categorical_crossentropy算法
68      return Model(inputs=image, outputs=x)   #生成模型并返回
```

第 43 行代码定义的函数 CNN 对卷积模型进行封装，该函数会在 STN 层前后各调用一次（见第 54 行和第 63 行代码）。这说明在 STN 层前后使用了相同的卷积结构，在实际开发中，也可以在 STN 层的前后使用不同的卷积结构。

第 58 行代码对 STN 模型进行了手动初始化，该仿射参数的意义是不对图片进行任何改变。

> 注意　第58行代码的手动初始化并不是必要的，如果使用默认的初始化，模型也可以收敛。但是如果使用了模型默认的随机初始化，可能最终得到的仿射变换区域是扭曲（或翻转）的。

第 64 行代码定义了模型的最后一个卷积层，该卷积层起到维度转换的作用，其输出通道数是 10。这个卷积层的通道数一定要与最终的分类个数（MNIST 数据集共分为 10 类）相同。

第 66 行代码调用了 GlobalAveragePooling2D 进行处理。该 API 会自动匹配输入特征的尺寸，用与输入数据尺寸相等的滤波器进行全局池化操作。该 API 使用起来比较简单，不需要手动计算和填入输入特征的尺寸（如果使用 AveragePooling2D 类，则需要手动指定滤波器的大小）。

8.2.9　代码实现：训练 STN 模型

实例化模型，并调用模型的 train_on_batch 方法进行训练。train_on_batch 方法属于模型的单次训练方法，它比 fit 方法更基础。在使用时，需要自己定义外层循环，并传入数据进行训练。具体代码如下。

代码文件: code_23_STNMain.py（续）

```python
69  model = STNmodel()                          #实例化模型对象
70  model.compile(loss='categorical_crossentropy', optimizer='adam')   #编译模型
71
72  #定义函数以显示训练结果
73  def print_evaluation(epoch_arg, val_score, test_score):
74      message = 'Epoch: {0} | ValLoss: {1} | TestLoss: {2}'
75      print(message.format(epoch_arg, val_score, test_score))
76
77  num_epochs = 11                             #定义数据集迭代训练的次数
78  batch = 64                                  #定义批次
79  #制作训练数据集
80  traindataset = traindataset.shuffle(buffer_size=len(data['y_train'])).batch(
81      batch, drop_remainder=True).prefetch(tf.data.experimental.AUTOTUNE)
82  #制作验证和测试数据集
83  vailiddataset = vailiddataset.batch(64, drop_remainder=False)
84  testdataset = testdataset.batch(64, drop_remainder=False)
85  for epoch in range(num_epochs):  #按照指定迭代次数进行训练
86      for dataone in traindataset:            #遍历数据集
87          img = np.reshape(dataone[0], (batch, 60, 60, 1))
88          loss = model.train_on_batch(img, dataone[1])
89  print(loss)
90  if epoch % 10 == 0:                         #每迭代10次数据集显示一次训练结果
91          val_score = model.evaluate(vailiddataset.take(20), verbose=0)
92          test_score = model.evaluate(testdataset.take(20), verbose=0)
93          print_evaluation(epoch, val_score, test_score)  #输出训练结果
94          print('-' * 40)                     #输出分割线
```

第 70 行代码调用模型对象 model 的 compile 方法编译模型，该方法中的参数解读如下。

- loss：代表损失函数的设置，在上述代码中向该参数传入了字符串 categorical_crossentropy。该字符串代表模型将使用分类交叉熵算法进行损失值计算（见 5.4.2 节）。在训练模型时，系统会根据设置自动调用 tf.keras.losses.categorical_crossentropy 函数。
- optimizer：代表优化器的设置，在上述代码中向该参数传入了字符串 adam。在训练时系统会自动调用 tf.keras.optimizers.Adam 优化器（见 5.4.1 节），并使用默认的学习率 0.001。

第 90 行代码设置了模型每迭代训练 10 次，输出 1 次中间状态。代码运行后，输出如下结果。

```
Epoch: 0 | ValLoss: 0.7989848911762237 | TestLoss: 0.7045256495475769
----------------------------------------
Epoch: 10 | ValLoss: 0.28716854518279433 | TestLoss: 0.19112060368061065
----------------------------------------
```

8.2.10 代码实现：使用模型进行预测并显示 STN 层的结果

使用训练好的模型对一部分样本进行预测，同时将 STN 层的输出结果从模型中提取出来，

单独进行可视化来验证 STN 层的效果。

　　编写代码，定义函数 `plot_mnist_grid` 来将样本图片以九宫格方式输出。具体代码如下。

　　代码文件：code_23_STNMain.py（续）

```
95  #定义函数，以九宫格方式可视化结果
96  def plot_mnist_grid(image_batch, function=None):
97      fig = plt.figure(figsize=(6, 6))
98      #取出9个数据
99      if function is not None:
100         image_result = function([image_batch[:9]])
101     else:
102         image_result = np.expand_dims(image_batch[:9], 0)
103     plt.clf()   #清空缓存
104     #设置子图间的距离
105     plt.subplots_adjust(wspace=0.05, hspace=0.05)
106
107     for image_arg in range(9):   #依次将图片显示到九宫格中
108         plt.subplot(3, 3, image_arg + 1)
109         image = np.squeeze(image_result[0][image_arg])
110         plt.imshow(image, cmap='gray')
111         plt.axis('off')
112     fig.canvas.draw()
113     plt.show()
114
115  #取出输入层
116  input_image = model.input
117  output_STN = model.get_layer('STNtransformer').output   #取出STN层
118  STN_function = K.function([input_image], [output_STN]) #组合成模型
119  #显示原始数据
120  plot_mnist_grid(img)
121  #显示STN变换后的数据
122  plot_mnist_grid(img, STN_function)
123  #输出预测结果
124  out = model.predict([img[:9]])
125  print('预测结果: ', tf.argmax(out, axis=1).numpy())
```

　　第 117 行代码使用 model 对象的 `get_layer` 方法，根据名字 `STNtransformer` 从模型中取出指定的网络层。该名字是在 8.2.8 节中由代码第 62 行指定的。

　　代码运行后，输出的可视化结果如图 8-13（a）和（b）所示。

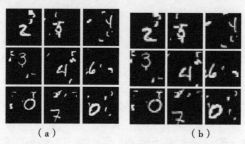

（a）　　　　　　　　　（b）

图8-13　带有STN模型的可视化结果

图 8-13（a）为原始样本的图片，图 8-13（b）为模型经过 STN 层的仿射变换后的图片。可以看到经过 STN 层的仿射变换后的图片中的数字更大。

本节的代码同时也输出了模型的预测结果 [2 5 4 3 4 6 0 7 0]。

从预测结果中可以看到，模型能够成功地识别出 MNIST 数据集有噪声的数据。

8.3 实例：用STN层优化OCR模型

从 8.2 节的实例中可以看出 STN 层的作用。下面将 STN 层嵌入 7.5 节的 CRNN 模型中，对 OCR 模型进行优化。

实例描述   *编写一个有STN层的CRNN模型，对图片中的英文进行识别。图片中的英文单词长度不一，要求能够自适应调整图片中的单词长度，并将其准确识别出来。*

本实例使用的样本、数据集、代码与 7.5 节完全一致，只在模型结构方面进行了扩展，在原有 CRNN 模型之上加入 STN 层。

8.3.1 带STN层的CRNN模型的结构

按照 8.2 节实例中 STN 的使用方式，将其嵌入 CRNN 中。所形成的网络结构如图 8-14 所示。

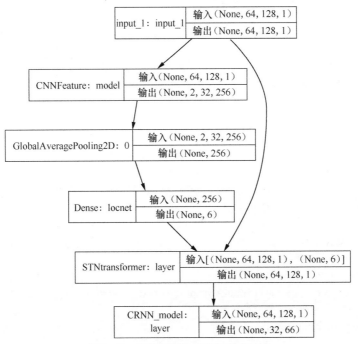

图8-14　带有STN的CRNN网络结构

从图 8-14 可以看出，STN 层是直接放在原有的 CRNN 模型上方的。图片经过 STN 变换之后再传入 7.5 节的 CRNN 模型。

8.3.2 代码实现：搭建有STN层的CRNN模型

定义函数 STNCRNN，将 STN 层与 7.5 节的 CRNN 模型组合起来。按照图 8-14 所示的结构实现 STNCRNN 模型。具体代码如下。

代码文件：code_24_STNCRNNModel.py

```
1   #导入基础模块
2   from tensorflow.keras import backend as K
3   from tensorflow.keras.models import *
4   from tensorflow.keras.layers import *
5   import tensorflow as tf
6   import numpy as np
7   #导入本项目的代码模块
8   from code_20_CRNNModel import FeatureExtractor, CRNN
9   from code_22_STNLayers import STNtransformer
10
11  #定义函数，封装STN层
12  def STNChange(x, sampling_size, inputimg):
13      locnet = GlobalAveragePooling2D()(x)   #全局平均池化后的形状为 [batch, 20]
14      print('locnet', locnet.get_shape())
15      locnet = Dense(6, kernel_initializer='zeros',
16                  bias_initializer=tf.keras.initializers.constant([[1.0, 0, 0],
17                  [0, 1.0, 0]]))(locnet)
18      #仿射变换
19      x = STNtransformer(sampling_size)([inputimg, locnet])
20      return x
21
22  #定义函数，实现STNCRNN模型
23  def STNCRNN(model_config):
24      input_tensor = Input((model_config['tagsize'][0],
25      model_config['tagsize'][1], model_config['ch']))
26      x = FeatureExtractor(input_tensor)   #提取图片特征
27
28      sampling_size = (model_config['tagsize'][0], model_config['tagsize'][1])
29      x = STNChange(x, sampling_size, input_tensor)   #仿射变换
30
31      #将各个网络层连起来，组合为模型
32      CRNN_model = CRNN(model_config)
33      y_pred = CRNN_model(x)
34      STNCRNN_model = Model(inputs=input_tensor, outputs=y_pred,
35      name="STNCRNN_model")
36      return STNCRNN_model
```

第 32 行代码直接将 CRNN 模型作为一个网络层载入进来。在实际开发中，建议读者尽量使用这种模型嵌套方式，它能够最大化地实现代码重用，可以大大提升开发效率。

8.3.3 代码实现：训练模型并输出结果

训练和使用模型的代码与 7.5 节中的代码文件 code_21_CRNNMain.py 几乎一样，只需要在开始部分导入 STNCRNN 模型，并用该模型进行实例化即可。具体代码如下。

代码文件：code_25_STNCRNNmain.py

```
1  #导入基础模块
2  ......
3  #导入本项目的代码模块
4  from code_20_CRNNModel import ctc_lambda_func
5  from code_19_mydataset import get_dataset, decodeindex
6  from code_24_STNCRNNModel import STNCRNN     #导入STNCRNN模型
7  ......
8  batchsize = 64   #定义批次大小
9  tagsize = [64, 128]   #定义数据集的输出样本尺寸 h和w
10 ch = 1
11 label_len = 16    #定义数据集中，每个标签的序列长度
12 output_dir = 'resultSTNCRNN'   #定义模型的输出路径
13 ......
14 #定义模型
15 STNCRNN_model = STNCRNN(model_config)
16 STNCRNN_model.summary()   #输出模型信息
17 ......
```

该代码的主体流程与 code_21_CRNNMain.py 完全一样，只是把调用 CRNN 的部分改成了 STNCRNN（见第 6 行、第 12 行、第 15 行代码）。

代码运行后，输出如下内容。

```
......
6/6 [==============================] - 6s 1s/step - loss: 2.7808 - val_loss:
36.5464
Epoch 396/400
6/6 [==============================] - 6s 1s/step - loss: 2.4552 - val_loss:
15.6929...........] - ETA: 1s - loss: 2.0761
Epoch 397/400
6/6 [==============================] - 6s 1s/step - loss: 2.3365 - val_loss:
41.2871
Epoch 398/400
6/6 [==============================] - 6s 1s/step - loss: 2.1617 - val_loss:
30.4866
Epoch 399/400
6/6 [==============================] - 6s 1s/step - loss: 1.8676 - val_loss:
30.4844
Epoch 400/400
5/6 [=========================>.....] - ETA: 0s - loss: 1.6339
Epoch 00400: loss did not improve from 0.54666
6/6 [==============================] - 6s 1s/step - loss: 1.6700 - val_loss:
13.3424
```

从输出结果的最后两行可以看到，模型并没有收敛。在迭代训练到第 400 次时模型的损失值为 1.6700。

倒数第 3 行显示的内容表明，模型在训练中，效果最好的损失值为 0.54666。这个损失值仍然很大，同样表明模型没有收敛。

同时也生成了模型文件，如图 8-15 所示。

weights.360-0.5467.hdf5
weights.350-0.5852.hdf5
weights.340-0.6872.hdf5
weights.330-0.8681.hdf5
weights.320-1.3078.hdf5
weights.270-2.0060.hdf5
weights.260-2.0672.hdf5

图8-15　模型文件

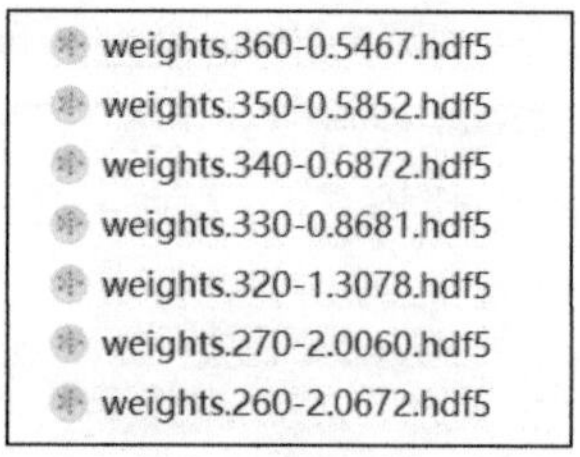

从图 8-15 中可以看到，模型在训练到 360 次时，达到了最好效果。从此次以后的训练直到第 400 次，模型的损失值再也没有下降过。由于模型在训练中，每次初始化的权重值都不同，因此，读者在自己机器上实验时，看到的结果不会与书里 100% 相同，有时模型也会收敛，但部分是不收敛的。

从以上结果可以看出，该实例没有成功。这表明 STN 的理论是对的，但是实验效果不理想。

其实，实验的失败并不能直接否定是理论存在问题，这种现象在实际开发过程中很常见。一旦遇到实验效果不佳的情况，还是需要仔细思考、认真分析，找出问题的真正根源，才能使模型得以优化。在 8.3.4 节和 8.3.5 节中，将对本实例进行优化，使模型变得可用。

8.3.4　优化步骤 1：使损失不变的模型发生收敛

6.7 节介绍过很多模型的训练技巧，本节内容可以视为 6.7 节中理论的实践部分。下面开始优化 8.3.3 节中的模型，使其能够收敛。

1. 问题分析

在 8.3.2 节的第 15 行代码中可以看到，STN 层的输入参数 `locnet` 是由全连接层生成的。该全连接层没有使用激活函数，这会导致参数 `locnet` 的值域没有得到控制。在训练过程中，如果该参数产生了一个异常值（例如，较大的平移值、较大的缩放值、较小的缩放值），则会导致经过 STN 变换后的图片出现严重的信息缺失。这会导致模型无法收敛。

2. 解决方法

修复这一问题的方法是在全连接层上加上激活函数，对仿射变换参数 `locnet` 的值域进行限制。例如，tanh 激活函数的值域为 [-1，1]，它与仿射变换参数的值域相匹配，如图 8-16 所示。

y
1.0
0.5
(0, 0)
-10.0
-7.5
-5.0
-2.5
2.5
5.0
7.5
10.0
x
-0.5
-1.0

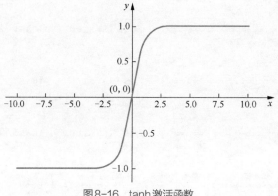

图8-16　tanh 激活函数

3. 代码实现

修改 8.3.2 节的第 15 行代码，为其加上激活函数。具体代码如下。

代码文件：code_24_STNCRNNModel.py（片段）

```
locnet = Dense(6, kernel_initializer='zeros' , activation='tanh',bias_initializ-
er=tf.keras.initializers.constant([[1., 0, 0], [0, 1., 0]]))(locnet)
```

再次运行代码文件 code_25_STNCRNNMain.py，所输出的结果如下。

```
……
6/6 [==============================] - 6s 1s/step - loss: 0.0290 - val_loss:
10.4894
Epoch 395/400
6/6 [==============================] - 6s 1s/step - loss: 0.0288 - val_loss:
10.4888
Epoch 396/400
6/6 [==============================] - 6s 1s/step - loss: 0.0286 - val_loss:
10.4963
Epoch 397/400
6/6 [==============================] - 6s 1s/step - loss: 0.0285 - val_loss:
10.4931
Epoch 398/400
6/6 [==============================] - 6s 1s/step - loss: 0.0283 - val_loss:
10.4987
Epoch 399/400
6/6 [==============================] - 7s 1s/step - loss: 0.0281 - val_loss:
10.5056
Epoch 400/400
5/6 [=========================>.....] - ETA: 0s - loss: 0.0277
Epoch 00400: loss improved from 0.02974 to 0.02796, saving model to resultSTNCRNN/
weights.400-0.0280.hdf5
6/6 [==============================] - 7s 1s/step - loss: 0.0280 - val_loss:
10.5099
```

从结果中可以看出，这次模型训练的损失值为 0.02796，表明模型已经收敛。同时也输出了模型的预测结果。

模型输出的结果如下。

```
(64, 32, 66)
```

解码之后的结果如下。

```
(64, 16)
```

标签和预测结果如下。

```
[44. 27. 27. 32. 28. 13. 32. 20.1.1.1.1.1.1.1.1.]
[40 47 53 56 43 43  1  1 1 1 1 1 1 1 1 1]
```

该批次数据的损失值如下。

```
loss: 22.296515
```

虽然模型在训练时达到了收敛，但是模型在预测场景下的损失值异常大。这不是一个正常的现象。

该批次的全部预测值如下。

```
[[40 47 53 ··· 1 1 1]
 [39  1  1 ··· 1 1 -1]
 [41 43 41 ··· 1 1 1]
   ⋮
 [42 17 24 ··· 1 1 1]
 [41 43 41 ··· 1 1 1]
```

程序也输出了对第一个样本图片的预测结果，如图 8-17 所示。

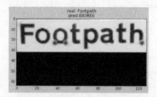

图 8-17　模型对第一个样本图片的预测结果

可以看到该模型的预测结果并不准确，而且预测时的损失值也非常大，达到了 22.296515。

从训练过程的日志可以发现，该模型使用相同的数据集进行训练和测试，但是训练的损失值 train_loss 与验证的损失值 val_loss 差别很大，如图 8-18 所示。

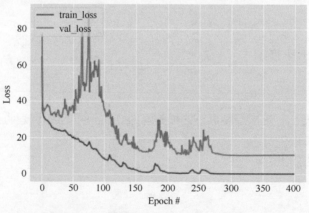

图 8-18　模型的 train_loss 与 val_loss

本节解决了模型不收敛的问题，但是又发现了其他问题。为了让模型可用，必须解决预测场景下模型精度不足的问题。8.3.5 节将介绍如何优化模型在预测场景下的精度。

8.3.5　优化步骤 2：消除模型在训练和预测相同数据时的效果差异

建议读者可以先根据 7.6.7 节中的理论自己分析一下原因，如果能够独立解决这个问题，则自己的水平会有很大提高。

1. 问题分析

如果模型在训练场景下的准确度与预测场景下的准确度相差过大，第一反应是模型的泛化能力出现了问题。但本例很特殊，因为本例中的模型在训练和测试时使用的数据集是一样的。根据这个思路可以推断，造成模型在训练和预测时的效果差异绝对不是泛化问题。

按照 7.6.7 节所介绍的理论，唯一可能的原因就是模型在训练和测试场景下使用了不同的参数。因为在本例的整个模型中能使用不同参数的网络层只有 BN 层，所以很容易分析出问题就出现在 BN 层上。

> 注意
> BN 层的效果非常强大，使用起来注意事项也非常多。如果使用原生的 TensorFlow 底层库来实现 BN 层，则有更多的注意事项。
> 本例的 BN 层是在 tf.keras 接口中开发的，该接口将模型的场景参数与模型高度整合，这是引起问题的原因，可以排除错误使用 BN 层这个因素。

模型在训练过程中，使用的均值和方差是根据当前批次计算而来的。在预测场景下，使用的均值和方差是训练过程中计算出的样本整体的均值与方差。如果 BN 层出问题了，则表明训练时个体批次的数据分布与整体的数据分布差异较大。

2. 解决方法

个体批次的数据分布与整体的数据分布的差异问题，正是 8.2.7 节所介绍的 ReNorm 算法所要解决的，所以可以考虑尝试使用 ReNorm 算法来解决这个问题。

3. 代码实现

在 8.3.4 节的基础之上，修改 7.5.4 节中的第 21 行和第 24 行代码，将 7.5.4 节中 CRNN 模型的批量归一化改成批量再归一化。修改后的代码如下。

代码文件: code_20_ CRNNModels.py（片段）

```
x = BatchNormalization(renorm=True)(x)
x = Conv2D(32 * 2 ** min(i, 3), kernel_size=2, #下采样卷积网络
strides=2 if i <2 else (2, 1), padding='same', activation='relu')(x)
x = BatchNormalization(renorm=True)(x)
```

代码运行后，输出如下结果。

```
......
6/6 [==============================] - ETA: 0s - loss: 0.0255 - 8s 1s/step - loss:
0.0255 - val_loss: 0.0268
Epoch 799/800
6/6 [==============================] - 8s 1s/step - loss: 0.0254 - val_loss: 0.0268
Epoch 800/800
5/6 [=========================>.....] - ETA: 0s - loss: 0.0254
Epoch 00800: loss improved from 0.02597 to 0.02536, saving model to resultSTNCRNN/
weights.800-0.0254.hdf5
6/6 [==============================] - 9s 1s/step - loss: 0.0254 - val_loss: 0.0267
```

从输出结果的最后一行可以看出，模型在训练过程中 **loss**（值为 0.0254）与 **val_loss**（值为 0.0267）差别已经不是很大了。

将该模型迭代训练 800 次过程中的 **train_loss** 与 **val_loss** 进行可视化，如图 8-19 所示。

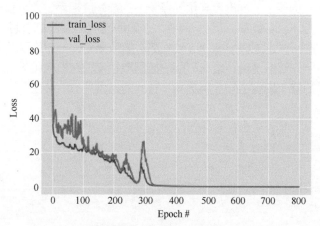

图8-19　模型训练过程中的train_loss与val_loss

从图 8-20 中可以看到，模型在迭代 400 次以后达到了平稳，**train_loss** 与 **val_loss** 几乎一样。同时，代码也输出了模型的预测结果。

模型输出的结果如下。

```
(64, 32, 66)
```

解码之后的结果如下。

```
(64, 16)
```

标签和预测结果如下。

```
[44. 27. 27. 32. 28. 13. 32. 20.1.1.1.1.1.1.1.1.]
[44  27  27  32  28  13  32  20 1 1 1 1 1 1 1 1 ]
```

该批次数据的损失值如下。

```
loss: 0.025522027
```

该批次的全部预测值如下。

```
[[44 27 27 ...1 1 1]
 [58 271   ...1 1 1]
 [41 27 24 ...1 1 1]
 ...
 [51 33 24 ...1 1 1]
 [50 41 42 ...1 1 1]
 [41 53 56 ...1 1 1]]
```

程序也输出了对第一个样本图片的预测结果，如图 8-20 所示。

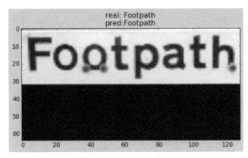

图 8-20　模型对第一个样本图片的预测结果

从图 8-21 以及模型的输出结果中可以看出，模型的预测完全正确。

8.3.6　扩展：广义的 STN

如果对 STN 层进行进一步的抽象，则它可以应用得更广泛。不仅可以使用 STN 对输入图片进行仿射变换，还可以将 CNN 的输出特征当作一幅图像，用 STN 进行仿射变换。

将 STN 广义化后，可以用于神经网络的任意两层之间，对特征数据进行调整，从而使其表达得更准确。

用代码来实现 STN 对特征数据的转换与实现对原始图片的转换几乎一样。直接修改 8.3.2 节的第 8 行代码，导入函数 **RNNFeature**，并仿照函数 STNCRNN 所实现的 STNCRNN 结构，定义函数 **CNNSTNRNN**，实现 CNNSTNRNN 的结构。具体代码如下。

```
6  ……
7  #导入本项目的代码模块
8  from code_20_CRNNModel import FeatureExtractor, CRNN, RNNFeature
9  from code_22_STNLayers import STNtransformer
10  ……
11  #定义函数，实现STNCRNN模型
12  def CNNSTNRNN(model_config):
13      input_tensor = Input((model_config['tagsize'][0],
14  model_config['tagsize'][1], model_config['ch']))
15      x = FeatureExtractor(input_tensor)   #提取图片特征
16
17      sampling_size = (x.get_shape()[1], x.get_shape()[2])#获取特征数据的尺寸
18      x = STNChange(x, sampling_size, x)   #对特征数据进行仿射变换
19      x = RNNFeature(x)    #转换成RNN特征
20
21      #用全连接网络实现输出层
22      y_pred = Dense(model_config['outputdim'], activation='softmax')(x)
23
24      #将各个网络层连接起来，组合为模型
25      CNNSTNRNN_model = Model(inputs=input_tensor, outputs=y_pred,
```

```
26          name="CNNSTNRNN_mode")
27      return CNNSTNRNN_mode
```

该代码所实现的网络结构如图 8-21 所示。

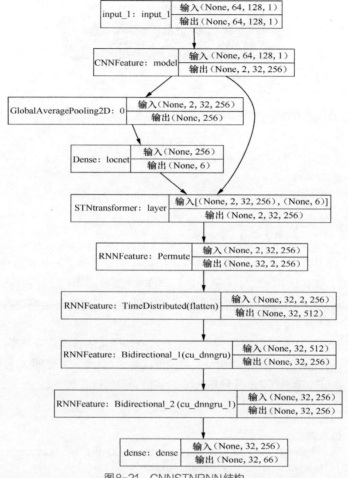

图8-21　CNNSTNRNN结构

按照 8.3.3 节的内容，将 code_25_STNCRNNmain.py 代码文件中的 STNCRNN 替换成 CNNSTNRNN，即可训练该模型。该模型的训练曲线如图 8-22 所示。

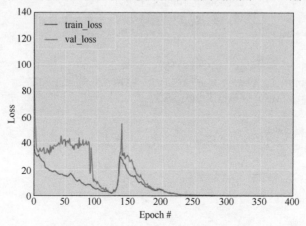

图8-22　CNNSTNRNN模型的训练曲线

由图 8-22 可知，模型在 250 次迭代训练后，已经收敛。这是因为 CNNSTNRNN 模型比 STNCRNN 模型少调用了一次图片特征处理层 `FeatureExtractor`，使得模型更容易训练。

读者可以将 STN 变换作为一个优化模型的技巧，尝试在已有模型中进行应用。另外，还可以将训练好的 STN 层单独取出，放在已有的模型前面，作为样本的预处理环节，这样可以更灵活地对原系统模型进行优化。

8.4 对 OCR 网络中的序列生成部分进行优化

对于 OCR 模型的优化工作还可以从序列生成部分入手。序列生成任务属于循环神经网络的范畴，不属于本书重点讲解的内容。这里只大概介绍一下优化的思想和方法，并给出少量的代码。读者如果对这部分感兴趣，可以系统学习循环神经网络方面的内容。

8.4.1 多头注意力与自注意力机制

注意力机制因 2017 年 Google 的一篇论文 "Attention is All You Need" 而名声大噪。在注意力机制下，用简单的点积运算实现了几乎所有的 NLP 任务，并取得了很好的效果。在大名鼎鼎的 Bert、GPT 模型中，都可以找到注意力机制的影子。下面介绍注意力机制中的关键技术。

1. 注意力机制的基本思想

注意力机制的思想描述起来很简单，即将具体的任务看作 query、key、value 这 3 个角色（分别用 q、k、v 来简写）。其中，q 是要查询的任务，而 k、v 是一一对应的键值对。注意力机制旨在使用 q 在 k 中找到对应的 v 值。

2. 多头注意力机制

在 Google 公司发表的注意力机制方面论文里，用多头注意力机制的技术点改进了原始的注意力机制。该技术可以表示为 $Y=\text{MultiHead}(\boldsymbol{Q}, \boldsymbol{K}, \boldsymbol{V})$，其原理如图 8-23 所示。这里 $\boldsymbol{Q}$、$\boldsymbol{K}$、$\boldsymbol{V}$ 矩阵分别由对应的 q、k、v 组成。

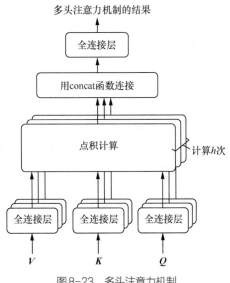

图8-23 多头注意力机制

如图 8-23 所示，多头注意力机制的工作原理如下。

（1）把 Q、K、V 通过参数矩阵进行全连接层的映射转换。

（2）对第（1）步转换得到的 3 个结果做矩阵运算。

（3）将第（1）步和第（2）步重复运行 h 次，并且每次在进行第（1）步操作时，都使用全新的参数矩阵（参数不共享）。

（4）用 concat 函数把计算 h 次之后的最终结果拼接起来。

其中，第（4）步的操作与多通道卷积非常相似，其理论知识如下所示。

（1）每一次执行注意力运算，都会使原数据中某个方面的特征发生注意力转换（得到局部注意力特征）。

（2）当执行多次注意力运算之后，会得到更多方向上的局部注意力特征。

（3）将所有的局部注意力特征合并起来，再通过神经网络将其转换为整体特征，从而达到拟合效果。

3. 内部注意力机制

内部注意力机制用于发现序列数据的内部特征。具体做法是将 Q、K、V 都变成 X，即内部注意力机制可以表示为 Attention（X, X, X）。

使用多头注意力机制训练出的内部注意力特征可以用于 seq2seq 模型（输入 / 输出都是序列数据的模型）、分类模型等各种任务，并能够得到很好的效果，即 Y=MultiHead（X, X, X）。

有关论文的获取方式是在 arXiv 网站中搜索论文编号 "1706.03762"。

8.4.2　用多头自注意力机制模型替换 RNN 模型

用多头自注意力机制模型来替换 OCR 模型中的 RNN 部分，可以改善 OCR 模型中序列生成部分的效果。

将多头自注意力机制模型嵌入 OCR 模型中非常容易。以 8.3.2 节的代码为例，直接将多头自注意力机制模型的实现封装成一个网络层，并用这个网络层替换 CRNN 模型中的双向RNN 层。

其中，多头自注意力机制模型的代码文件为 "8-10keras 注意力模型 .py"，可以从GitHub 网站搜索 TensorFlow_Engineering_Implementation 来获取。

在 8.3.2 节的代码文件 code_24_STNCRNNModel.py 后面添加以下代码。

```
36  ……
37  attention_keras = __import__("8-10  keras注意力模型")
38
39  def ATTFeature(x):#定义函数，对多头自注意力机制进行封装
40      x = Permute((2, 1, 3))(x)#转换维度
41      #转换为适合RNN的输入格式
42      x = TimeDistributed(Flatten())(x)
43      #使用多头自注意力模型来处理
44      O_seq = attention_keras.Attention(4, 64)([x, x, x])
45      #添加Dropout层
46      O_seq = tf.keras.layers.Dropout(0.1)(O_seq)
```

```
47      return O_seq
48
49  def CNNATT(model_config):   #将RNN替换成注意力
50      input_tensor = Input((model_config['tagsize'][0],
51      model_config['tagsize'][1], model_config['ch']))
52
53      x = FeatureExtractor(input_tensor)  #提取图片特征
54      x = ATTFeature(x) #导入多头自注意力机制
55
56      #用全连接网络实现输出层
57      y_pred = Dense(model_config['outputdim'], activation='softmax')(x)
58
59      #将各个网络层连起来，组合为模型
60      CNNATT_model = Model(inputs=input_tensor, outputs=y_pred,
61      name="CNNATT_model")
62      return CNNATT_model
```

该代码所实现的网络结构如图 8-24 所示。

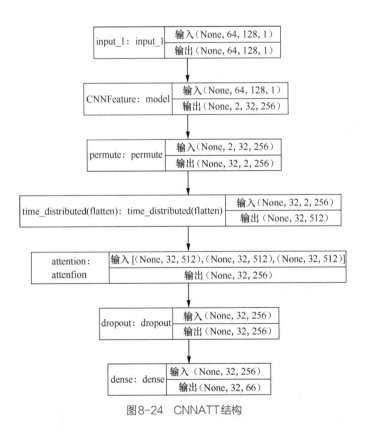

图8-24 CNNATT 结构

按照 8.3.3 节的内容，将 code_25_STNCRNNmain.py 文件中的 STNCRNN 替换成 CNNATT，即可以训练该模型。该模型经过训练后，输出如下结果。

```
……
Epoch 400/400
5/6 [=======================>.....] - ETA: 0s - loss: 0.0072
Epoch 00400: loss did not improve from 0.00597
6/6 [============================] - 7s 1s/step - loss: 0.0066 - val_loss: 0.0032
```

可以看到模型的损失值下降到了 0.005 97。该模型的训练曲线如图 8-25 所示。

从图 8-25 中可以看出，模型在 250 次迭代训练后，已经收敛。

多头自注意力机制模型的结构非常简单，也是近年来神经网络在 NLP 方向的主流技术。在大型网络中，通过增大多头自注意力机制模型的节点规模，可以获得优于其他复杂神经网络模型的效果。

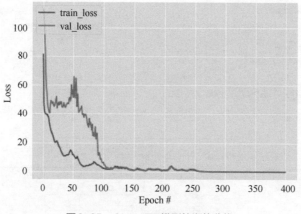

图8-25   CNNATT 模型的训练曲线

8.4.3   用注意力机制改善 RNN 模型

注意力机制模型可以作为一个网络层嵌入任意模型中，它与 RNN 模型并不冲突。注意力机制模型可用于替换 RNN 模型（见 8.4.2 节），也可以用于辅助 RNN 模型。具体实现如下。

在 8.3.2 节的代码文件 code_24_STNCRNNModel.py 后面添加如下代码。

```
36  ……
37  #自注意力机制
38  class SelfAttention(tf.keras.Model):
39      def __init__(self, dimout, **kwargs):
40          super(SelfAttention, self).__init__(**kwargs)
41          self.dimout = dimout
42          #用不带偏置值的全连接网络作为注意力机制模型中的权重
43          self.q = Dense(self.dimout, activation=None, use_bias=False,
44              name="query")
45          self.k = Dense(self.dimout, activation=None, use_bias=False,
46              name="key")
47          self.v = Dense(self.dimout, activation=None, use_bias=False,
48              name="value")
49
```

```
50      def call(self, inputs):  #实现自注意力机制
51          q = self.q(inputs)
52          k = self.k(inputs)
53          v = self.v(inputs)
54
55          logits = tf.matmul(q, k, transpose_b=True)
56          weights = tf.nn.softmax(logits, name="attention_weights")
57
58          weights = Dropout(0.1)(weights)
59          attention_output = tf.matmul(weights, v)
60          return attention_ output
61
62  def CRNNATT(model_config):   #用注意力机制模型辅助RNN模型
63      input_tensor = Input((model_config['tagsize'][0],
64      model_config['tagsize'][1], model_config['ch']))
65
66      x = FeatureExtractor(input_tensor)  #提取图片特征
67      x = RNNFeature(x)   #转换成RNN特征
68      #自注意力机制
69      attention = SelfAttention(256)(x)
70      x = add([x, attention])
71
72      #用全连接网络实现输出层
73      y_pred = Dense(model_config['outputdim'], activation='softmax')(x)
74
75      #将各个网络层连接起来，组合为模型
76      CRNNATT_model = Model(inputs=input_tensor, outputs=y_pred,
77      name="CRNNATT_model")
78      return CRNNATT_model
```

第 38 行代码用类 **SelfAttention** 完成了注意力机制的另一种实现，该类中的 **call** 方法实现了自注意力机制的计算。

第 69 行代码使用自注意力机制对 RNN 网络的特征进行了处理。

第 70 行代码将自注意力机制的结果与 RNN 网络的特征相加，并作为带有注意力的 RNN 特征。

注意

第70行代码本质上实现了将两个特征叠加后传入下一层的功能。一般这种操作有多种方式，可以直接相加、直接相乘，还可以直接拼接在一起。

例如，第70行代码还可以改成如下形式。

x = concatenate([x, attention]) #将两个特征直接拼接在一起

代码仍可以正常运行。

在 TensorFlow 2.x 中使用 tf.keras 接口时会与原始的 tf 接口兼容性更高。在 TensorFlow 1.x 中，在函数 CRNNATT 里必须使用 tf.keras 接口；否则，会报错误。

例如，第70行代码写成如下形式。

x = tf.add(x, attention)

在 TensorFlow 1.x 版本中，这将会报错。

该代码所实现的网络结构如图 8-26 所示。

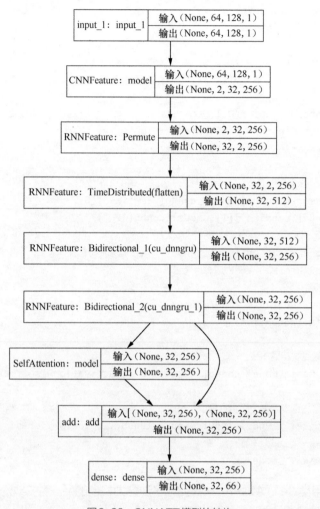

图8-26　CNNATT模型的结构

按照 8.3.3 节的内容，将 code_25_STNCRNNmain.py 代码中的 STNCRNN 替换成 CRNNATT，即可训练该模型。该模型经过训练后，输出如下结果。

```
Epoch 398/400
6/6 [==============================] - 6s 1s/step - loss: 0.0102 - val_loss: 0.0053
Epoch 399/400
6/6 [==============================] - 6s 1s/step - loss: 0.0100 - val_loss:
0.0052=======>.....] - ETA: 0s - loss: 0.0101
Epoch 400/400
5/6 [==========================>.....] - ETA: 0s - loss: 0.0105
Epoch 00400: loss improved from 0.01062 to 0.01043, saving model to resultCRNNATT/
weights.400-0.0104.hdf5
6/6 [==============================] - 6s 1s/step - loss: 0.0104 - val_loss: 0.0052
```

可以看到模型的损失值下降到了 0.010 43。该模型的训练曲线如图 8-27 所示。

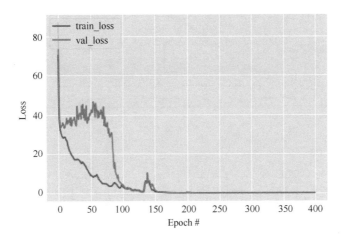

图 8-27 CNNATT 模型的训练曲线

从图 8-27 中可以看出，模型在 150 次迭代训练后，已经收敛。带注意力机制的 RNN 模型会比单纯的 RNN 模型具有更好的性能。

8.4.4 用 seq2seq 框架改善输出序列

OCR 任务也可以当作 seq2seq（sequence2sequence）任务来处理。seq2seq 任务是循环神经网络中的常见任务，即，在一个序列上做某些工作并映射到另外一个序列的任务，泛指一些序列到序列的映射问题。

其中的序列可以理解为一个字符串序列、一个数值序列、一个特征序列。在 OCR 任务中，可以把图片特征当作输入序列，并把输出的字符串文本当作输出序列。

seq2seq 任务的主流解决方法是使用 seq2seq 框架（即编码器 – 解码器框架）。

seq2seq 框架的工作机制如下。

（1）用编码器（encoder）将输入编码映射到语义空间中，得到一个固定维数的向量，这个向量就表示输入的语义。

（2）用解码器（decoder）将语义向量解码，获得所需要的输出。如果输出的是文本，则解码器通常就是语言模型。

seq2seq 框架的组成如图 8-28 所示。

seq2seq 框架除了能够处理 OCR 任务之外，还擅长处理语音识别、翻译、序列预测、文本生成图像等任务。

因为 seq2seq 框架在训练时会使用 CTC 算法计算损失，所以该框架不会关心输入和输出的序列长度是否对应。

seq2seq 框架的 API 在 TensorFlow 1.x 的 contrib 模块中，该 API 在 Tensor-Flow 2.0 中已经被移除，如果要使用 seq2seq 框架，还需要额外安装 Addons 模块（见 8.4.5 节）。

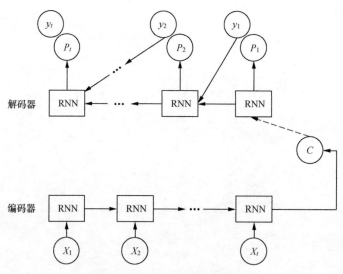

图8-28　seq2seq框架的组成

8.4.5　Addons模块

TensorFlow 2.x 版本将 TensorFlow 1.x 版本中 tf.contrib 常用的 seq2seq 模型、注意力模型统一移到了 Addons 模块下。该模块需要单独安装，命令如下。

```
pip install tensorflow-addons
```

在使用时，需要在代码最前端导入 Addons 模块，具体如下。

```
import tensorflow as tf
import tensorflow_addons as tfa
```

在 GitHub 网站中，给出了基于 tfa 实现的 seq2seq 框架与注意力模型的实例以及配套教程。访问 GitHub 网站并搜索 tensorflow_addons，可以查看相关内容。

读者可以参考相关内容，为本实例添加带有注意力机制的 seq2seq 模型，验证优化效果。

8.4.6　使用反向序列

根据经验，在模型中将标签索引之后，再用于训练模型，有时会有更好的效果，但是它不适用于所有任务。这一技术在所有与序列有关的模型中都可以尝试。

例如，在 7.5.2 节的第 66 行代码中添加如下代码，即可实现数据集的反向序列输出。

```
y=y[::-1]
```

输出结果如图 8-29 所示。

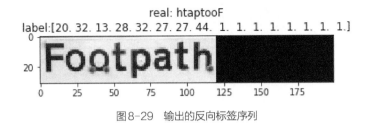

图8-29 输出的反向标签序列

读者可以记住这一技巧，尝试在与序列有关的模型中使用并验证。

8.5 扩展实例：用控制点校正的方法优化OCR网络

对于 8.2 节的 STN 例子，还可以使用控制点校正的方法对图像进行细粒度的微调。

在图 8-30 中，共有 3 行 4 列，即 12 个子图。按照从左到右的方向，具体的说明如下。

- 第 1 列代表将要调整的控制点。
- 第 2 列代表原始控制点。
- 第 3 列代表将第 1 列的控制点作用在目标图片之上的效果。
- 第 4 列代表将第 1 列的控制点作用在实际图片之上的效果。

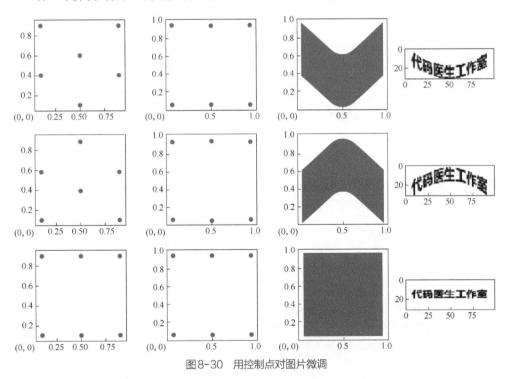

图8-30 用控制点对图片微调

从图 8-30 可以看出，使用控制点对图片进行校正的方法非常适合处理 OCR 中的扭曲字符。将该技术用于 8.2 节的 STN 层，也可以实现端到端的自动调整。

8.5.1 代码实现：搭建有控制点校正的STN模型

图 8-30 所示的控制点校正算法的原理与 STN 层的原理非常相似，但实现起来略复杂。在本书的配套资源里有代码文件 code_26_ctrlpointsLayers.py，可以直接拿来使用，这里不会展开讨论。

编写代码，定义函数 CPCRNNctc 以实现有控制点校正的 STN 模型。具体代码如下。

代码文件：code_27_ctrlpointsCRNNModel.py

```
1   #导入基础模块
2   from tensorflow.keras import backend as K
3   from tensorflow.keras.models import *
4   from tensorflow.keras.layers import *
5   import tensorflow as tf
6   import numpy as np
7   #导入本项目的代码模块
8   from code_20_CRNNModel import FeatureExtractor, CRNN
9   from code_26_ctrlpointsLayers import SpatialTransformer
10
11  #定义函数，抽取控制点
12  def ctrlpointsFeatureExtractor(x, keypoint, init_bias):
13      x = FeatureExtractor(x)    #提取图片特征
14      conv_output = GlobalMaxPooling2D()(x)    #表示全局最大池化，输出的形状为[batch,256]
15      #两层全连接网络，实现控制点的回归
16      fc1 = Dense(128, activation='relu')(conv_output)
17      fc2 = Dense(2 * keypoint, kernel_initializer='zeros', activation='relu',
18              bias_initializer=tf.keras.initializers.constant(init_bias))
19              (0.1 * fc1)
20      #改变控制点的形状并返回
21      return Reshape((keypoint, 2))(ctrl_pts)
22
23  def CPCRNNctc(model_config):    #定义函数，使用控制点校正模型
24      #定义输入节点
25      input_tensor = Input((model_config['tagsize'][0],
26      model_config['tagsize'][1], model_config['ch']))
27      #初始化控制点
28      init_bias = build_init_bias(keypoint=20, activation=None,
29                                  pattern='identity', margins=(0.01, 0.01))
30      #提取控制点
31      input_control_points = ctrlpointsFeatureExtractor(input_tensor,
32      keypoint=20, init_bias=init_bias)
33      #实例化控制点对象
34      cp_transformer = SpatialTransformer(
35          output_image_size=model_config['tagsize'],
36          num_control_points=20,
37          margins=(0.0, 0.0)
38      )
39      #按照控制点对图片空间进行变换
```

```
40    x = cp_transformer([input_tensor, input_control_points])
41    x = Reshape((model_config['tagsize'][0], model_config['tagsize'][1],
42    model_config['ch']))(x)
43
44    #对变换后的图片用CRNN模型进行处理
45    CRNN_model = CRNN(model_config)
46    y_pred = CRNN_model(x)
47    #将各个网络层连接起来，组合为模型
48    CPCRNN_model = Model(inputs=input_tensor, outputs=y_pred,
49    name='CPCRNN_model')
50    return CPCRNN_model
```

第 28 行代码对控制点进行初始化。参数 pattern='identity' 表示以水平直线的方式进行初始化。初始化后的具体值如下。

```
[[0.01       0.01]
 [0.11888889 0.01]
 [0.22777778 0.01]
 [0.33666667 0.01]
 [0.44555556 0.01]
 [0.55444444 0.01]
 [0.66333333 0.01]
 [0.77222222 0.01]
 [0.88111111 0.01]
 [0.99       0.01]
 [0.01       0.99]
 [0.11888889 0.99]
 [0.22777778 0.99]
 [0.33666667 0.99]
 [0.44555556 0.99]
 [0.55444444 0.99]
 [0.66333333 0.99]
 [0.77222222 0.99]
 [0.88111111 0.99]
 [0.99       0.99]]
```

该控制点一共有 20 行，前 10 行为上沿控制点的坐标（按水平方向从左到右，分为 x 与 y），后 10 行为下沿控制点的坐标。可以看到，在上沿与下沿的控制点中，y 坐标都全部相同，这是由于本实例样本中的文字几乎没有过大的扭曲变形，因此不需要在初始化阶段为其指定变化过大的控制点。

第 28 行代码的参数 pattern 还可以设置为 slope（表示斜线）、sine（表示曲线）。在使用时根据样本中文字的扭曲形态选择合适的初始化参数，可以加快模型的收敛速度。

8.5.2　控制点在模型预测中的效果

按照 8.3.3 节的内容，将 code_25_STNCRNNmain.py 代码文件中的 STNCRNN 替换成 CPCRNNctc，即可训练该模型。该模型经过训练后可以用于预测结果。

图 8-31（a）是模型当前处理的图片，图 8-31（b）是模型处理图片时生成的控制点，图 8-31（c）是模型校正后的图片。

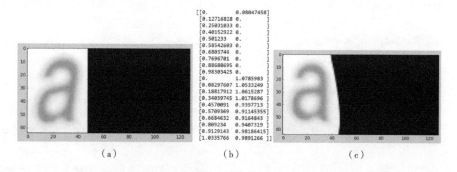

（a）　　　　　　　　　（b）　　　　　　　　　（c）

图 8-31　原始图片、控制点与模型的预测结果

更多的原始图片和预测结果如图 8-32 所示（左侧为原始图片，右侧为校正后的图片）。

图 8-32　原始图片和控制点在模型测试中的效果

该模型更适合文字扭曲过大的 OCR 识别，由于样本中的文字相对规则，因此控制点模型对其调整的幅度不大。

注意　为了演示方便，本实例所使用的数据集样本较少。在预测阶段，为了突出效果，使用了训练数据集进行显示。在实际开发过程中，要训练出可用的 OCR 模型，还需要为该模型扩充更多数据集样本。

8.5.3　ASTER模型

本实例的控制点算法来自 ASTER 模型。该模型来自论文 "ASTER: An Attentional

Scene Text Recognizer with Flexible Rectification"，具体参见 IEEE 网站。

　　该论文所介绍的模型分为校正网络和识别网络，校正网络使用的是有控制点的 STN 层，识别网络使用的是带注意力机制的 seq2seq 模型。该模型已经开源，源代码可以从 GitHub 网站搜索 bgshih 来获取。读者可以参考该代码，开发出更高效的 OCR 模型。

8.6　开发模型的经验与技巧

　　本节将对开发模型的经验和技巧进行总结。

8.6.1　相关函数

　　在神经网络中，无论是全连接网络、卷积甚至是注意力机制的运算中，都可以找到点积和矩阵运算的影子。点积和矩阵运算为神经网络的核心计算。

　　在 TensorFlow 中，将向量、矩阵间的运算上升为张量间的运算，并根据张量维度的不同，提供了许多与张量有关的函数，在使用这些函数进行开发时，难免会产生疑惑。这里就来总结一下与张量有关的函数，以及它们之间的区别。

1. tf.multiply 函数

　　tf.multiply 函数可以实现两个张量对应元素的相乘，它要求两个张量的维度必须匹配。即两个张量的形状（shape）必须相等，如果两个张量的形状中有不相等的维度，则其中一个必须是 1；否则，将无法计算。下面给出一段示例代码。

```
import tensorflow as tf
from tensorflow.keras.layers import Dot
from tensorflow.keras import backend as K
import numpy as np
c1 = tf.multiply(K.ones(shape=(32, 20,3, 5)),K.ones(shape=(32, 20,1, 5)))#正确
c2 = tf.multiply(K.ones(shape=(32, 20,3, 5)),K.ones(shape=(32, 20,3, 5))) #正确
c3 = tf.multiply(K.ones(shape=(32, 20,3, 5)),K.ones(shape=(1, 1))) #正确
c4 = tf.multiply(K.ones(shape=(32, 20,3, 5)),K.ones(shape=(32, 20,1, 2))) #不正确
c5 = tf.multiply(K.ones(shape=(32, 20,3, 1)),K.ones(shape=(32, 20,1, 2))) #正确
print( c1.shape ) #输出 (32, 20,3, 5)
```

　　tf.multiply 函数会输出一个新的张量，新张量的形状中的维度等于相乘的两个张量的形状中的最大维度。

2. tf.matmul 函数

　　tf.matmul 函数可以实现真正的张量相乘。

　　tf.matmul 函数要求参与运算的第一个张量的形状中，最后一个维度要与第二个张量的形状中的倒数第 2 个维度相等，并且在这两个张量的形状中，倒数第 2 个维度之前的其他维度也必须相等。

　　下面给出一段示例代码。

```
c1 = tf.matmul(K.ones(shape=(32, 20,3, 1)),K.ones(shape=(32, 20,1, 3))) #正确
c2 = tf.matmul(K.ones(shape=(32, 20,3, 1)),K.ones(shape=(32, 20,3, 1))) #不正确
c3 = tf.matmul(K.ones(shape=(32, 20,3, 1)),K.ones(shape=(1, 3))) #不正确
c4 = tf.matmul(K.ones(shape=(32, 20,3, 1)),K.ones(shape=(32, 20,1, 5))) #正确
print( c4.shape ) #输出(32, 20, 3, 5)
```

在 `tf.matmul` 函数输出的张量的形状中，最后 1 个维度等于第 2 个张量的形状中的最后 1 个维度。

3. K.batch_dot函数

`K.batch_dot` 函数有一个额外的参数 axis，该参数的默认值为［1,0］。在没有 axis 参数的情况下，`K.batch_dot` 与 `tf.matmul` 函数完全一样。只有如下这种情况例外。

```
c = K.batch_dot(K.ones(shape=(3,1)),K.ones(shape=(4,1))) #正确
print(c.shape)#输出(3, 1)
```

参数 axis 本质上是一个有两个元素的数组。当 axis 为整数 n 时，相当于［n,n］。两个元素分别指定两个张量参与运算的维度（需要加和的维度）。

```
c = K.batch_dot(K.ones(shape=(2, 3,10)),K.ones(shape=(2,3)),axes = [1,1] ) #正确
print(c.shape ,c)#输出(2, 10)
```

上面代码生成的结果矩阵的计算方式如下。
（1）取第 1 个张量形状的第 0 维（值为 2），作为结果的第 0 维。
（2）令第 1 个张量形状的第 1 维（值为 3）与第 2 个张量形状的第 1 维（值为 3）相乘并相加。
（3）取第 1 个张量形状的第 2 维（值为 10），作为结果的第 1 维。
（4）忽略掉第 2 个张量形状的第 0 维（值为 2）。
按照该规则可以尝试计算下面张量的形状。

```
c = K.batch_dot(K.ones(shape=(2, 3,10,7)),K.ones(shape=(2,3,8,10)),axes = [2,3] ) #正确
print(c.shape ,c)#输出(2, 3, 7, 8)
```

需要注意的是，对于能够进行 `K.batch_dot` 计算的两个张量也是有要求的，即在两个张量形状的维度中，**axis** 前面的公共维度（如第 2 个和第 3 个维度）需要完全相等，并且 **axis** 只能指定最后两个维度。

如果 axis 指定的维度不是最后两个，则系统会按照默认的倒数第 2 个维度进行计算。下面给出一段示例代码。

```
c = K.batch_dot(K.ones(shape=(2, 1,3,4)),K.ones(shape=(2,1,3,5)),axes = [0,1] ) #正确
print(c.shape)#输出(2, 1, 4, 5)
c = K.batch_dot(K.ones(shape=(2, 1,3,4)),K.ones(shape=(2,1,3,5)),axes = [0,2] )#正确
print(c.shape)#输出(2, 1, 4, 5)
c = K.batch_dot(K.ones(shape=(2, 1,3,4)),K.ones(shape=(2,1,3,5)),axes = [1,2] ) #正确
print(c.shape)#输出(2, 1, 4, 5)
```

以上代码虽然也能够运行，但是代码的可读性极差。建议读者开发时不要这么使用。

4. K.dot 函数

K.dot 函数没有参数 axis，只用于实现矩阵相乘，一般用于二维矩阵相乘。例如：

```
c = K.dot(K.ones(shape=(3,1)),K.ones(shape=(1,4)))#正确
print(c.shape)#输出(3, 4)
```

对于多维张量相乘，如果张量形状的最后两个维度相匹配，则也可以正常运算，只不过生成的张量形状是两个相乘的张量形状的叠加。

```
c = K.dot(K.ones(shape=(2, 3,1,7)),K.ones(shape=(2,3,7,10)))#正确
print(c.shape )#输出(2, 3, 1, 2, 3, 10)
```

使用 K.dot 函数进行多维张量相乘时，所生成的新张量形状与我们常规理解的不同。这是使用该函数需要注意的地方。

8.6.2　防范手动初始化权重的陷阱

在 8.2.3 节中，第 134 行代码建立了一个全连接层，并手动为其初始化了权重。这里有一个很容易出错的地方，即第 134 ~ 139 行代码很容易被写成如下形式。

```
def get_initial_weights(output_size):#定义函数，初始化权重
    b = np.zeros((2, 3), dtype='float32')
    b[0, 0] = 1
    b[1, 1] = 1
    W = np.zeros((output_size, 6), dtype='float32')
    weights = [W, b.flatten()]
    return weights

weights = get_initial_weights(800 * 600 * 3)
dense1 = tf.keras.layers.Dense(6, weights=weights)#直接指定权重

locnet = tf.zeros([1, 800 * 600 * 3])      #模拟输入的图片
locnet = dense1(locnet)                     #用全连接网络获得仿射参数
```

该代码虽然可以运行，但是通过 Dense 层的 weights 参数进行赋值并没有真正生效。可以通过如下代码进行测试。

```
weights2 = dense1.get_weights()    #获得全连接网络的权重
print("weights2", weights2)         #输出全连接网络的权重
```

代码执行后，会输出如下结果。

```
weights2 [array ([[-6.7067705e-04, -1.6614463e-04,9.0214657e-04, -1.3502233e-04,
        4.5451242e-04,5.1651616e-04],
      [ 5.5432064e-04,3.4795911e-04, -1.2368429e-05,9.0972520e-04,
      -4.2046822e-04,7.0876989e-04],
      [ 6.1618316e-04, -7.1008923e-04,7.2152109e-04,2.0213332e-04,
```

```
    -3.0973094e-04,7.3064666e-04],
    ...,
    [ 6.8810291e-04, -6.5362750e-04, -6.8733841e-04,7.7462115e-04,
    -7.0051983e-04,3.6800525e-04],
    [ 3.0761270e-04, -9.7057526e-04, -8.6072396e-04, -4.7647633e-04,
    9.7202195e-04, -2.8315780e-04],
    [-5.6810991e-04, -9.4163523e-05, -4.7066383e-04,1.2923614e-04,
    -1.7578457e-04, -6.2558561e-04]], dtype=float32), array([0., 0., 0., 0.,
    0., 0.], dtype=float32)]
```

从结果中会发现输出的权重并不全是 0，而偏置值却全是 0。这表明指定的参数 **weights** 并没有生效。

1. 原因分析

在 **tf.keras.layers.Dense** 方法中，并没有对 **weights** 参数进行处理，即 **weights** 是一个无效参数。之所以不会报错，是因为在 **tf.keras.layers.Dense** 方法中支持解包参数的解析。该方法的初始化参数如下。

```
def __init__(self,
    units,
    activation=None,
    use_bias=True,
    kernel_initializer='glorot_uniform',
    bias_initializer='zeros',
    kernel_regularizer=None,
    bias_regularizer=None,
    activity_regularizer=None,
    kernel_constraint=None,
    bias_constraint=None,
    **kwargs):
```

其中，最后一个参数 kwargs 就是解包参数[①]。

2. 正确的赋值方式

要为网络层的权重赋值，除了初始化方式之外，就没有别的方式了吗？ 不是的，还可以使用 **set_weights** 方法为网络层的权重赋值，具体代码如下。

```
weights2 = dense1.set_weights(weights)    #调用set_weights方法指定权重
weights2 = dense1.get_weights()           #获得全连接网络的权重
print("weights2", weights2)                               #输出全连接网络的权重
```

代码运行后，输出如下结果：

---

① 有关解包参数的知识参见《Python 带我起飞——入门、进阶、商业实战》的 6.2.1 节。

```
weights2 [array( [[0., 0., 0., 0., 0., 0.],
      [0., 0., 0., 0., 0., 0.],
      [0., 0., 0., 0., 0., 0.],
      ...,
      [0., 0., 0., 0., 0., 0.],
      [0., 0., 0., 0., 0., 0.],
      [0., 0., 0., 0., 0., 0.]], dtype=float32), array( [1., 0.,
      0., 0., 1., 0.], dtype=float32)]
```

从结果中可以看到权重值全为 0，偏置值为 [1., 0., 0., 0., 1., 0.]。这表明对网络层指定的权重生效了。

类似于网络层的 `get_weights` 和 `set_weights` 方法，还可以使用网络层的 `get_config` 与 `from_config` 方法来查看和设置网络层的更多属性。相关细节请参考 Keras Documentation。

8.6.3　测试模型泛化能力过程中的注意事项

提到测试模型的泛化能力，常用的方法是使用训练数据集以外的一部分数据对模型进行测试。习惯上，会伴随着模型的训练过程一起进行这个测试。然而，从排查问题的角度来看，一旦模型测试和训练的损失值相差很大，这种做法很容易出错。有时在相同数据集下，模型中也可能有测试和训练的损失值相差很大的现象，例如 8.3.4 节中的模型。如果对一个本身有问题的模型增强泛化能力，则必定不会取得想要的效果。

在搭建模型的过程中，使用相同的数据集进行训练和测试是一个非常有用的测试技巧。它相当于给模型自身进行了单元测试。只有在相同数据集下保证测试和训练的损失值相差无几，才可以进行模型泛化能力的测试。

8.6.4　使用 Mish 激活函数与 Ranger 优化器进一步提升性能

在模型搭建好之后，将本实例中的激活函数都改成 Mish，再将代码文件 code_25_ST-NCRNNmain.py 中的 Amsgrad 优化器换成 Ranger 优化器，可以进一步提升效果。

其中 Mish 激活函数的代码可以参考 4.9.2 节，Ranger 优化器的代码可以由 RAdam 优化器的代码和 LookAhead 优化器的代码组合而成，该代码可以借助 Addons 模块来实现。具体代码如下。

```
import tensorflow as tf
import tensorflow_addons as tfa
radam = tfa.optimizers.RectifiedAdam(lr=1e-3)#RAdam
ranger = tfa.optimizers.LookAhead(radam, step=4, ratio=0.5)#ranger
```

经过实验发现，Mish 激活函数与 Ranger 优化器在任何模型上都能够取得很好的效果。在实际的开发过程中，建议读者尝试使用该组合来训练模型。

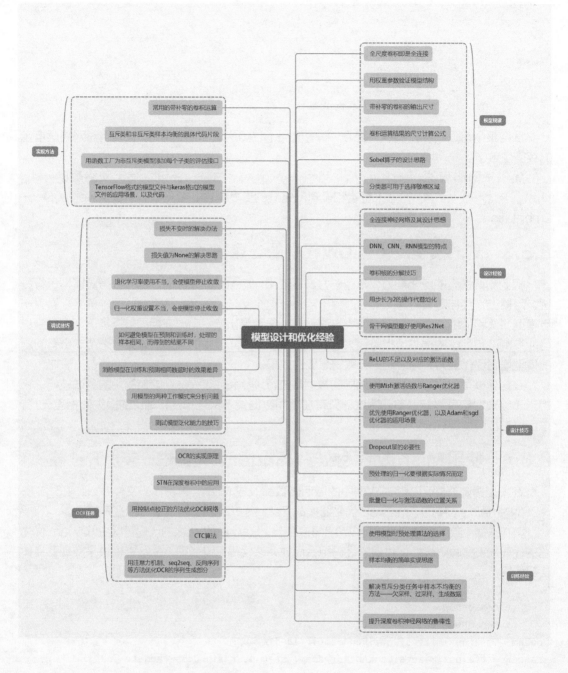

模型设计和优化经验

实现方法
- 常用的带补零的卷积运算
- 互斥类和非互斥类样本均衡的具体代码片段
- 用函数工厂为非互斥类模型添加每个子类的评估接口
- TensorFlow格式的模型文件与keras格式的模型文件的应用场景，以及代码

调试技巧
- 损失不变时的解决办法
- 损失值为None的解决思路
- 退化学习率使用不当，会使模型停止收敛
- 归一化权重设置不当，会使模型停止收敛
- 如何避免模型在预测和训练时，处理的样本相同，而得到的结果不同
- 消除模型在训练和预测相同数据时的效果差异
- 用模型的两种工作模式来分析问题
- 测试模型泛化能力的技巧

OCR任务
- OCR的实现原理
- STN在深度卷积中的应用
- 用控制点校正的方法优化OCR网络
- CTC算法
- 用注意力机制、seq2seq、反向序列等方法优化OCR的序列生成部分

模型规律
- 全尺度卷积即是全连接
- 用权重参数验证模型结构
- 带补零的卷积的输出尺寸
- 卷积运算结果的尺寸计算公式
- Sobel算子的设计思路
- 分类器可用于选择敏感区域

设计经验
- 全连接神经网络及其设计思想
- DNN、CNN、RNN模型的特点
- 卷积核的分解技巧
- 用步长为2的操作代替池化
- 骨干网模型最好使用Res2Net

设计技巧
- ReLU的不足以及对应的激活函数
- 使用Mish激活函数与Ranger优化器
- 优先使用Ranger优化器，以及Adam和sgd优化器的适用场景
- Dropout层的必要性
- 预处理的归一化要根据实际情况而定
- 批量归一化与激活函数的位置关系

训练经验
- 使用模型时预处理算法的选择
- 样本均衡的简单实现思路
- 解决互斥分类任务中样本不均衡的方法——欠采样、过采样、生成数据
- 提升深度卷积神经网络的鲁棒性

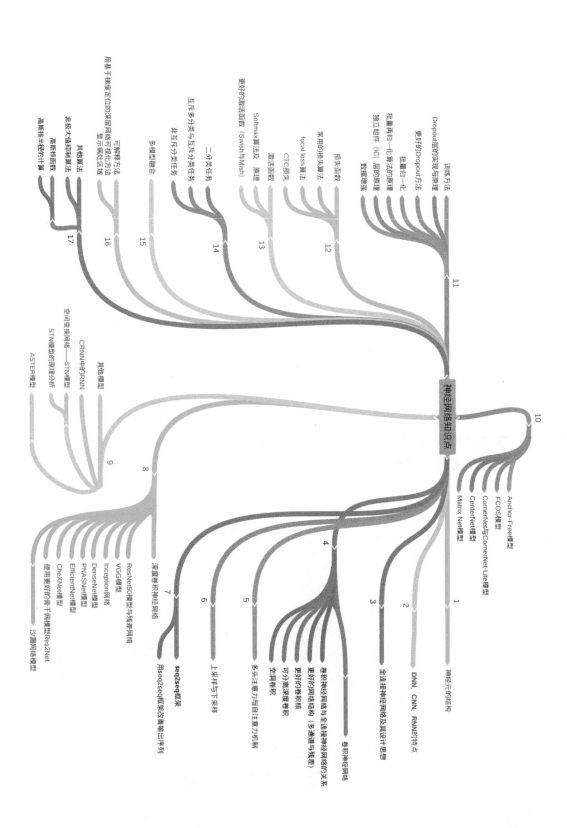

神经网络知识点

- 1 神经元的结构
- 2 DNN、CNN、RNN的特点
- 3 全连接神经网络及其设计思想
- 4 卷积神经网络与全连接神经网络的关系
  - 卷积神经网络
  - 更好的网络结构(多通道与残差)
  - 更好的卷积核
  - 可分离深度卷积
  - 空洞卷积
- 5 多头注意力与自注意力机制
- 6 上采样与下采样
- 7 seq2seq框架
  - 用seq2seq框架改善输出序列
  - 深度卷积神经网络
    - ResNet50模型与残差网络
    - VGG模型
    - Inception网络
    - DenseNet模型
    - PNASNet模型
    - EfficientNet模型
    - CheXNet模型
    - 使用更好的骨干网模型Res2Net
    - 沙漏网络模型

- 8
- 9 其他模型
  - CRNN中的RNN
  - 空间变换网络——STN模型
  - STN模型的原理分析
  - ASTER模型

- 10

Matrix Net模型
- CenterNet模型
- CornerNet-Lite模型
- CornerNet与CornerNet-Lite模型
- FCOS模型
- Anchor-Free模型

- 11 训练方法
  - Dropout层的实现与原理
  - 更好的Dropout方法
  - 批量再归一化算法的原理
  - 批量归一化
  - 独立组件(IC)层的原理
  - 数据增强

- 12 损失函数
  - 常用的损失算法
  - focal loss算法
  - CTC损失

- 13 激活函数
  - Softmax算法及原理
  - 更好的激活函数(Swish与Mish)

- 14 互斥多分类与互斥多类任务
  - 二分类任务
  - 非互斥分类任务
  - 多模型融合

- 15

- 16 其他算法
  - 可解释方法
  - 显示预测区域
  - 非极大值抑制算法
  - 用于精确定位的深度网络

- 17
  - 高斯核函数
  - 高斯核半径的计算

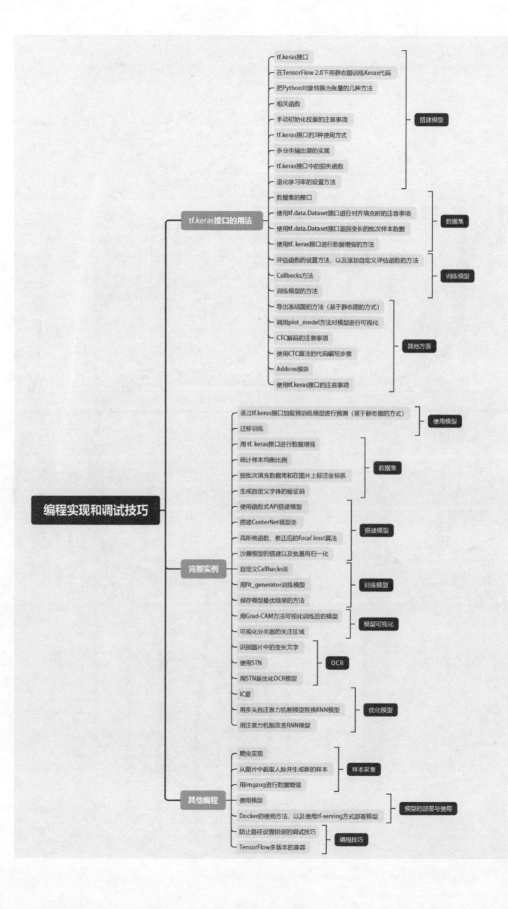

编程实现和调试技巧

tf.keras接口的用法

搭建模型
- tf.keras接口
- 在TensorFlow 2.0下用静态图训练Keras代码
- 把Python对象转换为张量的几种方法
- 相关函数
- 手动初始化权重的注意事项
- tf.keras接口的3种使用方式
- 多分类输出层的实现
- tf.keras接口中的损失函数
- 退化学习率的设置方法

数据集
- 数据集的接口
- 使用tf.data.Dataset接口进行对齐填充时的注意事项
- 使用tf.data.Dataset接口返回变长的批次样本数据
- 使用tf.keras接口进行数据增强的方法

训练模型
- 评估函数的设置方法，以及添加自定义评估函数的方法
- Callbacks方法
- 训练模型的方法

其他方面
- 导出冻结图的方法（基于静态图的方式）
- 调用plot_model方法对模型进行可视化
- CTC解码的注意事项
- 使用CTC算法的代码编写步骤
- Addons模块
- 使用tf.keras接口的注意事项

完整实例

使用模型
- 通过tf.keras接口加载预训练模型进行预测（基于静态图的方式）
- 迁移训练

数据集
- 用tf.keras接口进行数据增强
- 统计样本均衡比例
- 按批次填充数据集和在图片上标注坐标系
- 生成自定义字体的验证码

搭建模型
- 使用函数式API搭建模型
- 搭建CenterNet模型类
- 高斯核函数、修正后的focal losst算法
- 沙漏模型的搭建以及批量再归一化

训练模型
- 自定义Callbacks类
- 用fit_generator训练模型
- 保存模型最优结果的方法

模型可视化
- 用Grad-CAM方法可视化训练后的模型
- 可视化分类器的关注区域

OCR
- 识别图片中的变长文字
- 使用STN
- 用STN层优化OCR模型

优化模型
- IC层
- 用多头自注意力机制模型替换RNN模型
- 用注意力机制改善RNN模型

其他编程

样本采集
- 爬虫实现
- 从图片中截取人脸并生成新的样本
- 用imgaug进行数据增强

模型的部署与使用
- 使用模型
- Docker的使用方法，以及使用tf-serving方式部署模型

编程技巧
- 防止路径设置错误的调试技巧
- TensorFlow多版本的兼容